深大建筑基坑冻融灾害防护力学特性研究

张丙吉　赵忠亮　芮勇勤　袁健玮　编著

东北大学出版社

·沈　阳·

图书在版编目（CIP）数据

深大建筑基坑冻融灾害防护力学特性研究／张丙吉
等编著. -- 沈阳：东北大学出版社，2024.6. -- ISBN
978-7-5517-3548-3

Ⅰ. TU921

中国国家版本馆 CIP 数据核字第 2024DT6287 号

内容提要

本书主要借鉴国内外最新冻融动态响应相似模型实验方法，以及将研究深基坑桩锚支护结构防冻融动态响应相关成果推广，进行节冻土基坑冻融灾害研究现状、工程概况与综合勘察、工程水文地质条件、地震效应评价与基坑建筑抗震格构柱、基坑地基岩土工程参数，进行基坑岩土工程评价与监测建议，开展基坑桩锚支护工程综合施工设计、紧邻基坑地铁建筑工程综合施工设计，评估紧邻地铁建筑基坑施工安全性影响，结合紧邻地铁建筑基坑施工监测工程和基坑桩锚支护冻融响应模型试验、基坑桩锚支护防冻融措施工程试验，进行紧邻地铁建筑基坑施工流固耦合力学特性研究，深入开展长春紧邻地铁建筑基坑冻融演化力学特性、北京季节冻土基坑冻融变形时效性分析、哈尔滨季节冻土基坑冻融变形时效性分析和鞍山紧邻建筑基坑冻涨时效性破坏分析；研究成果对填补行业相关关键技术空白，促进交通市政行业科技进步和满足工程实际需求具有重大理论意义与实际应用价值。

出　版　者：东北大学出版社
　　　　　　地址：沈阳市和平区文化路三号巷 11 号
　　　　　　邮编：110819
　　　　　　电话：024-83683655（总编室）
　　　　　　　　　024-83687331（营销部）
　　　　　　网址：http://press.neu.edu.cn
印　刷　者：辽宁一诺广告印务有限公司
发　行　者：东北大学出版社
幅面尺寸：185 mm×260 mm
印　　张：21.5
字　　数：497 千字
出版时间：2024 年 6 月第 1 版
印刷时间：2024 年 6 月第 1 次印刷
责任编辑：郎　坤　潘佳宁
责任校对：杨　坤
封面设计：潘正一
责任出版：初　著
ISBN　978-7-5517-3548-3　　　　　　　　定　价：98.00 元

前　言

深基坑桩锚支护结构往往需要越冬施工，冻融严重影响其安全稳定性；环境温度随季节的波动，使得砂土地层的深基坑桩锚支护结构出现冻胀、融沉、干缩等现象，出现基坑变形破坏、失稳坍塌、崩塌滑坡等，给人民的生命财产及生活生产带来了严重威胁、危害。开展深基坑桩锚支护结构冻融动态响应及其安全性控制研究，可为大型建（构）筑工程安全越冬、保障工程施工质量奠定基础，深入解决基坑侧壁冻融导致支护体系安全性失效等问题。

本书共包括 11 章内容。

第 1 章季节冻土基坑冻融灾害研究现状。在建立研究背景、研究目的意义的基础上，综述了冻土的基本特点与冻结融化演化特征、国内外冻融机理研究现状，结合国内外冻融理论研究和冻融实验特色研究，分析了国内外研究冻融力的变化规律及主要模型、国内外支护结构冻融算法、国内外季节土中未冻结水特征（SFCC）、国内外越冬基坑冻融数值模拟与抑制冻融措施，构建基坑冻融力研究启示。

第 2 章紧邻地铁基坑工程综合设计。结合基坑与紧邻地铁工程特点，分析了紧邻地铁地下变电所工程、基坑与紧邻地铁出入口工程、基坑与紧邻地铁联络线工程、区间联络线隧道结构工程。

第 3 章紧邻地铁基坑施工监测。根据基坑监测点布设与预警值建立地铁现场巡查制度，进行监测项目与数据统计分析。

第 4 章基坑桩锚支护冻融响应模型实验。结合基坑桩锚冻融破坏与模型实验特点，进行模型实验相似比设计、模型实验台设计，开展水分迁移模拟研究，构建模拟桩锚基坑位移场的相似准则，通过模型材料选择和物性认识，进行实验监测数据分析、实验结果分析。

第 5 章基坑桩锚支护防冻融措施工程实验。结合工程实验目的与位置、工程实验设计与现场实验方案，提出现场保温措施，开展监测结果分析、现场实验结果分析。

第 6 章紧邻地铁建筑基坑施工流固耦合力学特性。结合场地工程地质条件、基坑支护及降水设计，在基坑隧道施工过程数值模拟方法与模型建立的基础上，开展高层建筑基坑开挖支护变形与稳定性分析、紧邻地铁联络线隧道基坑开挖支护变形与稳定性分析。

第7章长春紧邻地铁建筑基坑冻融演化力学特性。针对基坑桩板墙围岩土体冻融动态响应，开展降温基坑桩锚支护结构冻融动态响应分析、降温基坑桩板墙围岩土体冻融变形与稳定性分析、紧邻地铁联络线隧道基坑冻融变化影响分析，研究分析地铁变电站基坑开挖支护+斜撑结构流固耦合、地铁变电站基坑开挖支护+斜撑结构降雨、紧邻地铁基坑开挖支护+斜撑结构冻融情况。

第8章北京季节冻土基坑冻融变形时效性分析。通过冻融机理及冻融力计算方法分析，结合工程实例开展冻融引起的基坑变形监测时效性分析、基坑开挖支护流固耦合数值模拟分析、基坑冻融时效性变形数值模拟分析、冻融引起的基坑变形数据分析。

第9章哈尔滨季节冻土基坑冻融变形时效性分析。结合结构设计主要技术指标、工程地质、水文地质、基坑围护结构、地下水控制、深基坑监测的情况，开展基坑开挖支护施工数值模拟分析、季节冻土基坑冻融变形时效性分析。

第10章鞍山紧邻建筑基坑冻胀时效性破坏分析。结合工程水文地质条件、场地工程评价、基坑岩土工程评价，认识紧邻建筑基坑桩锚支护结构冻融破坏，开展紧邻建筑基坑支护流固耦合、流固耦合冻融、破坏数值模拟，以及紧邻高层建筑基坑冻融破坏数值模拟。

第11章结论与展望。

参加本书编写的还有北京特种工程设计研究院赵涛（第一章），中国建筑东北设计研究院有限公司刘天宇高级工程师、董建勋工程师（第二章），张友高级工程师、邱达工程师（第五章），韩冰高级工程师（第九章）等人。全书由张丙吉、赵忠亮、芮勇勤、袁健玮统稿并参与各章编著工作。

希望《深大建筑基坑冻融灾害防护力学特性研究》一书在高层建筑群深基坑工程设计、施工和管理等方面，能给予广大读者启迪和帮助。

由于编著者水平有限，加之时间仓促，书中难免有疏漏和错误之处，恳请读者不吝赐教。

编著者

2023 年 8 月 18 日

目　录

第1章　季节冻土基坑冻融灾害研究现状

中国北方季节性寒冷地区最冷月平均气温往往在 $-20\sim0$℃。环境温度随季节的波动，使得砂土地层的深基坑桩锚支护结构出现冻融、融沉、干缩等现象，出现基坑变形破坏、失稳坍塌、崩塌滑坡等，给人民的生命财产及生活生产带来了严重威胁、危害。例如，东北地区城镇特别是大城市普遍都属于寒冷-严寒地区，表现为冬季时间长、气温低、极端冻融，砂土地层的冻深一般在 $1.2\sim3.6$m。城市大型建(构)筑工程，如建筑深基坑、公路铁路地下车站基坑、水利工程基坑基础结构等往往需要越冬施工，冻融严重影响工程安全性。本书开展深基坑桩锚支护结构冻融动态响应及其安全性控制研究，可为大型建(构)筑工程安全越冬、保护工程施工质量奠定基础，深入解决基坑侧壁冻融导致支护体系安全性失效等问题。

1.1 研究背景

冻土是一种长期处于负温的含冰土岩。根据冻结持续时间的长短，冻土主要可以划分为多年冻土、季节冻土和瞬时冻土。我国是世界第三冻土大国，其中多年冻土分布面积占我国疆土面积的 21.5%，季节冻土分布面积占疆土面积的 53.5%。

随着城市地下工程的发展，基坑工程的开挖深度逐渐增大且平面形状多变，导致基坑工程的施工难度增大，从而使得施工时间变长，因此位于季节性冻土区的基坑有可能会出现越冬的情况。在季节性冻土区越冬期间，浅层地表冻土中的液态水会发生冰水相变导致土体体积膨胀，同时也会引发土体中未冻水的迁移、聚集，不断冻结成为冰晶、冰层、冰透镜体等冰侵入体，从而引起土颗粒间的相对位移，土体出现大幅隆胀，进而引发建筑发生冻害。到了春季，随着气温的逐渐升高，冻土发生融化，导致冻土中的冻融力变小，使得支护结构强度在短时间内骤减，引起基坑出现局部破坏。基坑支护一般为临时性工程，在设计中往往很少考虑冻融的影响，因此造成越冬基坑工程事故频发。季节性冻土区已开挖基坑在冻融作用下出现的各种稳定性问题日趋严重(见图 1.1 和图1.2)，并由此造成了巨大的经济损失。

（a）渗水结冰冻融引起侧壁变形开裂

（b）结冰冻融锚杆（索）断裂发生与楼板崩塌

图 1.1　桩锚基坑冻融破坏图

（a）桩锚基坑冻融锚杆（索）发生断裂与涌砂

（b）地面路面破坏坍塌

图 1.2　桩锚基坑冻融涌砂与地面路面破坏坍塌图

通过多年的研究，人们逐渐认识到在土中冰体的形成和发育过程中，水分迁移产生了冻融，而土体自身的性质(土的密度、颗粒、水分以及外界的环境因素)是水分迁移作用强弱的重要影响因素，其中一项发生变化则可能消减甚至不产生土体冻融。另外，土体温度场的改变也是冻融产生的重要因素，正常短期的环境温度变化不会显著影响土体中的温度，其产生的冻土效应也基本可以忽略，而长期季节性的改变却可使土中温度场发生可观的变化，尤其是土体中发生的冻融循环作用对在建基坑工程会造成巨大的影响。上述分析表明，基坑工程冻融，围护结构因冻融力而使土压力增大，因此支护结构的刚度需要大幅度加强。而当冻土融化时，不仅土的含水量大增，而且土粒结构也受扰动，同样使土压力增大。如果基坑需经历两个甚至更多的冬期，则其不利的循环冻融变形作用将愈加明显，将大大增加对整个支护体系的考验。

基坑桩锚支护结构受力性能良好、经济性突出，是目前尤其是东北季节性冻土区广泛使用的支护结构形式。但季节性冻土区冻融力学的理论研究较工程实践相对落后，这也是季节性冻土区易发生基坑工程事故的主要原因。影响冻融力大小和分布的因素较多，在目前规范和标准中，还没有具体考虑冻融力的设计计算分析方法，设计人员对于季节性冻土区考虑冻融的计算带有很大的盲目性，也导致冻融后的基坑存在极大隐患。国内外很多学者对基坑冻融变形规律进行了现场实测研究，提出了尽量采用柔性支护结构、采用卸压孔、对冻深范围内粉质黏土进行改良等一系列的保护措施。但如何在设计初期考虑冻融力的影响，确定一套满足工程需要的计算理论以便进行经济上的对比，并为工程设计提供科学依据是理论研究亟待解决的重要问题。只有对冻融和冻融的发生、发展有了清晰的了解，才能在工程实践中更好地防灾减灾，更好地为经济与社会的可持续发展助一臂之力。

1.2　研究目的意义

近年来，北京地区冬季平均温度保持在-7～-2℃，低温持续的时间较长，已经有多起由于冻融破坏而引发基坑支护结构发生冻害的事故发生：2002 年冬季，朝阳区某住宅楼基坑在施工过程中由于温度骤降，混凝土面层与边坡土层冻在一起，形成冻土墙；2003 年春季，温度回升使得冻土发生融化，土体的强度降低，导致土钉墙整体失稳。2010 年冬季，海淀区某基坑由于冻融，土钉墙面层发生胀裂破坏，如图 1.3(a)所示。2011 年冬季，朝阳区常营项目基坑坑顶由于冻融，坑顶开裂，如图 1.3(b)所示。2012 年冬季，北京某基坑由于冻融作用，护坡桩发生水平位移，且部分预应力锚杆发生失稳破坏，基坑坡顶产生明显裂缝。综合以上案例，在基坑支护过程中，若忽略冻融效应对越冬基坑的影响，则极易引起支护体系失效，因此冻融效应不容忽视。

目前，国内外的研究人员根据土体冻融作用力与建筑结构物之间的作用方向的不同把冻融力主要划分为切向冻融力、法向冻融力和水平冻融力。其中,水平冻融力是造成冻害的主要原因,且对于具有冻融敏感性的土(如粉土、黏土和粉质黏土),发生冻融时所产生的水平冻融力远大于融土时期的静止土压力。《建筑基坑支护技术规程》中虽明确了在计算土应力时应考虑冻融的影响,但没有给出计算基坑支护结构水平冻融力的标准,《冻土地区建筑地基基础设计规范》仅提出了挡墙结构的水平冻融力计算方法,尚未针对基坑支护结构给出相应的水平冻融力计算公式。

（a）海淀区基坑土钉墙面板冻融破坏

（b）朝阳区常营基坑顶部开裂

图 1.3　北京地区冻融破坏图

综上所述,对各项具体工程事故的分析表明,应当重视冻融效应尤其是水平冻融力对越冬基坑的影响。因此,针对基坑研究不同条件下水平冻融的演化规律,并且提出切实可行的防冻融措施尤为重要。本书通过结合理论分析、现场试验以及数值计算三种研究方法,分析水分水平迁移及水平冻融的变化规律,结合现场试验和仿真计算进行分析对比,最后提出有效的防冻融措施,为季节性冻土区的基坑工程支挡结构设计和施工提供理论支持。

冻土的特性除了受物理、化学、力学性质影响外,还与含冰量密切相关,含冰量与温度往往呈正相关。冻土既具有温度敏感性,又具有不稳定的性质。在冻结状态下,冻土常常表现为相对动态和较高强度,在涉及冻土的深基坑工程中必须考虑这些重要的特征。

1.3　冻土的基本特点与冻结融化演化特征

冻融作用是由于土体的冻结而引起的体积膨胀的现象。季节性冻融土冻融类别按平均冻融率分为不冻融、弱胀冻、胀冻、强胀冻、特强胀冻五个冻融等级。平均冻融率指土试样冻结前后的高度差与冻结前试样高度之比。在基坑工程中,由于基坑需要在无水状态下施工,如水位较高则应采取适当的降水措施,保持稳定水位在坑底以下,而土的颗粒大小决定了砂层中水分迁移相对粉质黏土较差,因此,在季节性粉质黏土地区冻融对基坑的影响更加显著。

1.3.1　冻土的基本特点

冻土一般为温度低于0℃的岩土,其广泛分布于地球表层的低温地质体,冻土的存在与演变对人类的工程活动和可持续发展具有重要的影响作用。常规土类土性基本稳定,多表现为静态特征。冻土是特殊土类,特殊的物理、化学、力学性质与温度有很大关系。

我国地处亚欧大陆的东南部,幅员辽阔,地势西高东低,地形复杂,冻土具有类型多、分布面积广的特点。

冻土根据温度和含冰量情况,一般将土划分为以下五类:

① 未冻土(或融土):不含冰晶且土温高于0℃的土。

② 寒土:不含冰晶且土温低于0℃的土(含水量小或水溶液浓度较高)。

③ 已冻土:含冰晶且土温低于0℃的土。

④ 正冻土:处于温度低于0℃降温过程中且有冰晶形成及生长(有相界面移动)的土。

⑤ 正融土:处于温度低于0℃升温过程中且冰晶逐渐减小(有冻融界面移动)的土。

根据冻土存在时间长短,可以将冻土分为多年冻土、季节冻土和瞬时冻土。

① 多年冻土主要分布在北温、中温带的山区,分布面积约占全球陆地面积的23%,主要分布于俄罗斯、加拿大及美国的阿拉斯加等高纬度地区。

② 季节冻土主要分布在中温、南温及北亚热带的山区。

③ 瞬时冻土主要分布在亚热、北热带的山区。

多年冻土为冻结土状态持续 3 年以上,在表层数米范围内的土层处于冬冻夏融状态，为季节融化层或季节冻结层。地理学将多年冻土区按其连续性分为连续多年冻土区和不连续多年冻土区。图1.4中展示了位于加拿大北部与西北部地区连续多年、不连续多年冻土区分界处多年冻土的典型垂直分布和厚度。不连续多年冻土区的多年冻土呈分散的岛状分布，其分布面积从数平方米到数公顷不等，其厚度分布从南界的数厘米到与连续多年冻土接壤边界的超过100m不等。这些区域按年平均地温实测值为-5℃等温线进行划分。

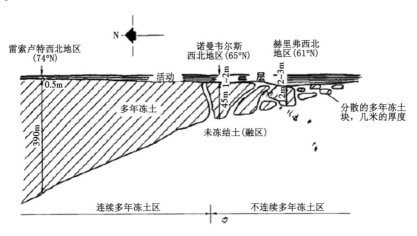

（a）冻土厚度分布

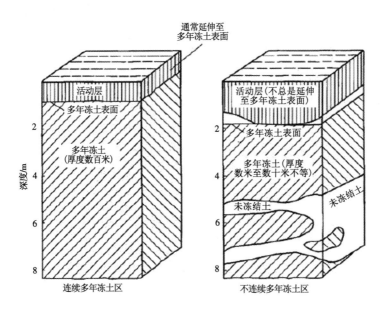

（b）冻土结构特征

图1.4 加拿大多年冻土典型分布图

各类冻土划分的基本依据见表1.1。其中，季节冻结（季节融化）为土持续冻结（融化）时间大于或等于1个月，不连续冻结持续冻结时间小于1个月。

表 1.1　冻土划分的基本依据

冻土类型	区划前提	区划指标 （年平均气温）/℃	冻土保存时间/月	冻融特征
瞬时冻土	极端最低地面温度≤0℃	18.5~22.0	<1	夜间冻结、不连续冻结
季节冻土	最低月平均地面温度≤0℃	8.0~14.0	≥1	季节冻结、不连续冻结
多年冻土	年平均地面温度≤0℃	大片连续的：-2.4~5.0 不连续的：-2.0~-0.8	≥24	季节融化

表 1.2 列举了 1∶400 万比例尺的中国冰、雪、冻土分布图统计得到的冻土总面积及占比。不同类型冻土所覆盖的面积约占中国国土总面积 98.8%，其中对工程建设影响较大的多年冻土和季节性冻土的面积总和约占中国国土总面积的 75%，季节冻土占 53.5%；中国的多年冻土面积占世界多年冻土面积的 10%，是继俄罗斯与加拿大之后世界多年冻土分布面积第三大国，其中处于中低纬度、有世界第三极之称的青藏高原为我国独有。

表 1.2　中国冻土分布面积

冻土类型	分布面积/（×10³km²）	占全国总面积的百分数/%
瞬时冻土	2291	23.8
季节冻土	5137	53.5
多年冻土	2068	21.5

1.3.2　冻土主要成分组构特征

一般土多是非饱和复杂四相系的多相体，固相物质组成土的基本骨架——土的基质。用质量和体积的关系表示非饱和未冻结土和冻结土的组成，如图 1.5 所示。

图 1.5 所示非饱和未冻土中未冻水含量 W_u 和相对冰含量 W_i 为：

$$\left.\begin{array}{l} W_u = \dfrac{M_{wu}}{M_s}, \\[2mm] W_i = \dfrac{M_i}{M_i + M_{wu}} \\[2mm] (1-W_i) = W_u \end{array}\right\} \tag{1.1}$$

式中：W_u——未冻水含量；

　　　M_{wu}——未冻水质量；

　　　M_s——土颗粒质量；

　　　W_i——相对冰含量；

　　　M_i——相对冰质量。

冻土按团聚状态属于坚硬固体，包含了多种物理-化学和力学性质的多相体组分，

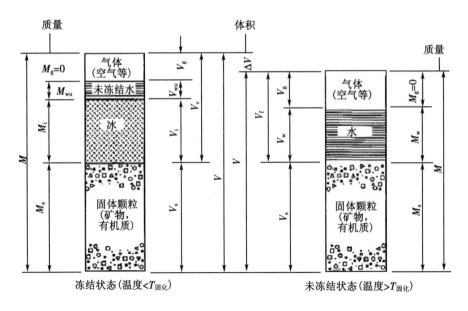

图 1.5　非饱和土冻结、未冻结土质量-体积关系图

多相体组分可处于坚硬态、塑性状态、液态、水汽和气态的相态。冻土中的多相体组分都处于物理、化学、力学作用的相互制约中，从而产生了物理-力学性质并制约着冻土在外荷载作用时的行为。因此，在冻土的工程应用中必须将其作为一种复杂的多相系统，主要包括以下五种组分：固体矿物颗粒、动植物成因的生物包裹体、自由水与结合水和水中溶解的酸碱盐、理想塑性冰包裹体（形成冻结土颗粒的胶结冰和冰夹层）、气态成分（水汽、空气）。

1.3.3　季节土中水冻结基本特征

一般情况下，低温水分子的自由能减小且趋于有序排列，结冰即液态的水中出现冰体，从而产生界面能。若克服界面能，液态水就能发生结冰。吉布斯成核理论揭示了这一现象：在0℃以下的液态水中，通过某些细小微粒克服新相界面能，使得液态水分子变相形成固态的冰。即当一滴水结成冰时，通常在一个微小冰核颗粒上形成冰晶，而后冰晶再向水滴其他部分扩散，一旦形成冰核，其他水分子就快速结冰。土中水分子的冻结温度由于水与矿物颗粒、生物颗粒、冰晶体、溶解盐电分子相互作用下降而降低。根据著名的列别捷夫(1919)(А.Ф.Лебедев)分类法，土中水可分为自由水、结合水，其中结合水又按照距土颗粒的远近以及受电场作用力大小的不同分为强、弱结合水（如图1.6所示）。

图1.7为负温条件(0℃下)下非饱和土冻结过程中冰晶形成过程，非饱和土在负温条件下，随着温度逐渐降低，未冻水膜厚度逐渐变薄，部分孔隙水由于温度逐渐下降而逐渐变相形成孔隙冰。

进一步研究发现，可以将土中水（包括正冻水和冻结水）按照它们的能级关系以及在

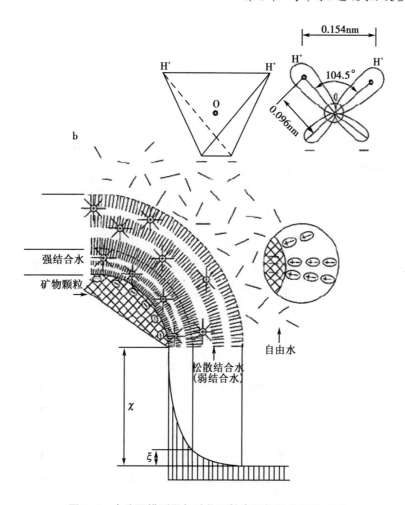

图 1.6 水分子模型及与矿物颗粒表面相互作用关系图

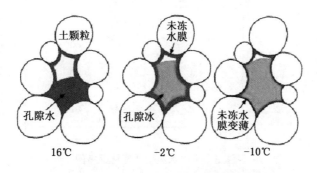

图 1.7 冻结过程中孔隙冰形成过程图

土中的配置地位进行精准分类。例如切韦列夫(1991)(В.Г.Чеверев)按其性质划分出 6 种类型的联结形式,并根据不同土颗粒配置关系的能量联结划分出 19 种土壤水。能级关系制约着冻土中的相变强度,最终决定了冻土的强度和变形。

强结合水包括化学、物理-化学结合水。强结合水由单个的水分子构成,与矿物颗粒表面具有最高的结合程度,表面能约(90~300)kJ/kg,其冰点小于-78℃。无论是在矿物颗粒的外表面上还是在冰晶体上,吸附水膜和渗透水膜的相互作用能量都比较小,水膜厚度约为 1~8nm。

X 衍射分析发现在低达-12℃温度下,冰中仍有类似液体水膜存在,-3℃时仍有渗透水膜存在。温度降至-3℃时,毛细-结合水仍然存在。多孔毛细水和游离在矿物骨架和冰之间的水可归为弱结合水。杨(E.Юнг)通过实验揭示了未冻水与温度的关系,并制定了测定未冻水的方法。通过实验可知,自由水在土处于起始冻结温度时相变成冰,随着温度的持续下降,弱结合水和部分强结合水逐渐冻结。

1.3.4　季节冻土中水冻结融化演化过程

土中水在负温条件(0℃下)下具有温度降低冻结、温度升高融化的性质。因此,起始冻结温度 θ_{bf},以及最终融化温度 θ_{th} 是土的基本物理指标之一。一方面土中水受到土颗粒表面能的作用,另一方面含有一定量的溶质成分的土中水可以影响冰点。所以,土中水冻结温度都低于纯水冰点,其与纯水冰点差值定义为冰点降低。图 1.8 展示了土中水类型及冻结顺序。由于土中水受到土颗粒表面能的作用,当土的温度低于重力水的冻结温度,土中水开始冻结,冻结的顺序为重力水→毛管水→薄膜水(弱结合水)→吸湿水(吸着水或称强结合水)。土中部分水由液态变相成固态这一结晶过程大致要经历三个阶段:

① 第 I 阶段:先形成非常小的分子集团,称为结晶中心或称生长点(germs)。

② 第 II 阶段:再出这种分子集团生长变成稍大一些的团粒,称为晶核(nuclei)。

③ 第 III 阶段:最后由这些小团粒结合或生长,产生冰晶(ice crystal)。

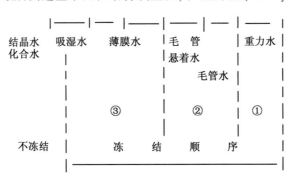

图 1.8　土中水类型及冻结顺序图

冰晶生长的温度称为水的冻结温度或冰点。结晶中心只有在比冰点更低的温度下才能形成,所以土中水冻结的过程一般须经历过冷、跳跃、稳定和递降四个阶段。

图 1.9 展示了土冷却—冻结—融化过程中土温 θ 与时间 t 的关系曲线。大致包含以下七个阶段:

① 第 I 阶段(过冷阶段):当土体处于负温状态时,土体受环境温度的影响,土温开始下降但无冰晶析出,一般过冷曲线段是相对于温度轴的凹形曲线(翘曲)。土温逐渐下

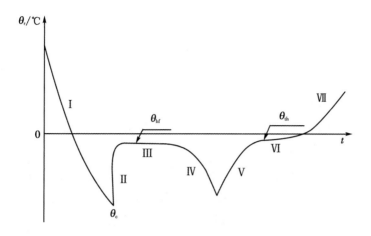

图 1.9　土冷却—冻结—融化过程中土温 θ 与时间 t 的关系图

降至过冷温度 θ_c，这个温度决定于正冻土中的热量平衡，其值达到最小值时，孔隙水中将形成第一批结晶中心。

② 第 Ⅱ 阶段(跳跃阶段)：土中水形成冰晶晶芽和冰晶生长时，立即释放结晶潜热，使土温骤然升高。

③ 第 Ⅲ 阶段(稳定阶段)：温度跳跃之后进入相对稳定状态，在此期间土中比较多的自由水发生结晶，土中水部分相变成冰，水膜厚度减薄，土颗粒对水分子的束缚能增大，水溶液中离子浓度增高。此最高温度称作土体水分起始冻结温度 θ_{bf}。起始冻结温度与一标准大气压下纯水冰点 0℃ 的差值称为冰点降低。冻结温度与周围介质的温度关系不大，对于某一种土而言可以认为是个常数，它是土物理性质的最重要指标，可以均衡地反映土体水分与所有其他成分之间的内部联结作用。

④ 第 Ⅳ 阶段(递降阶段)：土温继续按非线性规律下降以相对于时间轴的凸起曲线变化，随着此阶段弱结合水冻结，成冰作用析出的潜热逐渐减小。而且此阶段终结时土中仅剩下强结合水，土温更快地下降达到周围环境温度。

⑤ 第 Ⅴ、Ⅵ 阶段(融化阶段)：当外界温度上升时，土中温度变化过程几乎是平滑曲线(第 Ⅴ 阶段)。温度上升时温度曲线的非线性变化说明土尚未开始融化时潜热已被耗散。最终融化温度 θ_{th}(第 Ⅵ 阶段)要比起始冻结温度 θ_{bf} 高一些，对土而言该温度同样可作为恒定指标。这两个阶段中随着温度的升高，冻土中液态水含量逐渐增高。

⑥ 第 Ⅶ 阶段(融后阶段)：土中冰晶全部融完后，土温逐渐与环境温度达到平衡。从融化阶段向融后阶段过渡时，可看出曲线明显的曲率变化。

1.4 国内外冻融理论研究

在 17 世纪末，人们认识到了冻融现象的存在。俄国科学家斯图金伯格于 1885 年通过研究给出了冻土中的水分迁移的假设，首次提出了水分迁移是由土颗粒间的毛细作用导致，而冻融现象正是与毛细作用相关。

冻融按其位置可分为：土中孔隙水的原位冻融和水分迁移作用导致的冰分凝冻融。原位冻融是指土中的孔隙水在原位冻结。分凝冻融是指由于水的抽吸作用，导致水分聚集在冻结锋面的后方并冻结，形成分凝的冰透镜体，造成体积增大，绕吸着水的薄膜形成较厚的薄膜水，温度在 0℃ 以下时结成冰。随矿物颗粒变小和黏土颗粒含量增大土体中薄膜水含量增大，砂土中薄膜水含量在 5%～10%，粉质黏土薄膜水含量一般在 22%～50% 间，而吸附水含水量占总含水量的 0.2%～2%。在冻结时，自由水在 0℃ 时即结冰，−5～−4℃ 时薄膜水才开始结冰，−30～−20℃ 时薄膜水才能大部分结冰，−76℃ 时薄膜水才能全部结冰，而吸附水 −186℃ 时才结冰。由此可见，随温度的下降，粉质黏土颗粒间的薄膜水的迁移导致了冻结锋面附近的含水量逐渐提升，冻融量增大。相关实验研究表明：冻层顶部土层含水量可达到 80% 左右，而黏比底部仅约为 37%。纯砂类土水分不发生迁移，不发生体积膨胀，而黏土由于土颗粒孔隙太小，阻力大，水分迁移有限，冻融量也相对较小。颗粒在 0.005～0.05mm 间水分迁移最明显，在冻结时如有持续水补给，冻融则更为明显。支护结构中按冻融区与支护结构顶面、侧面的相对关系大体分为三类：

第一类：冻融力仅作用在支护结构顶面，只有切向冻融力，适用于桩后土层顶部为粉质黏土薄层的情况。

第二类：冻融力作用在支护结构侧面，只有法向冻融力，适合于支护桩后有粉质黏土夹层的情况。

第三类：冻融力作用在支护结构顶面及侧面，法向冻融力和切向冻融力共同存在，适用于桩后土为粉质黏土的基坑。

由于基坑支护结构顶层土体一般无约束作用，切向冻融力由于冻融变形往往大幅度衰减，大量工程的现场监测结果分析表明，作用在支护结构上的切向冻融力在设计过程中可以不加以考虑。以上冻融力作用模式同样适用于土钉、水泥土挡墙等支护形式。由于水泥土挡墙通常较厚，大于冻深，一般不存在冻融问题，土钉墙属柔性支护结构，变形调节余地较大，对冻融最为敏感的是排桩、墙支护的形式。因此，需针对粉质黏土区排桩支护形式冻融问题进行研究讨论（如图 1.10 所示）。

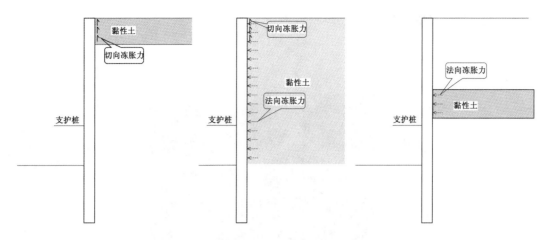

图 1.10 冻融区与支护结构的相对关系

1.4.1 国外冻融理论研究

由于早期的冻融研究理论实验并未在开放的环境中进行，故而普遍认为土中的水原位冻结体积增大导致了冻融现象的发生。而这也是绝大多数科学家统一的认识。但后期从发生了较大变形量的冻融情况来看，单纯的水冻结成冰导致土体体积上的膨胀产生的冻融量极其有限，由此水分迁移冻融的研究才开始被人们所重视，水分迁移是地层中的水向冻土层迁移，增加的水分冻结导致了土体的体积增大而发生的破坏现象。1916 年，美国科学家 Taber 等通过实地的观察和实验并结合理论研究突破了早期对冻融机制的理解，阐明了冻融与水分迁移的关系，通过实验说明水以某种方式被吸入到了土试样中，而试样中增加的这部分水继而转化成了冰导致了体积增大，由此产生了冻融。同时，为研究冻融量是否完全由水的原位冻结产生，Taber 在实验中采用了冻结后体积收缩的苯，但通过实验观察到了同样的冻融现象。因此，对冻融是因为土中原有的水转变为冰而导致体积增大这一传统的看法提出了挑战。Taber 提出水分迁移是由于土中较大孔隙中形成的冰晶体在结晶力作用下，从没结冰的小孔隙吸取水分使孔隙冰晶不断增大最终形成了冻融现象。

之后的一些研究表明：冻融的代表性理论的提出，使得冻融的研究上升到了理论和实验相互验证的新的层面。由于产生冻融与土的性质、环境温度和水分补给情况以及外部荷载等诸多因素有关，理论上解释比较困难，因此，对于水分迁移的研究目前比较认可的两种理论分别为毛细理论即第一冻融理论和冻结缘理论即第二冻融理论。第一冻融理论在 20 世纪 60 年代由 Everett 提出（见图 1.11 和图 1.12），Everett 认为毛细管吸力导致了水分迁移，并根据毛细理论定量计算和解释了冻融力以及冻融现象，证明了毛细管下方界面晶体的生长与冰接触面积的增加和水接触面积的减少有关。对于土体来说，当毛细力大于覆盖层施加在冻结面上的压力时，土体就会发生冻融破坏。该理论适用于多孔介质中溶液晶体生长过程并产生较大冻融力的解释。该冻融理论的提出在早期得到了广泛的认可并得以快速发展。

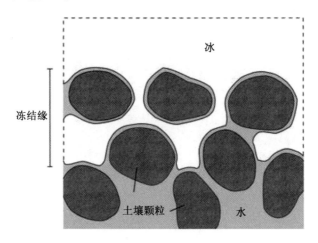

图 1.11　带冰冻边缘的冻土示意图

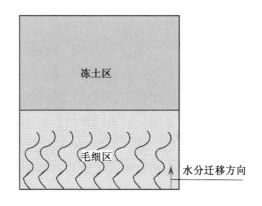

图 1.12　毛细理论(第一冻融理论)示意图

近年来学者们在进一步的实验研究中发现,第一冻融理论与实验值吻合程度不高,其定量计算的理论数值与实验值存在较大差异,毛细理论对于土中冰透镜体的形成问题无法给出解释。

Miller 于 20 世纪 70 年代首次将冻结缘引入到了冻融理论研究中,形成了第二冻融理论。研究认为在土壤冻结过程中,水从未冻区向冻结锋面迁移,产生了明显的冻融现象,进而导致了隔离冰的形成。该理论将土体划分为了 3 个区域,分别为冻结区、冻结缘区和未冻结区,冻结缘区冰水共同存在(如图 1.13 所示)。

冻结缘是未冻土区和冻土层间的过渡区域,在冻结缘内存在着冰、未冻结水以及冰透镜体,冻结缘的温度为锋面的冻结温度过渡到冰透镜体暖端的温度,冻结缘的性质决定了水的迁移和冰分凝的形成和发展。Miller 认为冻土中冰水压力平衡等同于未冻土干燥过程的水汽压力平衡,饱和土在冻结过程中,土中孔隙的水分被冰代替,冰与水的交界面的毛细力阻止孔隙中的水变成冰,毛细孔隙的尺寸影响冻融的发展,其吸力方程定

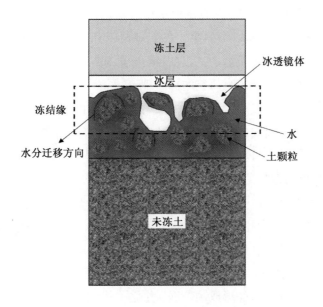

图 1.13　冻结缘理论(第二冻融理论)示意图

义为：

$$p_i - p_w = \frac{2\sigma_{iw}}{r_{iw}}$$ （1.2）

式中：p_i——冰压；

　　p_w——水压；

　　σ_{iw}——冰水界面张力；

　　r_{iw}——冰水界面曲率半径。

非饱和土的水汽界面张力与曲率可用含水量的函数表示，则非饱和土冻结过程吸力方程为：

$$p_i - p_w = \kappa f(S_w)$$ （1.3）

式中：S_w——孔隙含水量；

　　κ——系数，与土壤的性质有关。

由克拉伯龙方程可得冰侵入孔隙的临界温度：

$$T_p = T_m \left(1 - \frac{2\sigma_{iw}}{p_w L r_p}\right)$$ （1.4）

式中：T_p——冰侵入时的临界温度；

　　T_m——重力水的冻结温度；

　　L——相变潜热；

　　r_p——孔隙的有效半径。

在模型中当外界温度小于冰侵入的临界温度 T_p 时，冰充满孔隙阻断了水分的迁移路径，冻融停止，产生了最大的冻融压力。前述的毛细理论存在着缺陷，不能预测土中的冰透镜体的形成，而且冻融速率的预测值也相对偏高。之后的学者在大量实验中证明了冻结缘的存在，因而基于冻结缘的第二冻融理论得到了学者广泛支持并逐渐得以完善。随着冻融模型应用于各种类型的工程项目，要求冻结缘理论不断深入研究，目前的冻结缘理论在国内外仍然是土冻融研究的热门理论。

Harlan 在 20 世纪 70 年代建立了冻土中水热耦合迁移的数学模型，提出了 Harlan 方程，同时引入了水土特性曲线、未冻土含量和温度的冻结特性曲线使得方程得以封闭。Harlan 应用全隐有限差分进行离散后的计算，对冻结过程水的迁移进行了模拟。Harlan 等从物质能量守恒和热力学的基本理论出发，用数理方法描述了物质运动的动力和方向，从理论上解释了水分迁移引起的冻融现象，将其应用于冻土中热流耦合传递现象的分析，指出了冻结过程热量从温暖区域向寒冷区域移动，当冻结发生时，非冻土区的含水量向冻结锋面方向迁移。在影响迁移的因素中，土质和初始湿度条件是重要的因素。

在水热耦合迁移模型提出之后，英国的 Holden 等进行了深入的研究，并得到了第二冻融理论的近似解以及冰透镜体形成的依据，建立了描述冻结缘、冰透镜体形成的数值方程。

$$\frac{\partial}{\partial x}\left[\rho_w K \frac{\partial \phi}{\partial x}\right]=\frac{\partial(\rho_1 \theta_u)}{\partial t}+\Delta S \tag{1.5}$$

$$\frac{\partial}{\partial x}\left[\lambda \frac{\partial T}{\partial x}\right]-c_1 \rho_1 \frac{\partial(\nu_x T)}{\partial x}=\frac{\partial(\overline{c_\rho} T)}{\partial t} \tag{1.6}$$

式中：K——导温系数；

ρ_w——水密度；

ϕ——土水势；

θ_u——水体积含量；

ΔS——含水量变化率；

λ——导热系数；

c_1——水比热容；

ν_x——水流速度；

T——温度；

$\overline{c_\rho}$——名义比热容。

O'Neill 和 Miller 在 20 世纪 80 年代提出了刚性冰模型，模型假定饱和土冻结中冰和土的骨架不可压缩为刚性体。冻结缘中的孔隙水原位冻结后与水分迁移逐渐形成的冰透镜体相连，冻融过程中，孔隙冰逐渐向已冻土层方向移动，从而认为土体的冻融速度应与刚性冰体向已冻区的推移速度是相等的。冻结缘的冰水和土颗粒关系如式（1.7）所示：

$$W(\varphi_{iw})+I(\varphi_{iw})+G=1 \tag{1.7}$$

式中：$W(\varphi_{iw})$——未冻水体积，由实验确定；

$I(\varphi_{iw})$——冰体积；

　　G——土体颗粒体积。

　　φ_{iw} 与温度 T 的关系为：

$$\varphi_{iw} = (\gamma_i - 1) u_w - (\gamma_i H/273) T \tag{1.8}$$

　　刚性冰模型通过土水特性曲线利用克拉伯龙方程得到了冰的含量与水压力和温度关系的方程式为：

$$I = I(Au_w + BT) \tag{1.9}$$

　　式中：A，B——已知的参数。

　　模型考虑了刚性冰移动的质量守恒方程为：

$$(\Delta\rho AI') \frac{\partial u_w}{\partial t} + (\Delta\rho BI') \frac{\partial T}{\partial t} - \frac{\partial}{\partial x}\left[\frac{k}{g}\left(\frac{\partial u_w}{\partial x} - \rho_w g \right) \right] + \rho_i V_I\left[AI'\frac{\partial u_w}{\partial x} + BI'\frac{\partial T}{\partial x} \right] = 0 \tag{1.10}$$

$$\Delta\rho = \rho_i - \rho_w \tag{1.11}$$

　　式中：ρ_w——水密度；

　　　　　ρ_i——冰密度；

　　　　　k——饱和导水率；

　　　　　V_I——冰晶移动速度；

　　　　　T——温度。

$$V_I = \frac{1}{\gamma_i}\nu(x_w) + \frac{\Delta\rho}{\rho_i}\frac{\mathrm{d}}{\mathrm{d}t}\int_{x_b}^{x_w} I\mathrm{d}x \tag{1.12}$$

　　式中：x_b——冰透镜体与冷源的距离；

　　　　　x_w——试验土柱底端与冷源的距离。

　　O'Neill 认为当冷端的外荷载小于冻结缘内孔隙压力时，冻结缘边缘未冻水的负压导致新的分凝冰形成，对应位置将导致土骨架结构破坏，外荷载全部转移至由分凝冰承担。基于此模型定义了一个中性应力 σ_n，当外荷载中性应力承担所有外荷载时，新的透镜体形成。

$$\sigma_n = \chi p_w + (1-\chi) p_i \tag{1.13}$$

　　式中：χ——权重因子；

　　　　　p_w——水压力；

　　　　　p_i——冰压力。

　　20 世纪 80 年代 Konard 和 Morgenstern 提出了分凝势模型，把水分迁移通量与通过冻结缘的温度梯度的比值定义为分凝势，冰透镜处产生的负压和由于冻结缘低渗透性引起水流受阻是产生分凝势的原因。

$$SP = f(\dot{T}_f, P_u) \tag{1.14}$$

　　式中：SP——分凝势；

　　　　　$\dot{T}_f$——冻结缘的冷却速率；

P_u——冻结缘上的吸力。

Shen Mu 于 1990 年提出了水热力耦合的简化模型，采用差分方法进行数值求解。土体内的水热守恒方程分别为：

$$\frac{\partial \theta_l}{\partial \tau}+\frac{\rho_i}{\rho_l}\frac{\partial \theta_i}{\partial \tau}=\frac{\partial}{\partial x}\left(k\frac{\partial P_l}{\partial x}\right)+\frac{\partial}{\partial z}\left(k\frac{\partial P_l}{\partial z}\right) \tag{1.15}$$

$$C\frac{\partial T}{\partial \tau}=\frac{\partial}{\partial x}\left(\lambda\frac{\partial T}{\partial x}\right)+\frac{\partial}{\partial z}\left(\lambda\frac{\partial T}{\partial z}\right)+L\rho_i\frac{\partial \theta_i}{\partial \tau} \tag{1.16}$$

式中：θ_l——水体积含量；

$\quad\quad \theta_i$——冰体积含量；

$\quad\quad L$——相变潜热；

$\quad\quad \lambda$——导热系数；

$\quad\quad k$——导湿系数。

假设冰压力在冻结锋面和冷端压力分别为 0 和 P，未冻水压力方程为：

$$p_w=\frac{\rho_w}{\rho_i}p_i+L\rho_w\ln\frac{T_K}{273.15} \tag{1.17}$$

式中：p_w——未冻水压力；

$\quad\quad p_i$——冰压力；

$\quad\quad T_K$——热力学温度。

Shen Mu 根据能量守恒方程和未冻水压力方程构建了未冻水能量守恒方程。采用蠕变增量本构模型模拟冻土材料的本构关系：

$$\mathrm{d}\{\sigma\}=[D](\mathrm{d}\{\varepsilon\}-\mathrm{d}\{\varepsilon^c\}-\mathrm{d}\{\varepsilon^v\}) \tag{1.18}$$

式中：$\mathrm{d}\{\sigma\}$——应力增量张量；

$\quad\quad D$——弹性系数张量；

$\quad\quad \mathrm{d}\{\varepsilon\}$——总应变增量张量；

$\quad\quad \mathrm{d}\{\varepsilon^c\}$——蠕变应变增量张量；

$\quad\quad \mathrm{d}\{\varepsilon^v\}$——相变应变增量张量。

1.4.2 国内冻融理论研究

我国在冻土的物理力学研究方面也取得了多项重大成果，推动了我国冻土理论和实践研究的发展。

1994 年徐学祖基于 Konrad 分凝势模型，进行了开放环境土在冻结过程中的水分迁移研究，得出了饱水正冻土中的水分迁移通量与冻土中的温度梯度成正比的结论。同时，对影响冻融过程中分凝冰形成的因素进行了研究，对冰分凝过程进行了理论上的假设。根据分凝势模型，由达西定律描述土中未冻水的运动可得到下式：

$$V=SP\mathrm{grad}T \tag{1.19}$$

$$\mathrm{grad}\,T=\frac{V}{SP}=\frac{K\mathrm{grad}\mu}{SP} \tag{1.20}$$

式中：V——水分迁移通量；

　$\mathrm{grad}\,T$——温度梯度；

　$\mathrm{grad}\mu$——未冻水势梯度；

　SP——分凝势；

　K——冻土的导湿系数。

在保持冷端温度不变的条件下，冻结锋面向暖端推动的速度逐渐降低，水分充分完成迁移过程，导致冻融量逐渐增大；另外，分凝冰形成导致冻土段温度梯度降低，随着冻结锋面移动速度减小，未冻水势梯度减小，使得分凝冻融量减小。因此，分凝的过程为分凝量先增后减的过程，直至分凝冻融完成。如果要保证分凝冻融持续进行，就需要调节土柱冷端的温度持续降低。开放系统单向冻结饱水正冻土中的分凝冻融过程取决于冷端的冷却速度。

胡坤对于开放环境土体冻融过程中冰分凝过程及变化规律进行了研究，在水热耦合冰分凝冻融模型基础上，考虑了外部作用和土体位移对水热迁移的影响。将土颗粒以及分凝冰看作刚性的介质，在外荷载作用下，土骨架体积发生变化，得到饱和土冻结过程的水热耦合控制方程为：

$$C_{\mathrm{v}}\frac{\partial t}{\partial \tau}=\frac{\partial}{\partial x}\left(\lambda-\frac{\partial t}{\partial x}\right)+L\alpha\rho_{\mathrm{i}}\frac{\partial p}{\partial \tau}-L\rho_{\mathrm{i}}\frac{\partial \theta_{\mathrm{u}}}{\partial \tau} \tag{1.21}$$

$$\rho_{\mathrm{w}}\frac{\partial}{\partial x}\left(k\frac{\partial P}{\partial x}\right)=(\rho_{\mathrm{w}}-\rho_{\mathrm{i}})\frac{\partial \theta_{\mathrm{u}}}{\partial \tau}+\alpha\rho_{\mathrm{i}}\frac{\partial P}{\partial \tau} \tag{1.22}$$

基于该水热耦合控制方程和分凝冰的形成准则，建立了考虑外荷载、临界压力和土体孔隙变形的饱和土一维冻融理论模型。

曹宏章等应用有限差分离散方程组，在刚性冰模型基础上，进行了开放环境的一维饱和土冻结过程的数值模拟，提出了冻结缘内相关参数的分布规律，认为分凝冰的产生与外荷载作用和分凝冰所承担的压力关系有关。

李萍、徐学祖等在饱和粉质黏土冻融试验过程中通过反演得到了分凝冰的厚度，以及冻结缘导湿参数的变化规律，得到了分凝速率随冻结时间成幂函数减小而冻结缘导湿系数随时间成指数减小的规律。

1.5 冻融实验研究现状

1.5.1 国内外支护结构冻融现场检测研究

20 世纪 70 年代，有学者研究了德国斯图加特的一个支护项目，该支护项目采用了土钉墙支护结构，自上而下的土层为回填土、粉砂和泥灰岩。从对其 10 年的监测结果来看，在冻结过程中土压力明显提高，在支护坡体中部的土压力比上下两侧大了约 1 倍。土钉张力也发生了明显的提高，随后温度升高伴随着土体融化，土钉轴力逐渐衰减，但最终没有恢复到冻前的水平，分析发现较冻前提高的土钉轴力与冻结有关。冻融力作用下，监测到的土钉轴力极值是冻前的 2~3 倍，而钉头力增加得最多（见图 1.14）。因此，季节性冻土区的永久性支护应该用冻融力的设计值控制，要对钉头和面板的连接部位采用适当的加固措施。

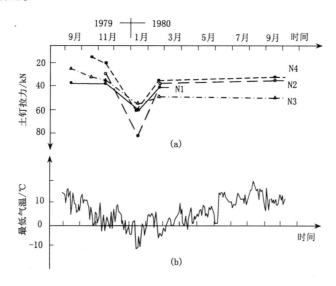

图 1.14 土钉支护监测数据

2006 年，裴捷等对润扬长江公路大桥南锚碇基础深基坑支护采用的 2m 厚冻土薄壁隔水的排桩冻土墙开挖后的温度应力进行了研究，研究表明在排桩侧向限制变形的作用下土体垂直加载使土体中产生了水平压应力，测得的水平冻融力的平均值为 134kPa 和 90.7kPa。冻融力在土体温度-4℃~0℃时增加幅度最大，而低于-4℃时冻融力的变化较小。当坑内土体开挖时，排桩每次变形，冻融力也随之减小，到开挖结束冻融力衰减到 57.6kPa，仅为原来的 40%（见图 1.15）。

1980 年法国 La Clusaz 一处地下车库的基坑支护工程，基坑整体挖深 14m，土层主要以冰渍土、黏土为主，粒径小于 0.008mm 的细颗粒含量为 30%~35%。通过监测发现，

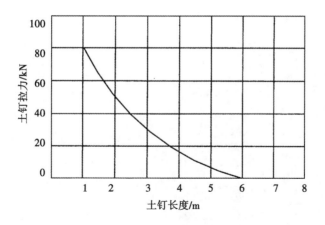

图 1.15　土钉张力分布图

冻融导致土钉钉头张力比冻前增加了约 3 倍，而沿土钉长度方向轴力发生了重分布，由冻前中间轴力大变化为钉头受力集中逐渐沿长方向衰减的分布状态。土钉墙体中间位移量大于两侧位移量，且冻融后位移不再恢复。

1.5.2　国外缅因州大学土钉墙冻胀模型实验研究

缅因州大学 Don W.Kingsbury，Thomas C.Sandford，Dana N.Humphrey 进行了土钉墙支护体模型受冻后土钉受力特性的关键研究。土钉可以成为墙体施工的有效解决方案，但在较冷的气候中并不常见，因为在墙后易受冻温影响的土中可能会发生未知的冻胀力。目前，这些墙壁在冻胀条件下没有设计标准，但是在冻胀条件下制定设计指南将促进该技术在寒冷气候的应用。在 Moscow 镇的土钉墙中，土钉力冻胀环境变化进行了 3 年测试，讨论了冻胀条件下因冻结而引起的土钉张力估计方法，安装了仪器来确定墙壁面部保温的有效性，并确定冻胀对未保温墙壁的影响。一类监测模型是保温的，而另一类监测模型则不考虑保温。仪器仪表包括热电偶、热敏电阻、应变片、压力表和土压传感器。经历三个正常情况的冬季，未隔热区域的冻胀作用产生的结果超过了设计控制值。每年引起的土钉头张力是永久性和累积的量，而墙壁保温可最大限度地减小土钉头张力和墙壁结构上的冻胀荷载。冻胀引起的土钉头张力大小与季节性冻结指数有关。根据测量数据，冻胀引起的最终永久土钉头张力是季节性张力峰值增加的 2.5 倍。钉头受力研究监测点布置见图 1.16。Moscow 镇场地的土体是分级良好的季冬耕地，有大块巨石和淤泥到黏土大小的颗粒存在于沙子和砾石基质中。由于不规则的岩石地形、陡峭的后坡，Moscow 季冬气候的适宜施工季节短。土钉墙有破坏性冻胀的三个必要条件：冻胀渗透的深度超过 1m；有山坡径流水补给，形成冰透镜体；土体显著含有细粉（含量 15%～35%），出现孔隙水毛细作用。关于冻胀环境中土钉墙壁的相关研究很少，但是 Guillouux 等和 Long 等注意到土钉拉伸张应力的增加变化，特别是在土钉头。为了尽量减少冻胀作用，用两层交错的 5cm 挤压聚苯乙烯板对土钉墙面进行保温处理。保温材料通过榫槽木壁板和板条固定到墙面, 尺寸如图 1.16(a)所示。

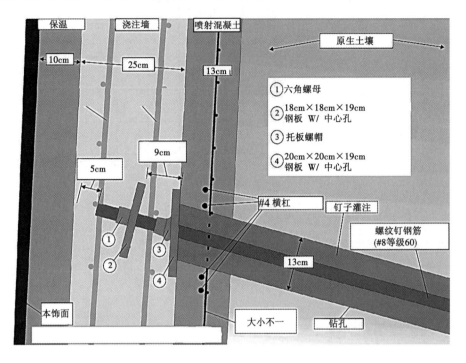

(a)土钉头连接

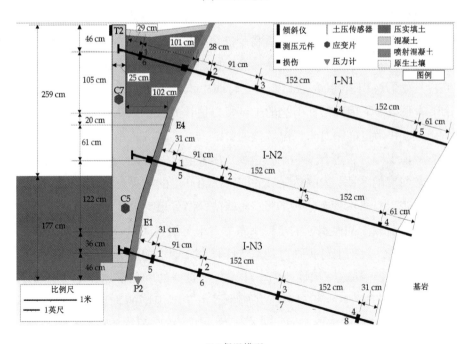

(b)保温模型

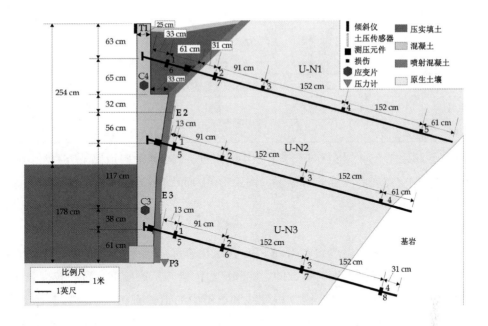

（c）未保温模型

图 1.16　1.8m 初始工作台仪器区域的土钉墙壁设计结构图

　　土钉墙壁或钉头组件的设计中都不包括冻胀荷载，因为设计确定土钉墙壁排水良好且保温。关于这一假设存在许多问题需要研究，例如在有和没有保温层的墙壁中具有什么样的冻胀荷载？冻胀荷载是季节性周期性的，还是累积的？1.8m 初始工作台仪器区域的土钉墙壁设计如图 1.16（b）和图 1.16（c）所示。通过喷射混凝土层钻孔进入土工复合排水带进行填充段的排水，填充混凝土底部的坡度沟渠倾斜到排水沟，护墙后面的回填物用 10cm 的混凝土覆盖。

　　（1）仪表

　　为了更全面地了解土钉墙壁在冻土的冰冻条件下的热力学状况，缅因州大学在 Moscow 总共监测了 4 个土钉墙模型：HS、DS、保温模型 IS 和未保温模型 US。每个点代表了研究的不同方面。这里重点介绍 IS 和 US 的试验结果。这 2 个监测点都位于保温墙的同一区域，具有相似的尺寸和地下水条件。US 在研究中充当了对照组，通过监测没有保温层的墙体部分，并将温度和应力结果与 IS 结果进行比较，可以发现保温墙的优缺点。

　　进行监测应力评估的仪器包括：振动线应变片、压力表和土压传感器（EPC）。热电偶也被用于测量温度，而热敏电阻则存在于所有应变片上。仪器完好率为 97.2%。表 1.3 列出了 IS 和 US 使用的工具的数量和特性。

表 1.3　Moscow 使用的仪器

仪　器	数　量	生产商	类　型	备　注
应变片	40	吉奥康	VK-4150(振动线)	沿钉钢筋点焊
压电表	2	RocTest	断续器(振动线)	安装在喷射混凝土后面15cm处
EPC	4	RocTest	EPC-O(振动线)	安装特殊程序
热电偶	144	乌梅恩	T 型	公差:+/-1.1℃
热敏电阻	59	—	—	每个振动线仪器上一个

IS 和 US 相距 7.63m，位于一条季节性小溪附近，该小溪通向道路下方直径 76cm 的交叉排水沟。两个点在春天都非常潮湿。图 1.16(b) 和图 1.16(c) 分别显示了 IS 和 US 的参考仪器的位置。

（2）应变片

土钉头上的应变片上的热敏电阻和 EPC 用于检查冻胀引起的应力和土钉头张力积聚。应变片的实验室校准温度对读数的影响和应力因素与厂家校准一致。校准表明，振动线应力计算中没有温度校正，因为振动线和土钉中的钢具有相同的膨胀热系数（12×10^{-6}/℃）。振动线的低剖面（在土钉头上方约 6mm）有助于在将土钉插入无壳钻孔时保护量规。制造商提供的仪器表上的金属盖通过两根电缆扎带固定在土钉头上，并用环氧树脂密封。用于应变的电缆用多个电缆扎带将压力计紧紧地固定在土钉头上，以减少从仪表上拉出电线的情况。波纹聚氯乙烯（PVC）护套在将土钉插入钻孔时保护了仪表。将仪表钉插入钻孔后，水泥浆护套内部在通过，在另一端的一个孔处退出，并沿着护套的外部返回。通过将 PVC 涂层电缆封装在从土钉到数据采集盒的聚乙烯（PE）管中，进一步保护了应变片的直埋电缆。

（3）总压力传感器

总压力单元(或 EPC)安装在钉土之间，以确定土体中冻胀效应对喷射混凝土的压力变化。在喷射混凝土和土体的界面处安装 EPC 需要在微凹处进行特殊的混凝土背衬、现场电源和特殊安装程序。在现场安装之前，每个单元(直径 230mm，垫层厚度 9.9mm)大约齐平地嵌入在 75mm 厚的混凝土垫面上，该垫片的宽度为 300mm。每个 EPC 都在实验室的混凝土垫层上使用直接在 EPC 垫上的土体进行校准。实验室确定的校准系数均低于厂家校准，平均为厂家校准的 85.5%。这种差异可归因于土体表面和混凝土垫层上的摩擦力。在现场模型工作台上放置 EPC，通过在喷射混凝土上切一个洞，去除约 50mm 的原生石质土壤并用干净的沙子重新包装(类似用于校准)使带有混凝土垫层的 EPC 紧贴在沙子上。

（4）数据采集系统

数据记录器选择 Campbell Scientific 的 CR-10(X)，具有备用电池，允许通过调制解调器远程访问数据。通过调制解调器从存储中检索数据，然后分类放入电子表格中进行分析。数据收集设备被安装在保温和防水的金属箱中。振动线和热耦合器每 2h 读取一次，每周通过调制解调器下载。

（5）监控结果和分析

①热状态。Moscow 镇 1997—1998 年，1998—1999 年，1999—2000 年三个监测期的冬季都是温和的。表 1.4 将这几个监测期的冻结指数与当地平均和设计冻结指数进行了比较。冻结指数是冻结期内日平均气温为负值的逐日累积值，单位℃·d。该场地的平均日空气温度是从未保温的锥形辐射表（U-T1）上的热敏电阻获得的，该热敏电阻位于未保温的锥形地面的墙壁上，在木头后面的气隙中（10cm 厚的保温层已被移除）。放置热电偶来读取环境温度，热耦合数据记录器的问题以及外部影响（来自未加热的数据记录器、阳光、冰雪积聚）阻止了热电偶读数在第一个冬季的恒定。木材表面和表面转移系数的隔绝效应可能影响了倾斜仪的空气温度读数。然而木材表面后面的热敏电阻可以直接测量未保温墙表面的温度。

表 1.4　冻结指数比较

年份/条件	冻结指数/(℃·d)
1997—1998	384
1998—1999	465
1999—2000	566
平均	860
设计	1170

对第二个冬天的倾斜仪和热电偶温度读数进行了比较。倾斜仪记录的 1998—1999 年冬季的冻结指数为 465℃·d，而从热电偶获得的冻结指数为 534℃·d，两者约 15% 的差异。所有日均温度均来自倾斜仪热敏电阻，热敏电阻在整个研究期间持续提供一致的数据。

②冻胀的影响。冻胀作用导致土钉头张力增加，超过设计土钉头张力（68kN），如图 1.17 所示，其中显示了未保温和保温监测部分上两个土钉的钉头张力。这里没有考虑未保温 U-N3 和保温 I-N3 处的土钉，因为它们在道路填充后没有暴露或没有携带土体荷载。

挖掘、浇注喷射混凝土和所有土钉装置在 1997 年 8 月 1 日之前完成，但永久性现浇墙体的建设直到 11 月中旬左右才完成。施工完成后张力开始增加对应于 1997 年 12 月中旬气温开始下降。随后的冬季也有类似的模式，在 4 月中旬冻结停止后减少。如图 1.18（a）和图 1.18（b）所示，每个冬天冰冻锋对土体的最大渗透表明，只有上两个土钉的钉头 I-N2 不受冻胀的影响。

如图 1.18 所示，土钉之间带有热电偶（I-D1，I-D2，U-D1 和 U-D2）的木制销钉未使用应变片进行检测。未保温的土钉头中较高的张力部分（U-N1 和 U-N2）和保温部分的顶部与保温部分（I-N2）的下土钉相适应，特别是在第二个冬天。土钉头 I-N2 在冬季几乎没有显示出张力积聚的影响，尽管似乎有一些与该土钉头上方墙壁的运动有关的影

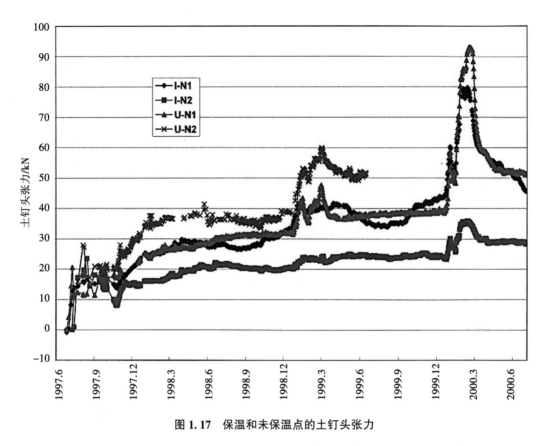

图 1.17　保温和未保温点的土钉头张力

响。这堵墙上只使用了面部保温层，因此在保温部分的上土钉(I-N1)的后坡处有冻胀渗透的效果，如图 1.19 所示。

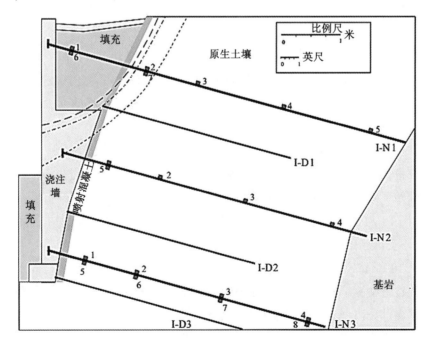

(a)保温点的最大冻胀穿透位置

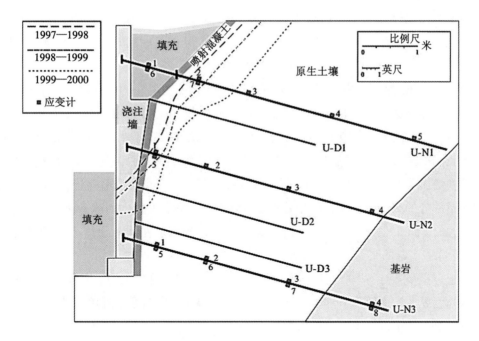

(b)未保温点的最大冻胀穿透位置

图 1.18 保温点和未保温点冻胀穿透位置

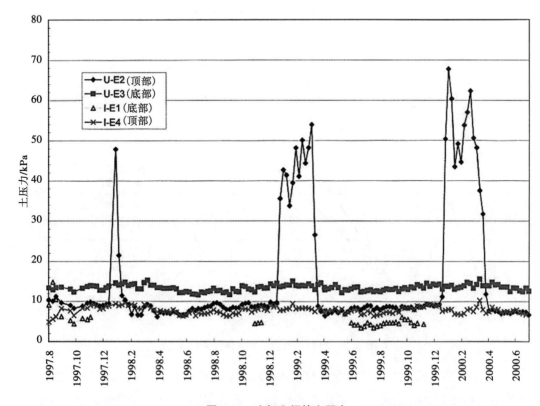

图 1.19 土钉之间的土压力

图 1.19 中未保温部分(U-E2 和 U-E3)和保温部分(I-E1 和 I-E4)的 EPC 总量证实了冻胀的影响。只有 EPC U-E2 位于冻胀渗透区域。土钉头之间土压力的季节性表明，它只在冬季上升，反映了冬季的冻胀严重程度。

③冻胀引起的土钉头张力季节性峰值。在缅因州三个温和的冬季之后，冻胀引起的土钉头张力峰值足以超过永久性墙壁设计土钉头张力(68kN)。1997 年 11 月中旬，4 个单向钉头张力远低于墙体施工结束时的设计值。在这 3 个冬季中，冻胀导致土钉 U-N1 和 I-N1 比施工结束时的峰值张力增加了 2 倍。在 2 个冬季之后，第二排土钉(U-N2)的拉张程度增加了 1 倍多，如图 1.16 所示(U-N2 的反应在 2 个冬季后停止)。对未保温部分和保温部分的测量表明，当存在易受冻胀影响的土体、可用水和冰冻温度时，冻胀会产生很大的土钉头张力。然而，目前还没有方法将冻胀条件纳入土体土钉墙壁的设计中，尽管冻胀引起的张力超过了设计张力。

④土钉头张力与冬季严寒程度有关。当冬季的严寒程度较大时，季节性土钉头张力增加的幅度更大。这种季节性的拉张量值上升反映了冬季冻胀引起的墙后扩张。在图 1.20 中，绘制了土钉头张力与冻结指数关系图。

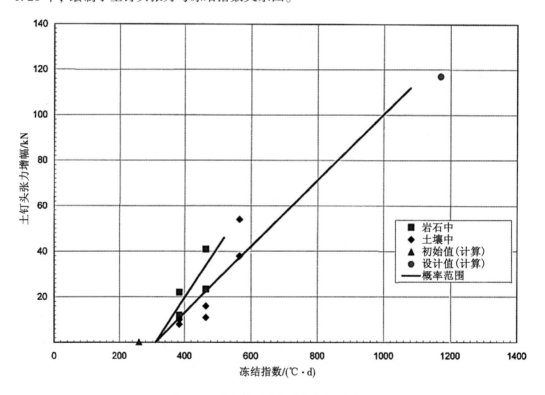

图 1.20　土钉头张力与冻结指数关系图

木材表面后面间隙中温度测量值的冻结指数小于露天的冻结指数，冻结指数幅的差异可能高达 15%(给定张力的冻结指数较低)。锚定在岩石中的土钉的测量结果与锚定在土体中的土钉存在差异。尽管监测的每个冬季的冻结指数不同，但这三个冬季温度比缅因州的平均温度高,并且比设计时参考的温度值要高得多。

随着 1998—1999 年冬季的进展,US 的土钉张力变得更大,如图 1.21 所示。图中显示了测量到的 US 土钉头张力,冻结指数相应上升。当冻结指数几乎没有增加或增加很小时,土钉张力下降。冻结指数的增加很小或没有增加,表明温度高于冰点或接近冰点。表 1.5 给出了冻结变化的结果。

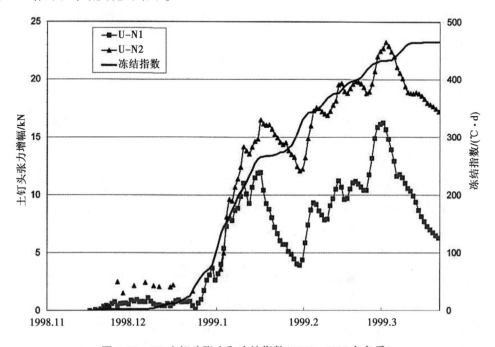

图 1.21　US 土钉头张力和冻结指数(1998—1999 年冬季)

表 1.5　冻结期间土钉头张力的变化表

时　期	期　　限	土钉头张力变化/(kN/d)
A	1998 年 12 月 24 日—1999 年 1 月 15 日	0.5
B	1999 年 1 月 30 日—1999 年 2 月 4 日	1.0
C	1999 年 2 月 23 日—1999 年 2 月 27 日	1.4

这种方法允许估计超过测量的冬季的冻结指数。虽然可以预测,但一旦空气温度低于一定值,土钉头张力就会开始上升,Kingsbury 等发现,当温度低于-5℃的阈值时,土钉头张力开始上升,这反映了克服热流所需的空气温度来自地下水和土体。图 1.20 和图 1.21 中的测量结果反映了这种现象,但该阈值也对图 1.20 的相互假设产生影响。由于冻结指数是根据空气温度计算的,因此当空气温度高于-5℃但低于冰点并且张力不增加时,将有一段水平的冻结指数线。

⑤冻胀引起的永久性土钉头张力改变。对土钉头张力的测量表明,每个连续冬季开始时的土钉头张力都高于前一年年初。因此,每年冬季,土钉头张力的最大值都会增加,从而逐渐增加永久性土钉头张力。如图 1.18 所示。土钉之间的土体压力没有形成可以

引起土钉头张力永久性上升的永久性增加。对于设计，重要的是不仅要预测每年的最大张力上升作为冬季严寒程度的函数，如图 1.19 所示，而且还要预测作为土钉头张力永久性上升的百分比。随着经历冬季数量的增加，土钉头张力永久性上升的百分比会降低。冻胀引起的土压系数趋于平衡值。

如果随时间增加土钉头张力永久性上升百分比下降被建模为衰减函数，如指数衰减函数，那么百分比作为时间函数给出。通过实测数据，Kingsbury 等给出了土钉头张力永久性上升百分比的预测公式：

$$P_0 = e^{-(t-1)/2} \tag{1.23}$$

式中：P_0——保持永久性上升百分比；

　　　e——常数；

　　　t——土钉墙施工后的冬季季节数；

　　　2——常数拟合数据。

如图 1.22 所示，第一年最大上升的 100% 成为永久性的，下降在随后的几年中发生。该模型允许通过对给定的冻结指数设计值的所有求和来找到终极的永久性增加。使用此模型，所有年数的平均增加量是一个冬季最大增加量的 2.5 倍。

⑥岩石锚固对土钉头张力的影响。通常，土钉墙壁中的土钉嵌入土体中。然而，在墙体附近可能存在基岩。灌浆到岩石中的土钉比灌浆到土体中的土钉提供更多的约束力。在这个项目中，土钉 U-N1 和 I-N1 被灌浆到土体中，土钉 U-N2 和 H-N1(HS) 被灌

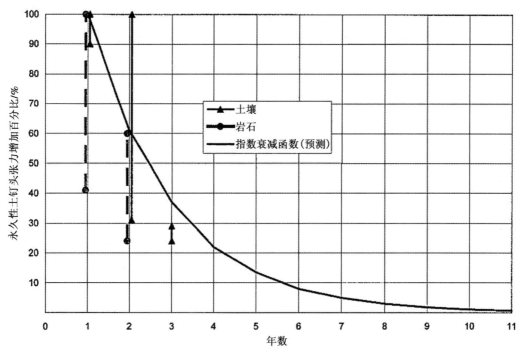

图 1.22　永久性土钉头张力增加百分比

浆到岩石中。灌浆到岩石的土钉的季节性土钉头张力峰值比灌浆到土体中的高出约50%。

⑦启示。根据三个冬天的测量结果，很明显冻胀易发部位的冻结条件会产生明显的土钉头张力，而这些张力目前不包括在设计中。测量结果可以与特定位置的设计冻结指数一起使用，以估计在冬季条件下预期的最大张力增加。永久性土钉头张力由无冻胀土荷载加上冻胀引起的季节性永久上升组成。图1.22显示了永久张力如何累积，可用于估计冻胀预期的最终永久性土钉头张力。该图表明在项目的整个生命周期内，冻胀引起的最终永久性土钉头张力是该地区每年的最大增加值的2.5倍。但是，用于计算最终永久性土钉头张力增加应基于平均冬季冻结指数，因为它是一个随着时间推移的累积。如果土钉固定在岩石中，则土钉头张力应增加约50%。该估计由冻胀引起的土钉头张力的方法可以用于渗水部位的冰川土壤。可以根据对其他土体中冻胀引起的土钉头张力、地下水条件和冬季严寒程度的测量修改估计方法。

综上所述，由于土体土钉墙壁的冻胀产生了显著的土钉头张力，超过了设计张力。在3个温和的冬季后，测量出土体中由冻胀引起的土钉头张力增加了73kN。相比之下，没有冻胀的土钉头张力用于土体支撑，测量值为20kN，设计为68kN。目前的设计中没有考虑冻胀引起的土钉类张力增加。对于锚定在岩石中的土钉，每个冬季冻胀引起的最大土钉头张力比土体中的最大土钉头张力高出约50%。每个冬季土钉头张力的最大增加值是冬季严寒程度的函数，反映了冻胀引起的扩张。土钉头张力的最大增加值可能与冬季的冻结指数有关。这个模型提供了一种方法来估计在给定冬季严寒程度下，在冻胀易感条件下产生的土钉头张力峰值。每次季节性增加的土钉头张力的一部分在冻胀后重新分布应力，因此永久性土钉头张力随着时间的推移而增加，这反映了冻胀循环引起的土压横向系数的变化。然而，永久性的年度最高增幅的百分比逐年连续下降。当以指数衰减率建模时，永久性张力的扩散率表明，最终的永久性土钉头张力将达到年度最大增幅的2.5倍。为了计算设计的极限永久性张力，土钉头张力的年最大增加量的估计值应基于平均冬季冻结指数。

1.5.3 国内越冬基坑桩锚和放坡土钉墙冻结冻融特性实验研究

2020年，北京交通大学的林园榕对北京越冬基坑水平冻融演化规律及防冻融措施进行了研究，通过北京越冬基坑现场监测实验，分析了不同刚度条件下桩锚支护结构的冻融特性、不同补水条件下桩锚支护结构的冻融特性，对比分析了桩锚支护结构与土钉墙支护结构的冻融特性，并分析了在不同工况下土体水分迁移和基坑地温、变形及支护结构内力变化特征。通过开展现场监测实验，分析了位于北京市昌平区的实验基坑在越冬期间基坑填土体的冻融特性，研究了在不同工况条件下桩锚支护结构和土钉墙支护结构在冻融作用下所发生变形的规律以及支护结构的受力情况；同时开展了室内基础实验，得到实验基坑填料的物理力学参数和热力学参数，为后续建立水-热-力三相耦合冻融预报模型提供参数,并为验证模型的准确性提供依据。

1.5.3.1 基坑环境与工程水文地质条件

(1)基坑环境

实验基坑修建场地位于北京市昌平区百善镇东沙屯村西侧,东侧为旭升液压机械厂及嘉实印刷有限公司,西侧为小树林,场地占地面积约为12000m²。实验基坑仅作为冻融科研实验监测场地使用,设计试验基坑南北长约6m,东西长约18m,面积约为108m²。基坑开挖深度为6.0m和6.5m,土方量约为650m³,基坑支护深度为10m。工程自然地面标高为100.0m。经调查,工程影响范围内无重要管线分布(如图1.23(a)所示)。

(2)工程地质条件

实验基坑修建场地内根据土体性质不同,把天然地层划分为五个单元层,每层土层特征描述如图1.23(b)所示。

(a)基坑现场情况

地层编号	层底深度	岩层厚度	柱状图	岩层名称
①	2.20m	2.20m		粉质黏土
②	2.70m	0.50m		细砂
②₁	3.70m	1.00m		粉质黏土
③	4.80m	1.10m		黏质粉土
③₁	6.00m	1.20m		黏土
③₂	8.90m	2.90m		粉质黏土
④	11.20m	2.30m		中砂
⑤	12.30m	1.10m		粉质黏土

(b)地层特征

图1.23 基坑现场情况和地层特征

(3)水文地质条件

经过勘察可知场地地下水分别埋藏在自然地表以下1.0~1.1m的位置以及6.5~6.7m的位置,标高在93.3~99.0m,属于潜水。根据水文地质资料,该地区的地下水年变化幅度在0.5~1.0m。该地区地下水资源较为丰富,距离场地南侧约6km处为温榆河。

（4）气象条件

由调查可知，北京市昌平区属半湿润大陆性季风气候。该地区四季特征明显：春季干旱多风，夏季炎热多雨，秋季凉爽，冬季寒冷干燥。年平均气温为 11.8℃，年平均日照时数为 2684h，年平均降水量为 550.3mm。通过近五年的气象资料可知，昌平区冬季最冷的月份为 12 月至 1 月，搜集了昌平区 2018—2019 年的温度变化数据如图 1.24 所示。由图 1.24 可以看出，2018—2019 年冬季经历了三次明显的寒潮，分别是 2018 年 12 月初、2018 年 12 月末以及 2019 年 2 月中旬。昌平区 2018 年 11 月至 2020 年 1 月的月降水量变化如图 1.25 所示。降水量包括了降雨量和降雪量。由图 1.25 可知，2018 年 11 月降水量为 17.3mm，2018 年 12 月降水量为 0mm，2019 年 1 月降水量为 0mm，2019 年 2 月降水量为 12.3mm，2019 年 3 月降水量为 32.5mm。整个 2018—2019 年冬季昌平地区的降水量较少。此外，降水量主要集中在 2019 年 7、8、9 三个月份，其中 7 月份的降水量最大，可达到 533.5mm。

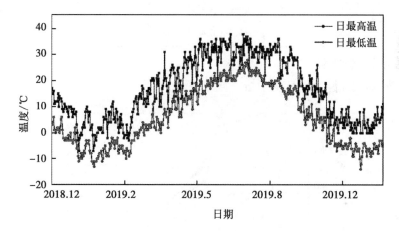

图 1.24　北京市昌平区 2018—2019 年温度变化

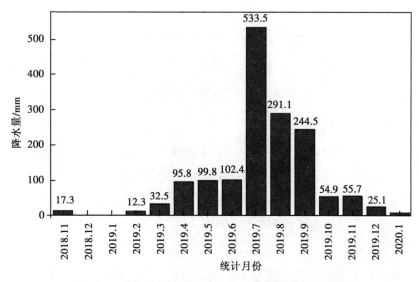

图 1.25　北京市昌平区 2018—2019 年的月降水量变化

1.5.3.2　基坑岩土工程条件

基坑开挖最深处为 6.5m，因此分别选取深度为 1.5~4m，4~5m，5~7m 的土体进行基本物理性质分析。为便于数值模拟计算，仅将基坑土体划分为三层土层来进行计算，其中将深度 0~4m 划分为土层一，深度 4~5m 划分为土层二，深度 5~7m 划分为土层三。为方便叙述，命名取样深度为 1.5~4m 的土体为土样 1，取样深度为 4~5m 的土体为土样 2，取样深度为 5~7m 的土体为土样 3。

（1）土样基本物理力学实验

各层土样现场实验结果汇总见表 1.6。

表 1.6　各层土样现场实验结果汇总

土样编号	干密度 /(g/m³)	天然含水率/%	饱和含水率/%	塑性指数	液性指数	黏聚力 /kPa	内摩擦角 /(°)	垂直渗透系数/(m/s)	水平渗透系数/(m/s)
1	1.49	26.1	42	13.5	0.47	22.4	4.8	$3.14×10^{-7}$	$7.45×10^{-7}$
2	1.57	25.3	38	7.9	0.56	17.0	26.0	$3.01×10^{-7}$	$2.75×10^{-7}$
3	1.45	29.8	—	15.3	0.47	—	—	—	—

（2）土颗粒分析实验

基坑填料颗粒级配曲线见图 1.26。

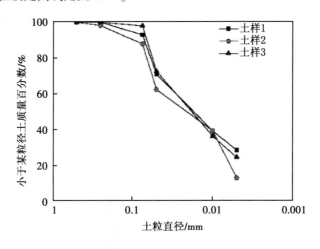

图 1.26　基坑填料颗粒级配曲线

（3）土体变水头渗透实验

由于变水头渗透实验适用于测试细粒土的渗透系数，且通过对实验基坑土体的颗粒分析可知基坑土体大多属于细粒土，因此在本次实验中采取变水头渗透实验来测定基坑填土体的渗透系数。土样 1 垂直方向渗透系数为 $3.14×10^{-4}$cm/s，水平方向为 $7.45×10^{-4}$cm/s；土样 2 垂直方向渗透系数为 $3.01×10^{-4}$cm/s，水平方向为 $2.75×10^{-4}$cm/s。

（4）三轴压缩实验

土样 1 和土样 2 主应力差与轴向应变曲线见图 1.27。土样 1 和土样 2 不固结不排水剪切强度见图 1.28。

（5）土体比热容实验

土样 1 粉质黏土的比热容为 1.42kJ/（kg·K），土样 2 黏质粉土的比热容为 1.50kJ/（kg·K），混凝土的比热容为 1.046kJ/（kg·K）。

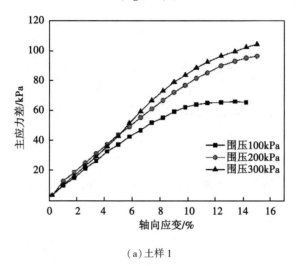

（a）土样 1

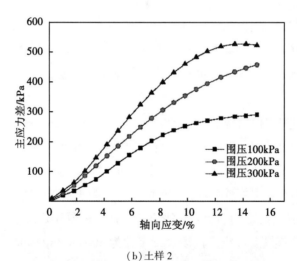

（b）土样 2

图 1.27　土样 1 和土样 2 主应力差与轴向应变曲线

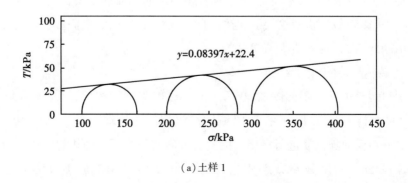

（a）土样 1

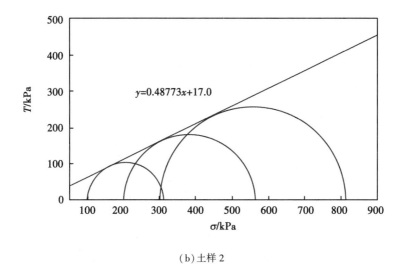

（b）土样 2

图 1.28 土样 1 和土样 2 不固结不排水剪切强度

（6）土体导热系数实验

土样 1 粉质黏土的导热系数为 1.64W/（m·K），土样 2 黏质粉土的导热系数为 1.68W/（m·K），混凝土的导热系数为 1.85W/（m·K）。

1.5.3.3 基坑支护方案对比测试

综合考虑实验场地的工程地质条件，为了对比分析刚性支护结构和柔性支护结构的冻融特性，试验基坑的南侧采用桩锚支护结构体系支护方案，西侧采用锚喷土钉墙支护结构体系支护方案。

（1）基坑侧壁桩锚支护结构

桩锚支护剖面图如图 1.29 所示。桩锚支护段采用钢筋混凝土灌注桩作为护坡桩，护坡桩桩长 10m，嵌固深度为 4m，桩径为 400mm，总桩数为 21 根。设置不同刚度条件两种工况：1～8 号桩（编号由西至东）的桩间距设置为 1m，8～21 号桩的桩间距设置为 0.8m。纵向钢筋和箍筋均选用 HRB400 级钢筋，且自桩顶开始，每隔 1.5m 设一道加强筋，加强筋与桩内全部纵筋焊牢。桩顶冠梁尺寸为 500mm×400mm。护坡桩桩身和冠梁混凝土采用 C25 混凝土，桩的保护层厚度为 50mm，冠梁的保护层厚度为 35mm。桩体共设置 1 道锚杆，为两桩一锚的支护形式，锚杆位于地面标高下 2.5m 处，与水平面夹角为 15°，杆体采用 1860 级低松弛钢绞线。锚杆自由段长度为 8m，锚固段长度为 12m，锚杆锁定值为 100kN，拉力标准值为 180kN。

（2）基坑侧壁土钉墙支护结构

基坑土钉墙支护剖面图如图 1.30 所示。土钉墙支护段按照 1∶0.4 的坡比进行放坡，土钉杆体材料为直径 18mm 的 HRB400 级螺纹钢，土钉端头围 "L 形" 弯，围弯长度为 180mm，并与横向加强筋进行焊接。沿竖直方向共设置了 4 道土钉，第一道土钉位于地面标高下 1.5m，长度为 6m，与水平面的夹角为 10°；第二道土钉位于地面标高下

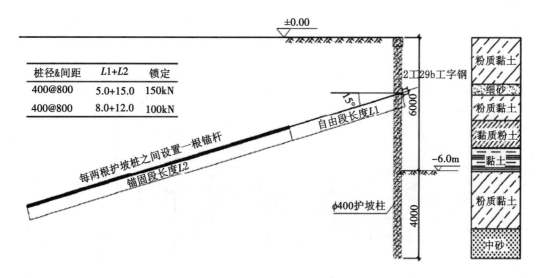

图 1.29　桩锚支护段剖面图

3.0m，长度为 6m，与水平面的夹角为 10°；第三道土钉位于地面标高下 4.5m，长度为 5m，与水平面的夹角为 10°；第四道土钉位于地面标高下 6m，长度为 4m，与水平面的夹角为 10°。土钉墙面层网片采用直径为 6mm 的 HRB235 级钢筋，横向间距和竖向间距均为 200mm。防护面层喷射 80mm 厚的 C20 混凝土。

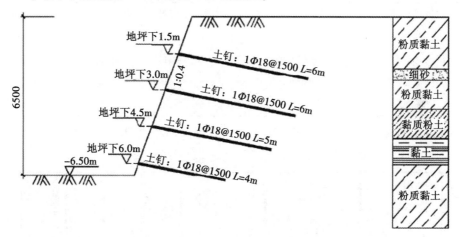

图 1.30　土钉墙支护剖面图

（3）测试布置与方法

①试验断面测试元件布置。整个基坑的监测平面布置图如图 1.31 所示。为分析越冬基坑的冻融特性，明确基坑冻融机理，设置了以下监测项目：土体温度监测、土体含水率监测、土压力监测、基坑水平位移和沉降监测以及支护结构内力监测。

为对比分析不同支护形式条件下基坑冻融特性的变化，同时为使冻融效果明显，通过埋设地下补水管的方式设置了补水条件，设置了不同工况条件的监测断面，如表 1.7 所示。

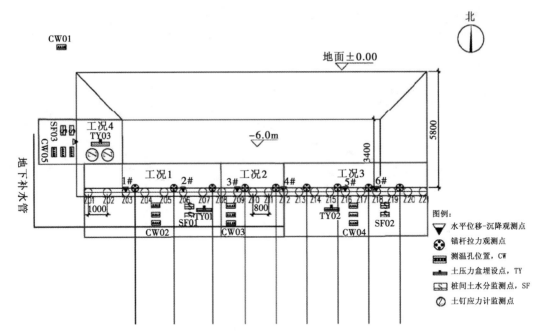

图 1.31　基坑监测平面布置图

表 1.7　试验监测断面工况

试验工况	基坑侧壁支护形式	基坑侧壁补水情况	基坑桩间距/mm
1	桩锚支护	有补水	1000
2	桩锚支护	有补水	800
3	桩锚支护	无补水	800
4	土钉墙支护	有补水	—

桩锚支护段基坑断面各测试项目及测试位置横断面布置图如图 1.32 所示。

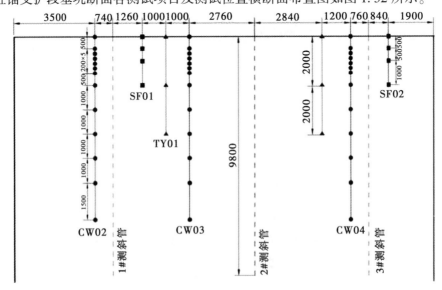

图 1.32　桩锚支护段基坑监测布置横断面图(单位：mm)

土钉墙支护段基坑断面温度传感器横断面布置图如图 1.33 所示。

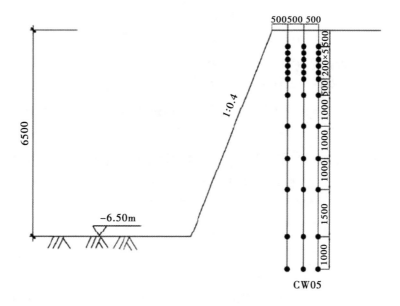

图 1.33　土钉墙支护段基坑断面温度传感器横断面布置图

温度传感器现场布置：通过把温度传感器固定在 PVC 管上，再把 PVC 管插入直径为 80mm 的钢管的方法进行传感器的布置。土体温度监测项目分为：天然地表温度监测、护坡桩桩间土体温度监测和土钉墙土体温度监测。天然地表测温孔布置在基坑东南角处，由规范可知，北京地区标准冻结深度在 0.8~1.35m 之间，由于冻深以下一定深度对冻融的影响越来越小，且基坑深度为 6m/6.5m，因此设计天然地表测温孔深为 7.5m。为监测护坡桩桩间土体的温度变化，设置了三个监测断面，分别位于 4 号桩和 5 号桩之间、8 号桩和 9 号桩之间以及 16 号桩和 17 号桩之间。每个断面有三组监测点，分别距离坑壁 0.5，1，1.5m。设计的测温孔深度为 7.5m，热敏电阻离基坑坑顶深度分别为 0，0.5，0.7，0.9，1.1，1.3，1.5，2.0，3.0，4.0，5.0，6.0，7.5m。为监测土钉墙土体的温度变化，设置一个监测断面，位于基坑西侧。每个断面有三组监测点，分别距离坑壁 0.5，1.0，1.5m。设计的测温孔深度为 7.5m，热敏电阻离基坑坑顶深度分别为 0，0.5，0.7，0.9，1.1，1.3，1.5，2.0，3.0，4.0，5.0，6.0，7.5m。水分传感器和土压力盒现场布置。水分传感器是通过直接在基坑侧壁掏孔，再埋进土体的方式进行埋设的。桩锚支护处的土压力盒是通过直接埋进土体的方式进行埋设的。为监测护坡桩桩间土体的水分迁移情况，设置了两个监测断面，分别位于 6 号桩和 7 号桩之间以及 18 号桩和 19 号桩之间。每个断面有两组监测点，分别距离坑壁 0.5，1m。设计的水分监测仪离基坑坑顶深度分别为 0，0.5，1.0，2.0m。为监测土钉墙土体的水分迁移情况，设置了一个监测断面，位于基坑西侧。断面有两组监测点，分别距离坑壁 0.5，1.0m。沿深度方向埋设同桩间土体。为获得冻融过程中土压力的变化规律，在桩锚支护处设置两个监测点。在桩锚支护处，土压力盒离基坑坑顶深度分别为 0，2，4m。为监测护坡桩在冻融过程发生的水平位移及沉降的变化，设置了6组桩顶水平位移-沉降观测点，分别位于3，6，9，12，16，18号桩的桩顶处。设置了1组坡顶沉降观测点，位于基坑西侧坡顶处。且为得到护坡桩桩身在发生水平冻融时所产生的位移，在桩体中埋设了测斜管。为监测桩锚支护体系中锚杆在冻融过程中拉力的变化，在每根锚杆锚头处搭接锚索测力计。为监测冻融过程中桩体内力变化，分别在桩体上搭设钢筋计，其中每根桩体两侧分别布置四个钢筋计。其中，锚索测力计是搭接在锚头处的，钢筋计是通过焊接在受力钢筋和土钉上的方式来进行连接设置的。

②测试方法和原理。监测项目所对应的测试元件和仪器如表1.8所示。

表1.8 监测项目所用测试元件和仪器

项目编号	监测项目	测试元件/仪器	型号
1	土体温度	温度传感器	PT100
2	土体含水率	土壤水分计	BD-A01
3	土压力	振弦式土压力盒	PCE0270
4	锚杆拉力	振弦式锚索测力计	SXMS
5	土钉应力	振弦式钢筋测力计	GXR-1010
6	桩体钢筋应力	振弦式钢筋测力计	GXR-1010
7	基坑水平位移	全站仪	ES-52
8	基坑沉降	水准仪	NAL124
9	护坡桩水平位移	测斜仪	MHY-26637

监测地层土温的测试元件为PT100型温度传感器，它的工作原理是利用热电阻的温度和阻值变化的线性关系，通过恒流恒压法测得热电阻的阻值再由HSTL-604型电子式温控读数仪转换成所对应的温度即可得到监测结果。温度的采集范围为$-50\sim50℃$，测试精度为$0.1℃$。监测地层土体含水率所使用的测试元件为BD-A01型土壤水分计，该元件的工作原理是通过测量土壤的介电常数来测得土壤的水分含量。土体含水率的采集范围为$0\%\sim100\%$，测试精度为0.1%。振弦式锚索测力计、振弦式土压力盒和振弦式钢筋测力计的工作原理相同，测试元件的敏感部件均为振弦式应变计，当产生变形的时候，应变计振弦会发生张弛，振弦应力发生变化，振弦的振动频率也会发生相应的变化。

1.5.3.4 实验实测数据与基坑不同支护形式冻融规律

为得到越冬基坑在整个施工过程和竣工后经历冬季后各项监测指标的变化，分析基坑的冻融特性，现场监测由2018年11月13日开始到2020年1月7日结束。同时，为得到较为准确的数据变化规律，设置12月、1月和2月的监测频率为每3天一次，其余时间的监测频率为每周一次。现场试验主要得到如下结论：

① 在越冬期，基坑土体发生冻融时，由于温度梯度的作用引起土壤水势变化而导致土壤内部水分迁移，土体中水分从未冻结区迁移至冻结区，同时远离基坑坑壁土体中的水分向基坑坑壁方向进行迁移，基坑土体冻结是竖向水分迁移和侧向水分迁移的共同作用。

② 土体侧向水分迁移引起的水平冻融作用会使桩顶水平位移和护坡桩桩体水平位移发生变化，从而导致在基坑冠梁顶部形成裂缝；与未产生冻融作用时相比，三个研究区域在冻结期间最大桩顶水平位移分别增大了 14.6，15.6 和 10.7 倍，桩体最大水平位移分别增大了 7.2，8.6 和 6 倍。

③ 在基坑越冬期间，锚杆拉力出现明显增大，与初始拉力相比，三个研究区域锚杆拉力分别增大了 1.4，0.786 和 0.259 倍，这将影响基坑支护结构的稳定。

④ 在越冬期间，桩锚支护结构锚杆拉力随着桩体最大水平位移的变化而变化，即在冻结初期，锚杆拉力随着桩体最大水平位移的增大而增大；在冻结后期，锚杆拉力随着桩体最大水平位移的减小而减小，直至冻结期结束后恢复到初始值附近。

⑤ 补水条件。桩锚支护段基坑在水平方向的变形较不补水条件大，应考虑设计合理的排水措施来减小土体水平冻融作用；同时，刚度条件是越冬基坑桩顶水平位移的重要影响因素，刚度越大的桩锚支护结构对基坑的约束作用越大，能有效减少基坑水平冻融变形。

⑥ 桩锚支护段锚杆拉力远大于土钉墙支护段土钉拉力，即土钉墙支护段土钉对基坑土体的约束作用小于桩锚支护段锚杆的约束作用，其中位于地坪以下 3m 处的第一道土钉所受的拉力更大。

1.6　国内外冻融力变化规律及主要模型研究

1.6.1　冻融力的变化规律

（1）土体冻融过程

土体冻结与冻融过程曲线如图 1.34 所示。由图可以看出，随着冬季的延续，土体的冻结深度和冻融量也会随着负温条件的持续而增大，且土体的整个冻融过程主要可以划分为三个阶段。

①剧烈增长阶段。在这一阶段，随着冻结土体冻结深度的不断加深，土体冻融量也快速增长，这一剧烈增长阶段可以维持到三分之二至五分之四的最大冻结深度。多年冻土区在这一阶段持续时间可达到约 2 个月，季节性冻土区持续时间可以达到 3~4 个月。

②稳定阶段。在这一阶段，尽管冻结深度仍持续增加，但冻融量的增长速度变缓，且会在一段时间内维持在最大冻融量的水平上。冻融稳定阶段通常可以保持至来年表层土体开始发生融化之前。多年冻土区在这一阶段的持续时间可达到约 3 个半月，季节性冻土区的持续时间可以达到 1 个半月。

③冻融下降阶段。在这一阶段，土体温度回升，表层土体开始发生融化，此时土体

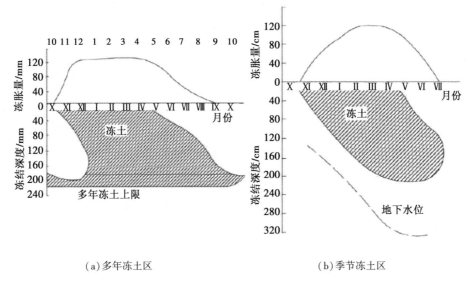

(a)多年冻土区   (b)季节冻土区

图1.34 土体冻结与冻融过程曲线

的冻融量开始下降，这一阶段将维持到冻结土层完全融化。多年冻土区在这一阶段的持续时间可达到约5个月，季节性冻土区的持续时间可以达到2~3个月。

(2)冻融沿深度分布

由野外监测资料可知，在土体冻结过程中，土体冻融量不是随着冻结深度的增大而定量增大的，即土体冻融量和冻结深度之间是非线性关系，是随着各地的土质、水分和冻结条件的变化而变化的。冻融量沿冻结深度方向的分布如图1.35所示。

由图1.35可以看出，无论是在季节性冻土区还是在多年冻土区，土体的冻融量沿深度方向都不是均匀分布的，其中靠近地表的土体(即在三分之一最大冻深处)的冻融量大约为总冻融量的30%~36%，位于表层土体以下的中间层土体(即从三分之一最大冻深处至三分之二最大冻深处)的冻融量大约为总冻融量的50%~53%，位于中间层土体以下的下层土体的冻融量大约为总冻融量的10%~16%。一般而言，土体的冻融量会在冻深为50%~70%处达到最大值，而最大冻融量可以达到总冻融量的80%~90%。土体冻融强度随冻结前含水量沿深度方向分布如图1.36所示。结合图可以看出，在地下水埋藏较深的情况下，即无地下水补给的情况下，可将位于三分之二以上的冻结深度视为强冻结带。而在有地下水补给的条件下或者在多年冻土上限附近，仍会具有一定的冻融量值。

(3)水平冻融力计算

沿着土体的冻融方向，与地表平行并垂直于基础表面的冻融力称为水平冻融力。对于冻土区的各种支挡建筑物，如挡土墙以及采暖建筑周边的基础，墙背通常受土压力和水平冻融力的共同作用。在冻结之前，墙背所受到的作用力主要是土体压力，而随着土体冻结过程的进行，水平冻融力逐渐增加，直到占主导地位。到了春季土体发生融化的时期，水平冻融力减小直至消失，此时墙背主要受到土压力的作用。土体的类别不同，对于冻融的敏感程度也会有所不同，此时土体对建筑物产生的水平冻融力也有差异。通

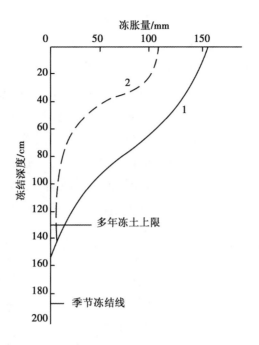

1—季节冻土区；2—多年冻土区

图 1.35　冻融量沿冻结深度的分布

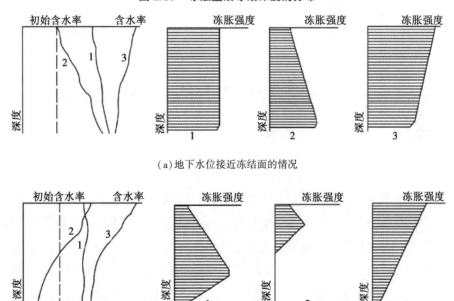

（a）地下水位接近冻结面的情况

（b）地下水埋藏较深的情况

图 1.36　土体冻融强度随冻结前含水量沿深度方向分布示意图

常，在其含水状态相似的情况下，相较于粗粒土而言，细粒土在冻融过程中所产生的水平冻融力会更大，而对于砂砾土而言，粉黏粒含量较高的土体冻融过程中所产生的水平冻融力会更大。而支挡建筑物填土的水分含量及其状态也是影响水平冻融力的主要因素。此处的水分状态主要有两方面的含义：①指的是填土的含水量沿着深度方向的变化；②指的是地下水对填土的补给条件及填土的排水条件。

此外，建筑物的结构特征也会对水平冻融力产生影响，例如当墙体是单薄的悬臂式挡土墙，由于墙体热变形的影响，将会使水平冻融力在冻结过程中呈倒三角形分布荷载或集中力作用于挡土墙上，导致墙体产生挠曲变形。水平冻融力沿墙背侧腹部的计算图模式如图 1.37 所示。由图可以看出，水平冻融力沿支挡结构物的分布并不是呈均匀分布的，多数情况是中间大，最大处位于墙高的三分之一至三分之二处。如墙体底部接近地下水位，土体含水量沿深度方向逐渐增大，且建筑物的刚度较大时，水平冻融力通常会在结构物的下部达到最大值，整个分布形状近似于三角形。

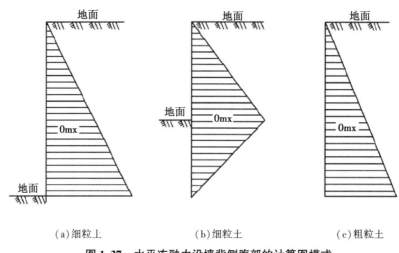

(a) 细粒土 (b) 细粒土 (c) 粗粒土

图 1.37　水平冻融力沿墙背侧腹部的计算图模式

1.6.2　基坑桩锚支护结构作用机理

(1) 基坑土拱效应的机理

由于不平衡的土压力作用于桩锚支护结构，基坑坑壁土体有着向基坑坑壁内侧移动的趋势，同时由于受到刚度较大的支护桩桩体的阻挡作用，位于支护桩桩体附近的土体的侧向变形发展会受到抑制，而对于支护桩桩体之间的填土体而言，由于几乎没有受到支护桩的阻挡作用，其向着基坑坑壁方向发生变形的趋势较大，近似为临空自由面。一旦支护桩桩体之间的填土体开始发生侧向变形，靠近临空面的桩间填土随之发生侧向位移，同时远离临空面的土体将会失去靠近临空面的桩间填土的支撑作用。为了重新取得相对平衡的状态，远离临空面的填土体在剪切力的作用下，会向着相对而言发生侧向变形较小的两侧发生偏移，最终在被支护体中形成土拱，这就是所谓土拱效应。随着基坑工程的继续开挖，施工过程中对于基坑填土体所造成的扰动加大，使得不平衡土压力对于基坑桩锚支护结构的作用增大，同时基坑填土体的内应力偏转也因为发生不均匀的侧向变形而增加，这一系列的应力变化通过传递作用将会把应力传递至支护桩后的填土体上，最终形成以支护桩为支撑拱脚的土拱。土拱效应会导致基坑填土体内部的应力发生重新分布，从而改变其应力状态，把作用在土拱后方或者土拱上方的土压力传递至拱脚以及周围稳定的土层当中，能够起到较好的控制位于临空面的填土体的侧向变形的效果。

（2）基坑支护桩的作用机理

基坑支护桩的作用主要可以划分为三个方面：

①挡土作用。支护桩本身对于那些位于支护桩桩体之间由于基坑开挖造成的扰动增加而有发生侧向位移变形倾向的填土体起到一定的阻挡作用。同时，在基坑桩锚支护结构进行施工时，支护桩一般都选用刚度和强度都较大的材质，且支护桩在埋设的时候桩身会有一部分是没入土体的，因此支护桩排桩对于桩后土体能够起到一定程度的支挡作用。

②支点作用。锚杆固定在支护桩排桩上，利用支护桩的刚度和强度，能够有效地增大其锚固效果，即支护桩可以为嵌入支护桩桩间填土体的锚杆提供支点，使其能够更好地对被支护体发挥支护作用。

③承载力作用。承载力作用是指基坑开挖形成的扰动导致土拱效应出现时，支护桩作为支撑拱脚所提供的承载力。由于支护桩的支挡作用和承载力作用，桩后土体受到一定的约束作用，此时桩后土体的侧向变形相对于位于支护桩桩间的填土体而言较小。桩后土体和桩间土体所产生的侧向变形程度不一，导致基坑土体内部应力发生偏移，土体内部应力发生重分布，形成土拱效应，此时支护桩排桩会因此承担更多的土拱背部的土压力，从而体现出支护桩的承载力作用。

（3）锚杆（索）的作用机理

在桩锚支护结构中，锚杆结构会产生主动作用力，且由于锚杆是嵌入基坑填土体中的，因此锚杆和基坑填土体会形成一个整体系统，当基坑整体受到外荷载的作用时，锚杆和基坑填土体将会共同承受外荷载的作用，这一过程将会调动稳定土层的潜能，从而共同起到维持基坑稳定性的作用。锚杆的作用主要可以划分为四个方面：

①深层锚固作用。在桩锚支护结构的施工过程中，锚杆的一段将会通过压浆灌实等技术被嵌入并固定在基坑稳定的填土体中，当在其另一端施加主动作用力时，荷载便会被传递到稳定土层的深部，此时土层可发挥自稳潜能，从而对有相对滑移趋势的基坑填土体起到深层锚固作用。

②深部悬吊作用。深部悬吊作用的原理是通过将锚杆的一端埋设固定在稳定的土层的深部，从而类似于重物的悬吊原理，把有发生侧向变形趋势的基坑填土体悬吊住，此时被锚杆悬吊住的基坑填土体和稳定的土层不一定是紧密结合的，但通过悬吊作用可以达到防止被支护体发生位移甚至滑移的发生。锚杆的悬吊作用和深层锚固作用的区别在于锚杆是否与稳定土层深部进行紧密结合。

③注浆约束作用。注浆约束作用主要体现在两个方面：一是注浆浆液可以对锚杆起

到约束固定的作用进而加强其对被支护体的稳定作用；二是注浆浆液可以通过土体的裂缝和空隙渗透进土体中，通过注浆浆液的胶结作用使得松散的土颗粒能够结合起来，从而提高基坑填土的稳定性。

④延长摩阻作用。在锚杆进行注浆后，由于注浆的约束作用提高了位于锚杆周围填土体的稳定性，相应地，锚杆周围的填土体对其握裹力也会因此加大。锚杆如果受到外荷载的作用要沿着钻孔的方向发生移出，或者锚杆周围的填土体出现了侧向滑移的趋势，此时锚杆周围的填土体和锚杆之间会出现很大的摩阻力，从而提高锚杆的抗滑移能力。当考虑基坑填土体发生冻融作用时，在冻结期开始后，在负温的作用下，由于基坑填土体的水平冻融力作用于护坡桩桩体，使得桩体发生水平位移，此时基坑侧壁存在滑移趋势，并逐渐形成潜在的滑移面。此时对于桩锚支护结构整体而言，为了使得整体结构处于稳定状态，支护结构会进行协调变形，在这个过程中，由于锚杆和基坑填土体紧密结合，因此会发挥深层锚固作用以抵挡土体变形，同时把整体结构所受到的冻融力作用传递至基坑土层当中。整个协调变形的过程会改变锚杆的受力状态，使得锚杆的拉力增大。到冻结期后期，由于基坑结构产生了一定的水平方向上的变形，此时支护结构对于基坑填土体的约束会变小，基坑侧壁产生滑移的趋势也会随之减小，此时锚杆拉力会逐渐减小直至冻结期结束后恢复到初始值附近。

1.6.3 基坑土钉墙支护结构作用机理

基坑土钉墙支护结构的作用机理，就是基坑土体通过土钉的加固以及土钉和喷射混凝土面层的结合，形成一个类似于重力式挡土墙的作用，以此来抵抗挡土墙墙后的土压力以及其他的作用力，从而使边坡坡面达到稳定的状态，土钉墙的支护机理如图 1.38 所示。

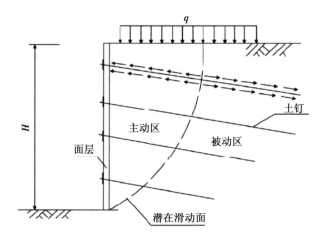

图 1.38 土钉墙支护机理示意图

土钉依靠与土体接触界面上的摩擦力和黏结力与其周围的土体形成复合土体,在基坑土体发生变形时,土钉被动受力,土钉的拉力会对有变形趋势的基坑土体产生加固作用。而土钉墙面层主要是对土钉之间的土体的变形起到约束作用。土钉和基坑填土体会产生相互作用,共同承担外荷载的作用,在一定程度上会增强土体稳定性,属于主动制约机制的支挡结构。土钉墙结构和基坑土体形成的复合土体不仅能够提高土体的抗剪强度和抗拉强度,而且能够有效提高土体的刚度。土钉墙支护结构在发挥支护作用时会充分挖掘出基坑填土体自身的强度潜力,从而达到提高整体稳定性的效果。土钉内最大的拉伸荷载产生在距面层一定距离的加筋复合土体内。土钉产生的最大拉力处的连线把基坑土体分为主动区和被动区两个区域。其中在靠近面层的主动区内,土层在土钉上施加的剪应力向外,趋向于把土钉从土层中拔出。在被动区内,土层在土钉上施加的剪应力向内,趋向于阻止把土钉从土层中拔出。因此,土钉墙支护结构在荷载作用下不会突发整体性滑裂和塌落。土钉墙支护结构在发生破坏时会呈现渐进性的破坏,且多发生开裂破坏,具有延迟塑性变形发展和拖延发生被支护体整体滑移的能力。

(1)土钉的支护机理

土钉在作为支护体时主要受到拉力和土体剪力的作用。当土压力作用于土钉墙面层使其向基坑坑壁方向产生移动的趋势时,土钉和周围的基坑填土体之间也会产生滑移趋势,此时土钉为了维持基坑整体的稳定性,将会与周围填土体之间产生摩擦力。由上述分析的土钉墙支护机理可知,土钉墙支护结构存在潜在的滑动面,当被支护的填土体有沿着潜在滑动面发生滑移的趋势时,土钉将受到剪切力的作用,同时土钉依靠着自身的刚度和强度产生反作用力来维持土体的整体平衡。在基坑填土体出现滑移趋势时,土钉墙支护结构通过利用土钉和周围填土体之间产生的摩擦力和利用土钉的抗剪强度来平衡土钉受到的拉力和抗剪力以起到支挡作用。除了能够加强基坑填土内部的稳定性之外,土钉的另一个主要作用是在土钉墙支护结构和基坑土体整体受到外荷载的作用时,通过箍束骨架来达到变形渐进性的目的。且由于土钉施工采用分层支护,缩短了土坡开挖后自由面的暴露时间,从而减少了土体的卸荷后膨胀变形和应力释放,提高了边坡的稳定性。每根土钉都会分为埋设在不稳定土体中和埋设在稳定土体中两个部分。其中在不稳定土体中的部分,土钉承受着上覆土层和外荷载的压力,因此土钉与周围填土之间存在界面剪力以抵抗因其所承受的压力产生的相对位移趋势,该作用力的方向向着基坑内部,相应地,土钉拉力从端部起逐渐增加,且在潜在滑移线处达到最大值。相邻的土钉和土钉之间的填土体在一定的条件下能够形成稳定的整体,其原理为当基坑填土体处于一个较为密实的状态且土钉之间的间隔设置得较小时,由于应力的传递作用引起作用在土钉端头的土拱效应,进而使得整个土钉墙支护结构和被支护土体二者形成复合整体。土钉墙支护结构土体形成稳定土拱效应的前提条件在实际工程中较难维持,一旦土钉之间的间隔过大,或被支护的基坑填土抗剪强度过小,就很难利用土拱效应来维持整体的稳定性,甚至会出现侧向变形和产生局部的塌落。因此土钉墙支护结构在表面会设置面层来增加其对土钉端部土体的支挡作用，面层不仅能够支挡局部不稳定的土体，而且会承受剩余侧压力，同时会通过土钉把剩余的侧压力传递至稳定土体，从而维持整体支护结构的稳定性。

（2）防护面层的作用机理

在土钉墙支护结构中，防护面层主要起到承受土钉端部拉力、水土压力、地面荷载以及限制土体滑塌等作用，是十分重要的一部分。并且通过研究发现，随着基坑开挖深度的增加和下层土钉施工的开展，上层土钉墙面层受到的土压力和土钉拉力会减小，且在面层受到土压力的作用后土钉才受到拉力作用，即在土钉承受土压力前，土钉墙支护结构主要是面层在承受土压力。面层的作用机理主要可以分为以下三个方面：

①挡土护坡作用。面层对松散土体起到重要的支挡作用，不仅可以限制边坡坡面的变形，而且可以限制局部松散土体滑落从而维持边坡坡面的完整性，同时在降雨时还可通过防止雨水冲刷起到护坡作用。

②调节转移应力作用。面层可把土钉连接起来，使分设在土层中的土钉可以共同抵挡侧向土压力。当局部土钉达到极限状态时，面层可把剩余的应力转移到其余未达到极限状态的土钉上去，从而对各土钉所受荷载以及基坑坑壁的位移起到调节作用。

③止水作用。面层混凝土凝固后可以起到防止水渗透的作用，在工程施工中，常利用面层这一特性，使用混凝土加速凝剂来实现堵漏和止水。当考虑基坑土体发生冻融作用时，在冻结期开始后，在负温的作用下，越冬基坑开始发生冻融变形，此时对于土钉墙支护结构整体结构而言，由于土钉和基坑填土体会产生相互作用共同承担冻融力的作用，为了维持整个支护体系的稳定，土钉会被动受力，因此此时土钉拉力会逐渐增大，从而对产生冻融变形的基坑土体发挥加固作用。土钉墙支护结构与桩锚支护结构的作用机理不同，属于主动制约机制的柔性支护结构。土钉墙支护结构通过承担更多的变形量，即可充分挖掘出基坑填土体自身的强度潜力，避免基坑发生破坏，达到维持基坑稳定性的目的。

1.6.4 越冬基坑支护结构的冻融影响

（1）越冬基坑支护结构特点

由于越冬基坑一般会停止施工，因此不需要考虑机械扰动对其稳定性的影响，在季节性冻土地区，冻融作用是影响基坑稳定性的最大影响因素，其中基坑土体冻融的发生也会对支护结构产生影响。由于季节性冻土地区各个地方的土质和地下水资源分布的不同，因此冻融作用对基坑支护建筑所产生的冻害具有地域特点，各不相同。当基坑填土体发生冻融时，由于土体冻融力过大，会导致支护结构如锚杆和土钉从基坑土体中拔出，从而使支护结构失效。同时，由于土体冻结作用所产生的冻融力的大小与土体的土质和含水率有关，因此对于越冬基坑而言，由于填土体各土层的地质条件不同，在越冬期间所产生的冻融力不是均匀分布的，进而使得基坑的支护结构形成不均匀变形和剪切破坏，如支护桩断裂、挡土墙开裂以及面层开裂等破坏。在冬季结束后的土体融化阶段，基坑土体的含水率增加，使得土体对支护建筑的水压力变大，同时导致土体的黏聚力和内摩擦角的变化，使得土体的抗剪强度减小，导致土体对支护建筑的土压力变大，这一系列内力变化会进一步导致支护建筑发生倾斜和基坑表层土体的沉陷，甚至会导致基坑失稳而发生坍塌。

(2)越冬基坑支护结构受力特征

越冬基坑在冻结过程中承受的荷载主要包括水压力、土压力和冻融力。

①水压力。水压力在土体冻融过程中不容忽视，水压力对越冬基坑支护结构的作用力的增大会使支护结构受到的内力增大，从而使得支护建筑发生侧向变形，同时也可能导致基坑周围建筑发生不均匀沉降。基坑土体各土层的含水量不同以及其在发生冻结时的水分迁移作用，使得基坑支护结构周围土体的含水量增大，水分大量聚集且呈不均匀分布状态，此时在基坑土体发生冻结的范围之内，水压力由于负温的影响转化为冰压力。水对越冬基坑支护结构的作用主要可以分为静水压力作用、渗透压力作用以及冰压力作用，其中在基坑土体冻融过程中，主要考虑冰压力的作用，同时可忽略其他两种水作用的影响，因此当基坑的开挖深度大于地下水位时，应当进行隔水处理或者降水处理，否则土体冻融作用引起的水分迁移会使水分聚集在冻结锋面，使得冻结锋面处发生严重冻融，进而对支护结构造成破坏。

②土压力。基坑支护结构在支挡土体的同时会受到被支护土体的侧向压力作用，在研究基坑侧向土压力的分布和大小时，通常会采用库仑土压力理论和朗肯土压力理论两种方法来进行计算。上述两种土压力计算理论可解决大部分一般基坑支护结构的土压力计算问题，然而位于季节性冻土区的越冬基坑与一般基坑的不同之处在于其被支护的土体在冬季会在一定范围内持续冻结状态，基坑填土体在负温作用下会产生作用于支护结构的冻融力，越冬基坑支护结构在水平方向上会同时受到土压力和冻融力的作用，进而在一定程度上会发生侧向变形从而导致基坑侧壁产生水平位移，同时由于支护结构的变形使得被支护的基坑填土体受到的约束作用减小，因此作用于支护结构的侧向土压力也会相对减弱，即在水平方向上冻融力对支护结构的作用远大于土压力的作用。

③冻融力。当基坑土体发生冻融变形时，由于土体的变形受到支挡结构的约束作用，因此支护结构会受到土体冻融力作用，且支护结构受到的冻融力的作用会随着基坑土体冻融变形的增大而增大，直到所受到的冻融力的作用超过支挡结构的极限承载力。根据冻融力作用于支护结构的方向的不同，可将其分为切向冻融力、法向冻融力和水平冻融力，通过多年的研究发现水平冻融力对基坑支护结构稳定性的影响作用最为明显。水平冻融力过大时会导致挡土墙变形开裂、建筑物基础变形、支挡结构变形等破坏现象的产生。

④越冬基坑支护结构受力特征：当基坑土体的冻结速率较快时，冻结土体相变界面处的原位水分冻结较快，此时的水分迁移量不能满足冻结土体发生相变所需的含水量，

为了达到一个新的平衡状态，冻结土体相变界面的推进速度会因此加快，这一过程会缩短水分迁移的时间，导致迁移量减小。土体初始含水量对正冻土水分迁移的影响有限，同时也只在一定的冻结速率范围内才会有影响，这是由于当土体的冻结速率过大时，土体会快速完成冻结过程，使得水分没有时间发生迁移；此外，当土体渗透系数为零时，土体的初始含水量也不会对水分迁移产生影响；当土体的其他条件均一致的时候，土体的水分迁移量会随着初始含水量的增大而增大。

对于开放系统的饱和正冻土而言，随着时间的推移，冻结锋面的变化可划分为四个阶段：快速冻结阶段、过渡阶段、相对稳定阶段和稳定阶段。当处于快速冻结阶段时，冻融量很小，此时变化很小，曲线平缓；当处于过渡阶段时，土体的冻融量开始明显增大；当处于相对稳定阶段时，冻结锋面的发育速率是匀速增长的；当处于稳定阶段时，正冻土的冻融速率减缓，冻结锋面停止发育。当基坑发生冻融时，由于水平冻融力的作用，基坑侧壁存在滑移趋势，形成潜在的滑移面，此时锚杆会发挥深层锚固作用以抵挡土体变形，同时把整体结构所受到的冻融力作用传递至基坑土层当中；到冻结期后期，由于基坑结构产生了一定水平方向上的变形，此时支护结构的约束能力变小，锚杆拉力会随之减小，直至冻结期结束后恢复至初始值附近。土钉墙支护结构与桩锚支护结构的作用机理不同，属于主动制约机制的柔性支护结构，土钉墙支护结构通过承担更多的变形量，即可充分挖掘出基坑填土体自身的强度潜力，避免基坑发生破坏，达到维持基坑稳定性的目的。

1.6.5　主要冻融模型及特点

土体冻融实验以及相关的理论分析研究已开展了多年，并且也取得了大量的研究成果。在20世纪60年代，针对土体冻融的研究主要以实验模型为主，直至70年代转变为以建立水热耦合模型和数值模型为主。这一阶段的研究成果主要集中在理论研究方面，这是因为当时的实验条件限制以及研究成果有限，研究人员对于土体冻融机理认识不足，导致当时所提出的经验公式和数学模型与实际工程情况相差很大，无法将其应用于实际工程当中。直至80年代，随着相关研究成果的积累，国内外研究者们对于冻融机理有了新的理解和进一步的认识。为了更好地将理论模型应用于实际工程，研究人员基于不同边界条件的假设，提出了水动力学模型、刚性冰模型、分凝势模型、热力学模型及水热力模型等。冻土中水热耦合模型及其基本性质如表1.9所列。

（1）水动力学模型

20世纪70年代，Harlan针对冻结土体提出了第一个水热运输模型，该模型是后续水动力学模型的基础，Harlan所提出的水热模型认为冻结土体未冻水的迁移规律和非饱和土的水分迁移规律相似，考虑相变潜热、水分、对流传热的影响，该模型可以计算得到较为合理的水分迁移速率，但不能预测冻融量。由于对土体发生冻融的判断依据没有一个统一的标准，因此引发了研究人员在这方面的探讨。到了20世纪80年代，Guymon等

（1980）在 Harlan 所提出的水动力学模型的基础上进行了修改以便于预测得到冰分凝的位置以及计算得到土体的冻融量。Guymon 等提出的模型主要是通过冻结土体热量的变化来实现预测，该模型认为冻结土体的热量变化是由固态冰引起的热量变化、冰水相变引起的热量变化以及土体热传导作用引起的热量变化三部分组成的，且只有当热量多余时，才会发生冰水相变。同时，该模型预测得到的冻结土体的零度等温线位置和总冻融量得到了相应的室内实验的验证。

（2）刚性冰模型

20 世纪 70 年代，Miller 总结提出了第二冻融理论，并首次提出了冻结缘的概念，Miller 认为存在一个无冻融、低导湿系数和低含水率的区域是在冰透镜体底面和冻结土体相变界面之间的，该区域即为冻结缘。

直到 20 世纪 80 年代，Neil 等基于冻结缘的概念总结提出刚性冰模型。刚性冰模型认为土体内应力等于总孔隙应力和土颗粒骨架承担的应力之和，而总孔隙应力等于孔隙水压力和孔隙冰压力之和，它们之间的关系可类比有效应力原理。模型建立的假设基础：以孔隙冰是否承担全部应力作为冻结缘处冰透镜体形成的判断依据；假设冻结缘中的孔隙冰与正生长的冰透镜体的接触是刚性接触；当冻融发生时，冻融速率与刚性冰的移动速率相等。但是，刚性冰理论涉及的参数过多，因此需要将其进行简化才能够便于应用于实际工程中。

表 1.9　冻土中水热耦合模型及其基本性质

研究者	预测分析方法	主要参数	验证方法
水动力学模型			
Harlan （1973）	渗流和温度有限差分法	含水量、导湿系数与土水势的关系、孔隙度、初始含水量、导热系数、热容量	未验证
Taylor 和 Luthin （1978）	渗流和温度有限差分法	未冻水含量与温度的关系、土壤水扩散系数与含冰量的关系、孔隙度、初始含水量、导热系数、热容量	室内实验验证
Sheppard （1978）	渗流和温度有限差分法	导湿系数、未冻水含量与温度的关系、孔隙度、热容量、导热系数	室内实验和现场实验验证
Jansson 和 Haldin （1979）	渗流和温度有限差分法	水分特征曲线、导湿系数、按粒径取值的导热系数	室内实验和现场实验验证
Fukuda （1982，1985）	渗流和温度有限差分法	导湿系数、水分扩散系数、未冻水含量、导热系数、热容量	室内实验和现场实验验证
Guymon 等 （1980，1993）	冻融、温度、渗流有限元法	渗透系数、含水量与水压的关系、孔隙度、导热系数、热容量	室内实验和现场实验验证
刚性冰模型			

表1.9(续)

研究者	预测分析方法	主要参数	验证方法
Neil 等 (1982, 1985)	冻融、冰分凝、渗流和温度有限元法	未冻水含量与温度的关系、土壤扩散系数与含冰量的关系、导热系数、热容量	未验证
Gilpin (1980)	冻融、冰分凝和温度分析值	冻结缘的渗透系数、干密度、初始含水量、有效土颗粒半径、导热系数	室内实验验证
Hopke (1980)	冻融、冰分凝、渗流和温度有限元法	导湿系数与土水势的关系、孔隙度、密度、导热系数	室内实验验证
Padilla 等 (1992)	冻融、温度、渗流和盐浓度有限元法	含水量、导湿系数与土水势的关系、比水容量、分散系数、导热系数、热容量	室内实验和现场实验验证
Sheng (1993)	冻融、冰分凝、渗流和温度有限元法	含水量、导湿系数、导热系数、未冻水含量	室内实验和现场实验验证
分凝势模型			
Konrad 和 Morgenstern (1980, 1981)	渗流和冻融	分凝势、温度梯度、含水量、干密度、导热系数、热容量	室内实验和现场实验验证
热力学模型			
Duquennoi 等 (1985)	应变、应力、渗流和温度有限元法	杨氏模量、泊松比、蠕变定律参数、导热系数、热容量	室内实验验证
水热力模型			
Shen 和 Ladanyi (1987)	应变、应力、渗流和温度有限元法	杨氏模量、泊松比、蠕变定律参数、导热系数、热容量	室内实验验证

(3)分凝势模型

20世纪80年代除了刚性冰模型，较广为流行的是分凝势模型。分凝势的概念在1981年由Konrad和Morgenstern首次提出，他们通过研究发现土体在经过冻结实验后所形成的冰透镜体中的水分迁移速度与冻结缘内的温度梯度成比例关系，因此他们将水分迁移速度和温度梯度之间的比值定义为分凝势。当冻结条件一定时，冻结锋面处的冻结吸力是一个恒定的常数，因此分凝势也是常数。根据相平衡热力学原理，当冻结缘内能量足以发生相变时，冰透镜体生长，而当应变达到已冻土拉伸破坏应变时，则会形成新的冰透镜体。此外，他们还通过研究得到了不同实验条件对土体冻融特性的影响，包括不同冻融循环次数、不同冻结方式以及不同外荷载条件等。然而，该理论不能应用于非单一温度梯度的非稳态条件，仅适用于稳态情况。

(4)热力学模型

到了20世纪80年代中期，Duquennoi等在动量、能量、质量和熵增平衡定律基础上，假定土体的冻融过程是处于局部平衡状态的，进而选择自由能和耗散势的适合表达式，导出适用于多孔介质的热力学模型。Duquennoi 等所提出的热力学模型利用了热力学理论来预测由孔隙水和能量迁移、孔隙水冻结以及土体冻融所引起的基质吸力。但该模型现阶段多作为冻融机理理论分析阶段的数学模型支撑，较少有研究人员将其应用于解决实际工程问题。

（5）水热力模型

由于现阶段土体冻结过程的水热耦合模型已经较为成熟，有较多的研究成果，国内外许多研究人员想要在此基础上进一步考虑外荷载对土体冻结过程的影响和作用，形成水热力模型。如今应用较为广泛的相关模型是将外荷载作为冻融过程中的其中一个影响因子来考虑的，同时忽略冻融、蠕变和荷载引起的应力场变化。例如，Shen 等（1987）基于 Harlan 的水热耦合模型，将冻融变形视为体积应变，且认为总应变等于冻融变形和蠕变变形之和，从而建立得到水热力模型。此外，还有很多研究人员从热力学、连续介质力学等理论出发推导出土体冻融过程中的水热力耦合模型。

综上所述，基于各类冻融模型的特点，基于研究重点是在越冬期间，基坑支护由于冻结作用所引起的温度场变化、水分迁移规律以及基坑变形情况，考虑选取水热力冻融模型来建立冻结过程越冬基坑的冻融预报分析模型，建立的模型将在 Harlan 水热耦合模型的基础上，定义当土体中的孔隙冰含量大于或等于起始冻融含冰量时，土体才发生冻融，考虑冻融应力的作用，实现水-热-力三相耦合模型的建立。

1.7　国内外支护结构冻融算法研究

2001 年，辛利民等针对深软基坑的冻土墙围护结构进行了模型实验研究。基于冻土墙模型实验采用反分析和正交实验统计原理，研究了冻土墙围护结构的受力机理，得到了受时间和温度变化影响的冻土墙位移规律。模型选用的土体为淤泥质黏土，平均含水率为 37.4%，模型与原型几何缩比为 1/16，时间缩比为 1/16。由实验监测数据得到冻土墙的等效弹模公式为

$$E = \delta \sigma^{-\chi} t^{-\lambda} T^{1.8} \tag{1.24}$$

式中：σ——水平应力；

　　　t——时间；

　　　T——冻结温度；

δ, χ, λ——参数。

利用拉格朗日反分析的方法，公式为

$$\{U\} = \{K\}\{P\} \tag{1.25}$$

$$J = \sum_{i=1}^{n} (U_i - U_i^*)^2 \tag{1.26}$$

式中：$\{U\}$——位移矩阵；

$\qquad\{K\}$——系数矩阵；

$\qquad\{P\}$——应力矩阵；

$\qquad U_i$——计算位移；

$\qquad U_i^*$——实测位移；

$\qquad n$——实测位移点个数；

$\qquad J$——评价指标（趋近于最小值）。

采用公式(1.26)对计算位移和实测位移进行对比，之后取最小值进行方差分析，在误差范围内确定最优解，结果如图 1.39 所示，拟合误差较小，满足工程需要。

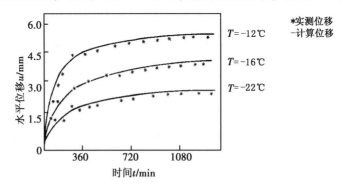

图 1.39　冻土墙水平位移拟合曲线

齐吉琳等于 2005 年选用兰州黄土和天津粉质黏土重塑超固结土样进行了冻融过程的数值模拟分析，对经历一次冻融过程的土样采用了电镜扫描，并进行相关的土力学试验。研究结果表明，在经历了一次冻融过程后，两种超固结土抗剪强度均呈现弱化的表现，由此分析了抗剪强度指标变化的机理，得出了由于冻土中冰晶的生长破坏了土颗粒间的联结而造成了土体颗粒间结构弱化的结果的结论。

张立新等采用核磁共振仪等实验装置对外荷载作用条件下的未冻水含量和温度之间的动平衡关系进行了研究，研究结果显示，同等温度下，未冻水含量随外荷载的增大而增大，表示为

$$\theta_u = P/(aP+b) \tag{1.27}$$

式中：θ_u——未冻水含量；

$\qquad P$——荷载；

$\qquad a,b$——与土的性质相关的常数。

在对冻融过程的未冻水含量的测定中发现，冻结过程中未冻水含量始终大于融化过程中未冻水含量的测试值，冻融过程中未冻水含量随温度的降低而减小。

1.8　国内外季节土中未结水冻结特征曲线(SFCC)研究

国内外学者对冻结特征曲线(SFCC)研究得比较深入,特别是吉林建筑大学杨天翼(2020)对非饱和季冻土抗剪强度及其工程应用的研究,深入地分析了季节土中未结水的冻结特征曲线。

(1)未冻水特征

当土处于初始冻结温度以下时,土中部分水发生冻结,但并非土中所有的液态水都转变成固态的冰,冻土中的未冻水属于物理学上的结合水,即吸附于固体颗粒表面的水。由于土颗粒表面能的作用,在负温条件下会吸附一定量的液态水,其中始终保持一定数量的液态水的称作未冻水。冻土中的未冻水含量与温度之间保持着动态平衡的关系,即随温度降低,未冻水量减少;温度升高,未冻水量增加。冻土中液态水迁移的原因是由于未冻水的存在,同时,由于冻土中未冻水量随温度变化,固态和液态水的相变,导致了土体的性质随温度而改变。土中未冻水能以毛细水及液态薄膜水的形式存在,在较高的负温区,主要是毛细水和渗透水含量较多;而在较低的负温区,则是薄膜水占优势。Э.Д.Ершов 等的研究表明:相同总孔隙度时孔隙越窄,在比较高的负温区所测得的未冻水含量越大。冻土中未冻水量主要取决于以下三个因素:①土质,包括土颗粒的矿物化学成分、分散度、含水量、密度、土中水溶液的成分和浓度。②外界条件,包括温度和压力。③冻融历史。图 1.40 展示了不同颗粒集配的兰州土在冻结后,土中未冻水含量随温度变化曲线,由图可知,在相同负温下未冻水量为砂土<黄土<黏土,其规律表现为未冻水量随着重量比表面积的增大(或粒度变细)而增大。随着温度持续下降,三种土类未冻水量的差值变化量较小,可以判定此时三种土中的自由水和弱结合水基本已经冻结完毕。

图 1.41 则展示了兰州黄土不同初始水量对未冻水量的影响,可以看出兰州黄土在较高的负温下,未冻水量随初始含水量增大而增大的特征相对明显,原因是土颗粒的外围与冰晶之间存在未冻水。当温度持续下降,相同负温的不同初始含水率的兰州黄土中所含未冻水量增大的特征相对不明显,可以认为当兰州黄土处于较低的负温时,初始水量的变化对未冻水含量没有明显影响。从总体上看对于兰州黄土而言,初始含水率的变化对未冻水含量的影响不大。

测定泥炭土中未冻水量的研究表明,未冻水量服从加法规则。土中的未冻水量与泥炭化程度呈线性关系。А.А.Коновалов 与 Л.Т.Roman 整理含盐土和泥炭的未冻水量数据发现 $W_u/W_{tot} \sim \theta/\theta_{bf}$ 之间的关系具有普适性。

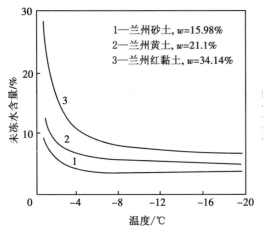
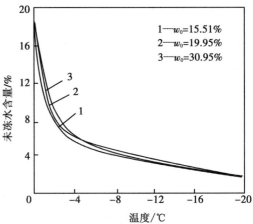

图 1.40　兰州土不同土类未冻水量随温度　　　　图 1.41　兰州黄土不同初始含水量对未冻
　　　　　　变化曲线　　　　　　　　　　　　　　　　　水量的影响

同时 $W_u/W_{tot} \sim \theta/\theta_{bf}$ 曲线应具有如下特点：当 $\theta/\theta_{bf}=1$ 时，$W_u/W_{tot}=1$；当 $\theta/\theta_{bf}=\infty$ 时，$W_u/W_{tot}=0$。图 1.42 展示了不同矿物成分和粒度成分土体中未冻水量的实验结果（包括泥炭和含盐土等特殊土），可以看出实验点在曲线周围非常集中。这一事实说明，比值 W_u/W_{tot} 与 θ/θ_{bf} 是物理性质的广义参数，也是决定土体水相成分的要素，称 θ/θ_{bf} 为同系（相对）温度。其中 W_{tot} 为冻土总含水率，θ_{bf} 为起始冻结温度。

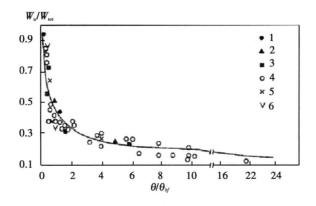

图 1.42　实验研究成果 $W_u/W_{tot} \sim \theta/\theta_{bf}$ 曲线图

1—泥炭土；2—侏罗纪黏土；3—覆盖亚黏土；4—亚黏土；5—重亚黏土；6—含 $CaCl_2$ 盐的高岭黏土

（2）未冻水量的计算

关于冻土中未冻水量的计算，很多学者给出了不同的经验公式。

①Н.А.Цытович 建立了未冻水量 W_u、初始水量 W_0 与其对应的冻结温度和土温的关系式：

$$W_u = a + (W_0 - a) \cdot e^{-b(T_{bf}-T)} \tag{1.28}$$

式中：W_u——未冻水量；

　　　W_0——初始水量；

　　　T_{bf}——初始水量 W_0 对应的初始冻结温度；

　　　T——土温；

　　　e——自然对数函数的底数，e≈2.718；

　a，b——由土体性质决定的参数。

②D.M.Anderson 等建立了给定冻土未冻水含量与土温及重量比表面积关系式，但公式中的参数仅考虑了重量比表面积和土的干密度这两个参数，对冻结特征曲线描述缺乏理论支持：

$$\theta_u = \frac{\rho_d}{\rho_w} a T^{-b}$$
$$\left.\begin{array}{l} \ln a = 0.5519\ln S + 0.2618 \\ \ln b = -0.264\ln S + 0.3711 \end{array}\right\} \tag{1.29}$$

式中：θ_u——未冻水量体积；

　　　ρ_d——土的干密度，根据实验结果取 1.52g/cm^3；

　　　ρ_w——纯水密度，取 1.00g/cm^3；

　　　T——土温；

　　　S——重量比表面积，m^2/g；

　a，b——与土重量比表面积有关的参数。

③徐敩祖建立了利用两个不同的初始含水量及其对应的初始冻结温度预测未冻水含量的关系式，其中总表达式与 D.M.Anderson 等给定的经验公式一致，但参数 a，b 在定义与计算式上有所区别，如式(1.30)所示：

$$\left.\begin{array}{l} b = \dfrac{\ln W_0 - \ln W_u}{\ln T_0 - \ln T_u} \\ a = W_0 T^2 b_0 \end{array}\right\} \tag{1.30}$$

式中：a，b——与土质有关的经验常数；

　W_0、W_u——两个不同初始含水量；

　T_0、T_u——初始含水量为 W_0 与 W_u 时的初始冻结温度。

④苏联的一种未冻水含量的计算公式：

$$W_u = K W_p + 0.9 \frac{K_{ps}}{K_p} W_m \tag{1.31}$$

式中：W_u——未冻水含量；

　　　W_p——塑性下界含水量；

　　　W_m——位于冰包裹体之间冻土含水量；

K_{ps}——含盐土中孔隙溶液浓度；

K_p——孔隙溶液平衡浓度；

K——与岩性各类和湿度有关的比例系数。

其中 K 与 K_p 在各类土不同负温与不同塑性指数条件下有所不同。应当说明的是，土温与土的初始冻结温度在数值上应均为负值，但因数学处理需要，式中温度均取绝对值。

（3）冻结特征曲线（SFCC）

根据土水特征曲线（SWCC）研究土体的流动特性以及力学行为等，在冻土研究中引入冻结特征曲线（SFCC）表示液态水的势能与未冻水含量之间的关系，也可以表征土体持水特性。R. W. R. Koopmans 等指出土体冻结特征与土水特征有关，T. F. Azmatch 等（2012）的实验研究的结果表明，不同种类土的两条曲线一致性较高。同时表明非饱和土吸湿和脱湿过程分别与冻土的融化与冻结过程相似。当土体脱湿时，空气进入土体中将水排出，剩余水势能越来越低。在冻土中发生冻结的物理过程是相似的，除了部分液态水变相并变成冰之外。阻止土体排水的力量也阻止了它的冻结作用，即冻土中温度梯度的作用类似于未冻土中潜在梯度的作用。

根据 SFCC 和 SWCC 的相似性，当温度降低时，冰将首先在大孔隙中形成（土体吸力逐渐增加）。在这个阶段相应的吸力或温度被称为冰侵入值（IVE）。土体中未冻水含量沿着冻结特征曲线逐渐减小。冰点以下某个温度，大部分孔隙水变成冰。这个未冻水含量称为残余未冻水含量。与 SWCC 类似，SFCC 可划分为 3 个阶段，即边界效应阶段（没有孔隙冰形式）、过渡阶段（未冻水含量急剧下降）和残余状态阶段（未冻水含量没有明显变化）。SFCC 也显示出与 SWCC 相似的滞后行为。

薛珂等（2018）结合以前的研究成果认为，利用 SWCC 代替 SFCC 应具备以下要素：①只有初始含水率为饱和状态的土体的 SFCC 才能与融土的 SWCC 进行比较考虑。②SWCC 与 SFCC 均有滞后现象存在，因此只能是冻结过程的 SFCC 与脱湿过程的 SWCC 或者融化过程的 SFCC 与吸湿过程的 SWCC 进行比较。③由于滞后作用，只能是首次冻结（融化）与首次脱（吸）湿过程进行比较。

土体在冻结过程中温度、未冻水含量与基质势（冰-水界面吸力）三者是互相联系的。温度降低造成土中未冻水含量降低，同时，未冻水量的减少导致土体基质势减小。冻土中未冻结含水量与负孔隙水压力（吸力）的关系称为冻结温度曲线，当不考虑利用溶质势并认为饱和冻土中的孔隙冰压等于大气压时，可利用 Clapeyron 方程将冻土基质势（吸力）与温度互相转化，如公式（1.32）和表 1.10 所示。

$$\psi = -L_f \ln \frac{T}{T_0} \tag{1.32}$$

式中：ψ——冻土基质势，不考虑溶质吸力时可等于冰-水界面吸力 Φ；

L_f——水的融化潜热，一般取 333700J/kg；

T——冻土温度，取开氏温度；

T_0——一标准大气压下纯水的冰点，取开氏温度，约为 273.15K。

表 1.10　不同负温对应的理论冰-水界面吸力

温度 T/℃	-5	-10	-15
冰-水界面吸力 Φ/MPa	6.0531	11.9984	17.8396

按照 Gibbs-Thomson 方程和 Kelvin 公式，土体初始冻结温度（冰点）和土体基质吸力存在唯一关系且与土体类型无关，如公式（1.33）所示。

$$T_{bf} = -\frac{\sigma_F T_0}{2F_s \rho_i L_f \cos\beta}\varphi \tag{1.33}$$

式中：φ——基质吸力；

　　　L_f——水的融化潜热，一般取 333700J/kg；

　　　T_0——一标准大气压下纯水的冰点，取开氏温度，约为 273.15K；

　　　T_{bf}——初始冻结温度，取开氏温度；

　　　F_s——水的表面张力，0℃ 时取 75.64×10^{-3}N/m；

　　　β——孔隙毛细水表面水膜接触角，一般为 0°~20°；

　　　σ_F——冰-水表面自由能，S.C.Hardy 给出的取值范围为 $11.6~23.8 \times 10^{-3}$kJ/m²。

若将各项常数整理成一个与基质吸力相关的冻结温度常数 k，则公式（1.33）可整理为公式（1.34）。

$$T_{bf} = k\varphi \tag{1.34}$$

式中：k——与基质吸力相关的冻结温度常数，与冰-水界面自由能取值及孔隙毛细水表面水膜接触角等因素有关，取值约为 -0.069~-0.015。

van Genuchten 模型拟合公式：

$$\left.\begin{aligned} \theta_w &= \theta_r + \frac{\theta_s - \theta_r}{[1+(\alpha\varphi)^n]^m} \\ S_e &= \frac{1}{[(1+(\alpha\varphi)^n]^n} \end{aligned}\right\} \tag{1.35}$$

式中：α，m，n——van Genuchten 模型方程参数，当 $m = 1-1/n$ 时 van Genuchten 模型转化为 Mualem 模型；

　　　S_e——有效饱和度。

Fredlund 和 Xing 模型拟合公式：

$$\theta_w = \theta_i \left[1 - \frac{\ln(1+\varphi/\varphi_r)}{\ln(1+10^6)/\varphi_r}\right] \frac{1}{\{\ln[e+(\varphi/a)^p]\}^q} \tag{1.36}$$

式中：φ_r——残余值；

　　　a，p，q——Fredlund 和 Xing 模型方程参数。

比较土水特征曲线(SWCC)，Fredlund 和 Xing 模型拟合优度最接近 1，拟合效果最好，且 Fredlund 和 Xing 模型属于全吸力范围的拟合模型，吸力适用范围最广，对于基质吸力极大的冻结特征曲线较为适合。

将上式代入 van Genuchten 模型中得到基于 Fredlund 和 Xing 模型的 SFCC，如式(1.37)所示，为了便于计算，将开氏温度变为摄氏温度。其中 Clapeyron 方程取绝对值以实现吸力正值。

$$\theta_u = \theta_s \frac{\ln\left(1 + L_f \ln\frac{t+273.15}{t_0+273.15}\middle/\varphi_r\right)}{\ln(1+10^6/\varphi_r)} \middle/ \left\{\ln\left[e+\left(L_f \ln\frac{t+273.15}{t_0+273.15}\middle/a\right)^p\right]\right\}^q \tag{1.37}$$

式中：t——冻土温度，取摄氏温度；

t_0——标准大气压下水的冰点，取 0℃；

L_f——水融化潜热，一般取 333700J/kg；

φ_r——残余基质吸力，取简化 van Genuchten 模型数学解，$\varphi_r \approx 701.44$kPa；

θ_u——未冻水体积含水量；

θ_s——饱和体积含水量，取 van Genuchten 模型拟合值，$\theta_s = 45.3360\%$；

a，p，q——拟合参数，取 Fredlund 和 Xing 拟合曲线，如图 1.43 所示，相关参数值见表 1.11。

基于全吸力段的 Fredlund 和 Xing 模型可以更好地拟合实验结果，便于应用。

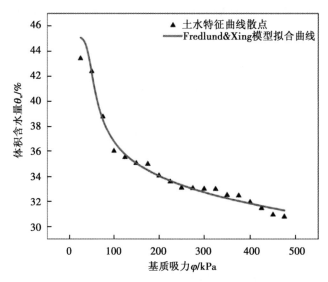

图 1.43　基于 Fredlund 和 Xing 模型的拟合土水特征曲线

表 1.11　基于 Fredlund 和 Xing 模型的土水特征曲线相关参数

拟合参数			固定参数		拟合优度 R^2
参数 a	参数 p	参数 q	残余值 φ_r/kPa	饱和体积含水量 θ_s/%	
42.4575	7.3410	0.1033	701.4435	45.3360	0.9752

根据公式计算可知,温度下降 1℃,吸力约增加 1230kPa。

由图 1.44 可知,温度逐渐下降的过程中未冻水含量的降幅逐渐减小,这是由于土中水的冻结顺序不同,换言之,是土中不同类别水的冰点不同所致。在土处于较高的负温段时,随着温度的下降,土中含量较多的自由水开始冻结,温度持续下降,土中自由水冻结完毕,含量其次的弱结合水(薄膜水)开始冻结,当温度再次下降到 -78℃或更低时,达到含量最少的强结合水冰点,强结合水开始冻结。还要说明的是,图 1.44 为饱和状态下冻土的冻结特征曲线。相对于 D.M.Anderson 给出的经验公式,应用 SWCC 与 SFCC 相似性得到的冻结特征曲线应更为准确,D.M.Anderson 经验公式参数缺乏理论依据,因此对不同土性是否适用有待商榷。

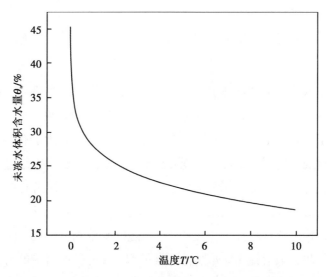

图 1.44　基于 Fredlund 和 Xing 模型的冻结特征曲线

一旦 SWCC 确定时,根据两条曲线的相似性,SFCC 就可大致确定,由此可以判定 SFCC 应具有如下性质:①若实验土样不含盐或者含盐量极低,在处于非常高的负温(非常接近 0℃)时未冻水体积含水量具有类似竖直下降的趋势。②当冻土处于一定负温状态时,若该土为融土时的体积含水量大于 SFCC 上该负温对应的未冻水含量,则土中水会有部分冻结。③当冻土处于一定负温状态时,若该土为融土时的体积含水量小于 SFCC 上该负温对应的未冻水含量,则土中水不会冻结。

体积含水量 θ_i 的表达式如式(1.38)所示:

$$\theta_i = 1.09(\theta_w - \theta_u) \tag{1.38}$$

式中:θ_w——体积含水量;

θ_u——未冻水体积含水量。

根据 SFCC 与 SWCC 的相似性以及吸力与温度的转换公式,可得到不同基质吸力下的理论初始冻结温度(见表 1.12)与不同负温下的理论未冻水含量(见表 1.13)。

表 1.12 不同基质吸力下的理论初始冻结温度

基质吸力 φ/kPa	57	100	200
初始冻结温度 T_{bf}/℃	−0.051	−0.096	−0.163

表 1.13 温度为−5,−10,−15℃时理论未冻水体积含水量

温度 T/℃	−5	−10	−15
未冻水体积含水量 θ_u/%	21.5204	18.5526	16.8265

由于 Fredlund 和 Xing 公式虽然有理论基础与实验支撑,但过于烦琐,于是借助 D. M. Anderson 经验公式将相关参数进行调整,数据拟用基于 Fredlund 和 Xing 模型的冻结特征曲线,得到 $a = 18.8793$,$b = 0.1896$,拟合优度 $R^2 = 0.99$。

1.9 国内外越冬基坑冻融数值模拟与抑制冻融措施分析

在桩锚支护结构越冬基坑不补水情况下,通过数值模拟计算研究了在基坑顶部铺设保温层和在基坑表层换填非冻融土两种措施抑制水平冻融的效果,主要通过分析基坑在冬季的温度场结果、护坡桩桩体水平位移变化规律和水平冻融力变化规律,提出有效的防冻融措施。通过现场监测数据可以发现,越冬基坑在基坑土体冻结过程中受水平冻融力的影响严重,且造成了桩锚支护段顶部的开裂,因此有必要提出有效的抑制水平冻融力的措施,通常的措施有设置保温层、表层换填弱冻融土或非冻融土、选择柔性支护结构作为基坑围护结构以及基坑排水,但关于防冻融措施效果分析的研究成果较少,因此本节将基于提出的防冻融措施建立水热力耦合模型,验证各项措施的有效性。由于实测数据分析中已经验证了柔性支护结构的有效性,且实际基坑工程在越冬期保持抽水泵工作保证了基坑的降水,因此分析只验证前两项措施的有效性。

1.9.1 季节性冻土水热力耦合数学模型

研究所建立的水热力耦合数学模型,基于以下假定条件:①土体视为各向同性介质,且是均匀分布的,同时把土壤颗粒视为刚体,忽略在模拟计算过程中发生的变形,土颗粒和冻结土壤中的冰是不可压缩的。②认为土体在冻融过程中的水分迁移机制与非饱和土中的水分迁移机制相同,且在土体冻融过程中水分迁移仅考虑液相水的迁移,忽略水蒸气和空气对水分迁移的影响。③冻融是由于孔隙冰的增加所导致的。④只考虑水热过程对应力场的影响作用,不考虑应力场对水热过程的反作用。

（1）温度场控制方程

在针对冻土系统的研究中，由于热对流和热辐射引起的产热量可以忽略不计，因此一般只考虑热传导这一传热方式。根据热传导理论和质量守恒定律，考虑相变潜热的影响时，土体冻融过程中的温度场可以写成以下偏微分方程：

$$\rho C \frac{\partial T}{\partial t} = \frac{\partial}{\partial x}\left(\lambda \frac{\partial T}{\partial x}\right) + \frac{\partial}{\partial y}\left(\lambda \frac{\partial T}{\partial y}\right) + L\rho_i \frac{\partial \theta_i}{\partial t} \tag{1.39}$$

式中：C——土体比热容，$kJ/(kg \cdot K)$；

　　ρC——土体容积热容，$J/(m^3 \cdot K)$；

　　λ——土体导热系数，$W/(m \cdot K)$；

　　L——冰水相变潜热，一般取 334.56kJ/kg；

　　θ_i——土中含冰量，%；

　　ρ_i——冰的密度，kg/m^3。

由于冻结土体中的总含水量是未冻结含水量和含冰量两者之间的代数和，因此可以表示为以下形式：

$$\theta_w = \theta_u + \frac{\rho_i}{\rho_w}\theta_i \tag{1.40}$$

式中：θ_w——总含水量，%；

　　θ_u——未冻结含水量，%；

　　ρ_w——水的密度，一般取 $1000kg/m^3$。

将公式（1.40）中的含冰量 θ_i 与公式（1.39）中的相变潜热项进行整合替换可得：

$$L\rho_i \frac{\partial \theta_i}{\partial t} = L\rho_w\left(\frac{\partial \theta_w}{\partial t} - \frac{\partial \theta_u}{\partial T}\frac{\partial T}{\partial t}\right) \tag{1.41}$$

则土体冻融过程中的温度场可以写为

$$\rho C \frac{\partial T}{\partial t} = \frac{\partial}{\partial x}\left(\lambda \frac{\partial T}{\partial x}\right) + \frac{\partial}{\partial y}\left(\lambda \frac{\partial T}{\partial y}\right) + L\rho_w\left(\frac{\partial \theta_w}{\partial t} - \frac{\partial \theta_u}{\partial T}\frac{\partial T}{\partial t}\right) \tag{1.42}$$

（2）水分场控制方程

土体冻融过程中，土中水分的迁移遵循达西定律，各向同性介质中非饱和渗流的基本微分方程为：

$$\frac{\partial \theta_w}{\partial t} = \frac{\partial}{\partial x}\left(K(\theta_w)\frac{\partial H_0}{\partial x}\right) + \frac{\partial}{\partial y}\left(K(\theta_w)\frac{\partial H_0}{\partial y}\right) \tag{1.43}$$

式中：H_0——非饱和渗流区内水头，m；

　　$K(\theta_w)$——土体的渗透系数，m/s。

由于非饱和渗流区内水头与压力水头之间的关系为 $H = z - h_p$，代入公式（1.43）可以得到下列方程：

$$\frac{\partial \theta_w}{\partial t} = \frac{\partial}{\partial x}\left[K(\theta_w)\left(-\frac{\partial h_p}{\partial x}\right)\right] + \frac{\partial}{\partial y}\left[K(\theta_w)\left(-\frac{\partial h_p}{\partial y}\right)\right] - \frac{\mathrm{d}K(\theta_v)}{\mathrm{d}\theta_w}\frac{\partial \theta_w}{\partial z}$$

$$= -\frac{\partial}{\partial x}\left[K(\theta_w)\frac{\partial t_p}{\partial \theta_w}\frac{\partial \theta_v}{\partial x}\right] - \frac{\partial}{\partial y}\left[K(\theta_w)\frac{\partial h_p}{\partial q_w}\frac{\partial \theta_w}{\partial y}\right] + \frac{\mathrm{d}K(\theta_w)}{\mathrm{d}\theta_w}\frac{\partial \theta_w}{\partial z} \tag{1.44}$$

引入比水容量 $C_m(\theta_w)$ 和扩散率 $D(\theta_w)$ 两个概念，根据下列关系：

$$C_m(\theta_w) = \frac{\mathrm{d}\theta_w}{\mathrm{d}h_p} \tag{1.45}$$

$$D(\theta_w) = \frac{K(\theta_w)}{C_m(\theta_w)} = -K(\theta_w)\frac{\mathrm{d}h_p}{\mathrm{d}\theta_w} \tag{1.46}$$

把公式(1.40)、公式(1.44)和公式(1.45)代入公式(1.43)，则可得到冻结土体的水分迁移公式如下：

$$\frac{\partial \theta_u}{\partial t} = \frac{\partial}{\partial x}\left[D(\theta_u) + \frac{\partial \theta_u}{\partial x}\right] + \frac{\partial}{\partial y}\left[D(\theta_u)\frac{\partial \theta_u}{\partial y}\right] + \frac{\mathrm{d}K(\theta_u)}{\mathrm{d}\theta_u}\frac{\partial \theta_u}{\partial z} - \frac{\rho_i}{\rho_w}\frac{\partial \theta_i}{\partial z} \tag{1.47}$$

（3）水热耦合模型方程

为使温度场控制方程和水分场控制方程联系起来，需要引入固液比 B_i 的概念，固液比是由初始含水量和未冻结含水量两者之间的关系推导得到的，可以表达为

$$B_i = \frac{\theta_i}{\theta_u} = \begin{cases} 1.1\left(\frac{T}{T_f}\right)^B - 1, & T < T_f \\ 0, & T \geqslant T_f \end{cases} \tag{1.48}$$

式中：B_i——经验值，其中含砾粉质黏土取 0.63，粉土取 0.47，粉质黏土取 0.56，含砾石取 0.42；

T_f——土体冻结温度，℃。

通过固液比的概念，得到水热耦合联系方程为

$$\theta_i = B_i \theta_u \tag{1.49}$$

即公式(1.42)、公式(1.47)和公式(1.49)共同构成水热耦合数学模型。选取 Comsol Multiphysics 等有限元软件来实现水热耦合模型，该模型可实现真正意义上的任意多物理场直接耦合，提供了众多预定义物理接口模块，涵盖了热分析、流动分析和力学分析等多种工程领域。选取 Richards 方程模块和多孔介质传热模块来进行水热耦合分析。其中，Richards 方程模块提供的数学模型为

$$\frac{C_m}{g}\frac{\partial p}{\partial t} + \rho S_e S \frac{\partial P}{\partial t} + \rho \nabla\left[-\frac{k}{\rho g}(\nabla p + \rho g \nabla D)\right] = Q_m \tag{1.50}$$

式中：$\rho S e S \frac{\partial P}{\partial t}$——储水模型；

P——压力，kPa；

Q_m——质量源。

由 van Genuchten 模型可以得到土体未冻结含水量和压力水头之间的关系：

$$\theta_u(h_p) = \begin{cases} \theta_r + \dfrac{\theta_s + \theta_r}{(1 + |ah|^l)^m}, & h_p < 0 \\ \theta_s, & h_p \geqslant 0 \end{cases} \tag{1.51}$$

式中：θ_s——饱和含水量，%；

$\quad\quad\theta_r$——残余含水量，%；

a，l，m——经验常数。

由压力水头和压力之间的关系 $h_p = P/(\rho g)$ 以及公式（1.50），可以把公式（1.51）转换成公式（1.44）的表达形式。为使 Comsol Multiphysics 等有限元软件自带的 Richards 方程模型跟上述水热耦合的水分场控制方程一样，用以模拟土体冻融过程水分迁移情况，需要修改质量源 Q_m：

$$\begin{aligned} Q_m &= \frac{\rho_i}{\rho_w} \frac{\partial \theta_i}{\partial t} = -\frac{\rho_i}{\rho_w}\left(\frac{\partial B_i}{\partial t}\theta_u + \frac{\partial \theta_u}{\partial t}B_i \right) \\ &= -\frac{\rho_i}{\rho_w}\left(\frac{dB_i}{dt}\theta_u(p) + \frac{C_m}{g}\frac{dp}{dt}B_i \right) \end{aligned} \tag{1.52}$$

其中，$\theta_u(p)$ 为未冻水含水量与压力之间的关系，表达如下：

$$\theta_u(p) = \begin{cases} \theta_r + \dfrac{\theta_i - \theta_r}{\left(1 + \left| a \cdot \dfrac{p}{\rho g} \right|^n\right)^m}, & p < 0 \\ \theta_s, & p \geqslant 0 \end{cases} \tag{1.53}$$

多孔介质传热模块提供的数学模型为

$$\rho C \frac{\partial T}{\partial t} - \lambda \nabla^2 T = Q \tag{1.54}$$

式中：Q——热源。

要使多孔介质传热模块数学模型跟上述水热耦合的温度场控制方程一样，用以模拟土体冻融过程土体温度变化，需要修改热源 Q。

(4)应力场控制方程

为模拟土体冻结的冻融过程，建立可以描述含冰量和土体体积冻融率之间关系的冻融模型，定义当土体中的孔隙冰含量大于或等于起始冻融含冰量时，土体才发生冻融。

$$\begin{aligned} Q &= L\rho_i \frac{\partial \theta_i}{\partial t} = L\rho_i\left(\frac{\partial B_i}{\partial t}\theta_u + \frac{\partial \theta_u}{\partial t}B_i \right) \\ &= L\rho_i\left(\frac{dB_i}{dt}\theta_u(p) + \frac{C_m}{g}\frac{dp}{dt}B_i \right) \end{aligned} \tag{1.55}$$

冻结土体中的应力包括外部荷载产生的应力、由土体中的孔隙冰和孔隙水的压力引起的应力以及由于冻融引起的应力。在冻结土体的应力场控制方程中，主要考虑冻结土体由于冻融引起的应力变化，且应力场控制方程不考虑冻结土体的蠕变和塑性变形，并

假定土体为弹性介质，且刚性冰不可压缩。基于上述假定条件，仅考虑水分冻结体积膨胀产生的土体体积变形公式为

$$\varepsilon_v = 0.09(\theta_0 + \Delta\theta - \theta_w) + (\theta_w - n) \tag{1.56}$$

式中：ε_v——体积膨胀变形，mm；

$\Delta\theta$——水分迁移增量，%；

n——土体孔隙率，%。

将土体的体积膨胀变形 ε_v 视为初始应变量，则可建立冻结土体的本构模型为

$$\{\sigma\} = [C](\{\varepsilon\} - \{\varepsilon_v\}) \tag{1.57}$$

式中：$[C]$——应力应变刚度矩阵；

$\{\varepsilon_v\}$——土体的体积膨胀变形增量。

(5)THM 耦合模型

主要采用 Comsol Multiphysics 等有限元软件中的固体力学模块来建立越冬基坑土体的冻融模型。具体 THM 耦合模型的实现是将水热耦合数值模拟模型瞬态某时刻的土体含冰量导出，再使用模型中全局变量中的插值函数将含冰量导入固体力学模型，并且在模型中添加材料的热膨胀系数，以冻土应力应变基本方程来联系，最后运算得到冻土的体积膨胀变形和冻融力结果。此外，北方现场监测数据结果显示，越冬基坑在水平方向的变形更为明显，因此冻融模型只考虑水平方向上的结果，考虑基坑自身重力和桩锚所产生的影响作用。

1.9.2 基坑桩锚支护结构几何及有限元模型构建

(1)几何模型

以现场基坑监测资料为依据，利用冻土的水热力耦合数值模型对沙河基坑进行模拟计算。基坑模型采用对称形式，基坑的深度为 6.0m，支护形式为桩锚支护，其中桩体高度为 10.0m，桩体直径为 0.4m，计算模型的宽度取 4 倍的基坑宽度，深度取 5 倍的基坑深度，即模型尺寸为 40m×30m。为简化模型，把计算模型的土层划分为三层，其中 0~4m 为粉质黏土，4~5m 为黏质粉土，5~30m 为粉质黏土。

(2)边界条件

由于基坑地表土层的温度变化符合附面层理论，因此根据附面层理论和实测地表土层温度数据，通过最小二乘法拟合得到基坑上边界温度条件。由于外界温度只能对一定深度的基坑土体产生影响，因此基坑计算模型底边边界应设置为定值，根据实测数据设置为 20℃。基坑左右边界设置为绝热边界。对于水分场边界的设置，由于基坑的抽水泵一直保持工作状态，因此仅考虑补水管的补水作用，忽略降雨和地下水的补给，补水管的补水速率为 0.11m³/h，其余边界条件均设置为零通量。以各土层的初始含水率作为水分场的初始值。在进行应力场分析时，把基坑计算模型的左右两边界设置为横向约束边界，即只允许其发生竖直方向的位移，其下边界设置为固定边界，其余基坑边界设置为

自由边界,考虑地下水渗流与补给定流量水井,开挖土体为干土。此外,在基坑土体和支护结构之间添加接触面,使整体基坑结构可以协调变形。

(3)地层土体未冻水含量

地层土体未冻水含量见表1.14。

表 1.14　地层土体未冻水含量表

序　号	温度/K	未冻水含量/%
1	273.0	1.00
2	272.0	0.99
3	271.6	0.96
4	271.4	0.90
5	271.3	0.81
6	271.0	0.38
7	270.8	0.15
8	270.6	0.06
9	270.2	0.02
10	268.5	0.00

(4)铺设保温层措施参数选取

铺设保温层措施主要是通过在基坑的表面铺设保温性能较好的材料,以达到防止基坑发生冻害的效果,从而达到减小基坑水平冻融的效果。常用的材料有:草帘、草皮、树皮、炉渣和聚苯乙烯泡沫保温板等。

不同保温材料的热力学参数如表1.15所示。

表 1.15　保温材料热力学参数

保温材料	密度 $\rho/(\mathrm{kg/m^3})$	导热系数 $\lambda/[\mathrm{W/(m \cdot K)}]$	比热容 $C/[\mathrm{J/(kg \cdot K)}]$
草帘	350	0.05	2016
聚苯乙烯泡沫保温板	40	0.03	1400
XPS 保温板	30	0.028	1250

(5)体积应变 ε 与温度 T 的关系

温度变化影响的单应力点环境测试结果和围压变化影响的单应力点环境测试结果如图1.45所示。曲线图代表了偏应力超过轴向应变的演变以及体积行为与轴向应变。

在弹性区域,刚度随温度的降低而增大。随着温度的降低和(或)围压的增加,强度增加。围压对体积变形影响较大。在高围压下,体积随轴向应变的增大而减小。在低围压下,在应变软化阶段发生体积膨胀之前,体积总是降低到一个临界值。

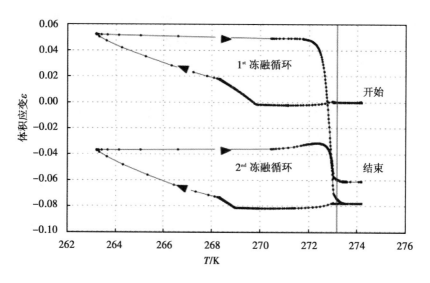

图 1.45　体积应变 ε 与温度 T 的关系

1.9.3　季冻区路基冻害破坏形式及解决措施

赵亮、景立平、单振东等进行了冻土冻融胀型研究现状与进展研究,深入分析了季冻区路基冻害破坏形式及解决措施。赵亮等阐述了几种解释冻土冻融及冰透镜体形成、生长的数学模型。从早期的毛细冻融理论、水热耦合理论到近期的预融膜理论,探讨了各种模型的发展过程。尽管国内外众多学者对该问题进行了大量、深入的研究,也取得了一些重大的成果,但该领域仍然存在一些问题需要进一步研究

正冻土冻结是一个十分复杂的过程,在冻融过程中各个物理参数实时发生变化。就目前测试技术而言,测定这些参数仍面临巨大挑战。随着科技的发展,大量新型设备的投入也将改善这一现状。在大多数冻融模型中,均使用 Clausius-Clapeyron 方程来求得冰、水压力。在准稳态情况下,该方程成立。非稳态时,其适用范围仍需要进一步验证。尽管 Peppin 提出增加冰透镜体增长率与温度的附加项来提高 Clausius-Clapeyron 方程的适用范围,但效果仍需要验证。尽管冻结缘是否存在这个问题仍然是水热力耦合模型的最大挑战,但是其本身明确的物理意义、满足工程需要的数值模拟精度仍使它充满活力。随着边界条件及应力应变与水热耦合过程相互影响等问题逐步被解决,水热力耦合模型将会迎来更广阔的舞台。预融膜理论、过冷冻结理论将冻融模型的研究从宏观带向微观,从现象研究走向机理研究,为冻融模型的研究开辟了一片新天地,与传统的水热模型形成互补,对推动冻融模型的研究具有十分巨大的意义。

毛细冻融理论基于 Clausius-Clapeyron 方程。假设某一时刻,土体的状态是保持稳定的。土体中没有水分迁移,下层水压力 P_R 和顶层冰压力 P_i 保持不变。当温度 T 持续下降时,冰水界面上水压力 P_{el} 将降低,使得 $P_{el}<P_R$,水分由下层蓄水区迁移至冰水交接界面并冻结,使得冰透镜体生长,形成冻融(见图 1.46)。

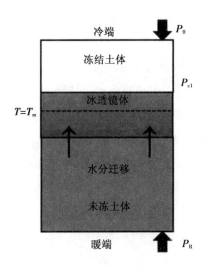

图 1.46　毛细冻融模型示意图

1.9.3.1　冻融灾害现状

在季冻区内，无论公路路基还是铁路路基，都受到冻融灾害的影响。大量的工程实践及季冻区路基冻害调查表明，路基冻融是季冻区路基冻害的主要表现形式。在公路方面，路基冻融主要表现为引起路基顶面产生较大的挠曲变形及冻融裂缝。以长余高速公路为例，路面中间冻融量比两边大了 60mm。纵向冻融裂缝是另一种冻害表现形式。在季冻区内，新建的道路更容易发生纵向冻融裂缝，如不及时维修封堵，雨水雪水将渗入到路基深层，加剧路基冻融的程度。在城市的市政道路上，冻融裂缝现象也普遍存在。铁路路基同样面临着严峻的抗冻融形势，并且对路基的平整度要求更高。现有的铁轨扣件可调整幅度为 15mm，而在实际中超过 10mm 的起伏都需要进行维修，高速铁路路基冻融变形更是要求控制在 5mm 以内。据统计哈尔滨铁路局辖境内，超过 10mm 的冻融就发生了两万多次。由此可见，季冻区路基冻害问题十分突出。

1.9.3.2　抗冻融的措施

路基的冻害是水、温、土等多种因素共同作用的结果，其中土体冻融敏感性、含水率、温度和土体压实度等因素对冻融影响最大。在不同的工程中起主导作用的因素也不同，因地制宜采取有针对性的处理措施，才能有效地解决冻融问题。根据引起路基冻融的因素，目前主要有换填法、保温法、止水法、改进路基结构法等抗冻融措施。

（1）换填法

换填法的本质是通过换填来降低土体的冻融敏感性。往往用粗颗粒的砂土代替冻融敏感性强的粉土和黏土。换填法是抗冻融措施中普遍采用的方法。优点是施工方法简便、适用范围广、可明显提高抗冻融效果。但是有些研究也发现在多次冻融循环下，粗颗粒换填料的含水率会明显增加，增大了发生冻融的概率。赵亮等对采用换填法的路基进行了 2 个冻融周期的冻融监测，利用水热力耦合冻融模型对路基的温度场分布及路基顶面的冻融量变化进行了模拟、分析和预测。

（2）保温法

保温法是较早在工程中应用的抗冻融措施，在路基表面和坡道上设置热阻较大的隔热层，延缓路基内部的冻结。邰博文和刘建坤等持续跟踪和研究哈齐客运专线中路基保温的效果，发现路基保温法可以有效降低路基中的零度等温线，在一些冻层较浅的区域可以明显抑制冻融，在冻层较深的区域也可以起到降低冻结深度的作用，能对路基冻融起到很好的抑制作用。由于温度变化引起隧道围岩的冻融是隧道冻害发生的重要原因。程涛等基于伴有相变的非稳态传热理论，模拟了隧道围岩的冻结温度场动态变化规律及衬砌变形特征。耿琳等改良了膨胀岩隧道的防冻保温方法，提出在传统保温防冻方法的基础上增加一层生石灰构造层，可以提高隧道防冻保温的效果。

（3）止水法

水分迁移是路基冻融的源头。由于温度变化引起水分迁移至冻结锋面，造成水分聚集形成路基冻融。止水法在路基底面设置止水带，并在两侧设置密井和止水带。在地下水位较低的地区，应用较为常见。

1.10　基坑冻融力研究启示与思路

通过上述对国内外研究现状的分析可以发现，研究人员针对寒冷地区出现的工程冻害做了大量的实验和理论分析，对水平冻融力是引起冻害的主要原因有了一定的认识，并且掌握了某些结构物如挡土墙等的水平冻融力的分布规律，但还存在以下几个方面的不足。

1.10.1　研究启示

① 针对不考虑重力势作用的水平方向上的水分迁移的研究成果较少。目前，学者们已经意识到水分迁移会影响土的冻融特性，且在该方面也取得了大量的成果。但是对于土体冻结过程中的水分迁移研究多集中于竖直方向的水分迁移变化，少有针对水平方向上的水分迁移的研究。因此有待进行该方面的实验，以确定水平水分迁移的驱动力以及水平水分迁移对土体的冻融过程所产生的影响。

② 水平冻融机理尚未明确且各因素对水平冻融力的影响没有定量化。目前，学者们针对冻融机理进行了大量的研究并提出了有效的冻融模型，但这些模型均有基本假定的限制，与实际工程有一定的差异，且尚未明确现有的冻融机理对水平冻融是否适用，仍需经过系统的室内外实验对水平冻融机理加以完善。同时土性、温度、初始含水率、上覆荷载、支护方式、支护结构刚度和水分补给条件等的不同都会对水平冻融力造成影响，但各影响因素对水平冻融力贡献程度并不明确，需要进行定量化分析。

③ 基坑工程支挡结构物的水平冻融力形成机理需进一步研究。目前，在实际工程中对于水平冻融力的研究多集中于挡土墙这一类结构。对于基坑工程而言，由于基坑是双向散热的，因此作用于基坑支护结构的水平冻融力的形成和分布模式等都与挡土墙结构不同。但现在针对越冬基坑水平冻融力的研究尚少，不足以解决实际工程问题。

④ 基于水–热–力三场耦合理论的基坑支挡结构水平冻融变形的研究较少。目前，针对基坑支挡结构所建立的理论冻融模型的研究案例较少，且现有的相关研究多采用水–热耦合理论模型和热–力耦合理论模型，因此有必要结合实际工程条件建立水–热–力三场耦合模型，以明确基坑工程水平冻融机理。

1.10.2　研究基本思路

针对上述存在的问题，基于某越冬基坑开展以下方面的研究：

一是双向冻结过程越冬基坑冻融特性研究。结合某越冬基坑现场实验，分析不同支护结构体系在补水条件和不补水条件下，双向冻结过程中的水分迁移特征，并对比支挡结构侧壁的地温、基坑变形和侧向土压力的演化规律，研究越冬基坑填土体的冻融特性。

二是不同支护结构体系的冻融力发展规律研究。根据现有的冻融机理研究成果，结合现场实验对桩锚支护结构和土钉支护结构进行内力和位移的监测，分析在补水和不补水条件下不同支护结构体系的内力、桩顶沉降及桩顶水平位移等指标的变化规律。

三是季节性冻土区支护体系防冻融措施有效性研究。分析季冻区越冬基坑的水分场、温度场和应力场的特点，考虑土体冻结过程中的水分迁移作用以及冻土冰水相变对三场的影响，建立更加符合实际工况的水–热–力三场耦合的理论数值模型；测定现场土样的基本物理力学指标和热力学指标，得到模型参数；利用商贸有限元软件 Comsol Multiphysics 等进行二次开发，基于三场耦合模型建立支挡结构模型，将模型计算结果与实测结果进行对比分析。

四是针对越冬基坑的冻融变形规律，分析不同防水平冻融措施的效果，提出有效的防水平冻融措施。

本书主要通过室内特性实验、现场实验、理论推导和数值计算四种方法进行研究。

（1）室内冻土特性实验

取现场土样，对土样进行基本物理力学指标测定实验和热力学指标测定实验，需要进行的基础实验有：液塑限实验、三轴压缩实验、土体渗透实验、冻土导热系数实验和冻土比容实验，以确定土样的液塑限、内摩擦角、黏聚力、渗透系数、导热系数和比热容，为后续建立冻融模型提供相关的参数。

（2）现场调查和现场实验

通过对越冬基坑所处地区进行气象以及水文调查，得到工程的背景资料，针对工程的特点，在现场布设温度传感器、水分计、应力应变计等监测仪器，得到基坑土体的温度场变化、水分迁移规律等数据；同时监测得到越冬基坑在桩锚支护和土钉支护两种不同的支护方式下，在补水条件和不补水条件下的桩顶水平位移、锚钉拉力、土钉应力等指标的变化规律。

（3）理论推导

通过查阅相关文献和资料，在 Harlan 水热耦合模型的理论基础上，将土体视为弹性体，考虑水分场、温度场和应力场在双向冻结过程中的相互影响，即双向冻结条件下基坑土体水分运动和热量迁移的基本规律，结合热力学、连续介质力学以及分凝势理论等基本理论，建立低温相变土体的水-热-力耦合控制方程。

（4）数值计算模拟

利用多物理场分析软件 Comsol Multiphysics 进行二次开发，基于理论推导得出的冻土水-热-力耦合的偏微分方程形式，根据越冬基坑工程的土质和水文概况以及工程条件，计算得到越冬基坑温度场变化规律、水分迁移情况以及冻融变形结果，并与现场实验所得到的数据进行对比分析，验证冻融预报模型的准确性。

通过数值模拟计算得到设置不同的防冻融措施时越冬基坑的冻融变形规律，以分析防冻融措施的效果。

研究主要以北方某地区的实验基坑为对象，通过现场实验分析在不同工况条件下的冻融特性和支护结构的变形以及受力情况；通过室内基础实验得到实验基坑填土体的物理力学参数；建立越冬基坑的冻融预报模型，提出有效防水平冻融措施。

1.10.3 基坑冻融响应与冻融研究存在的问题

通过对国内外研究现状的分析以及对季节性冻土区基坑工程考虑冻融作用设计方法的研究，目前基坑冻融响应与冻融研究方面尚存在如下问题：

① 季节性冻土区桩锚越冬基坑，桩身位移和锚杆轴力在冻融作用下的变化特点以及桩土协调变形规律目前鲜有研究。

② 季节性冻土区越冬基坑支护设计如何考虑冻融力施加尚无比较深入的研究和全面的分析，实际工程中难以加以考虑。

③ 季节性冻土区桩锚基坑支护工程在越冬结束后由于温度升高使原状土较冻前结构性产生了显著的弱化，而目前对冻融后土体参数的变化尚无定量分析方法。因此，如何对冻融后基坑的稳定性进行评价显得尤为重要。

④ 如何利用现场变形监测和室内模型实验结果，对季节性冻土区桩锚支护工程选用有效的防冻融构造措施，解决实际工程中出现较大冻融力的问题。

第 2 章　紧邻地铁基坑工程综合设计

针对紧邻地铁基坑工程进行综合施工设计。本章实例：长春华润中心基坑，该基坑紧邻地铁 1 号线与 2 号线换乘站解放大路站，如图 2.1 所示。

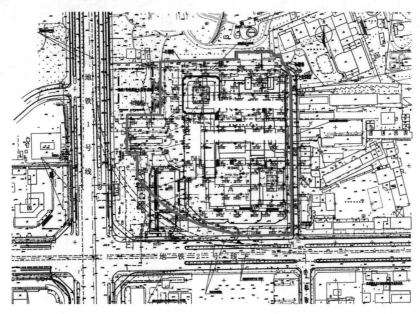

图 2.1　华润中心基坑工程布置图

2.1　基坑与紧邻地铁工程

项目位于吉林省长春市南关区省文化活动中心原址，人民大街与解放大街交会处。规划总用地面积地上 33000 万 m^2，地下面积(土地面积)43000 万 m^2；商业比例 80%～90%。项目为商业综合体，由一座商场(地上七层，地下四层)及其上坐落的 3 栋超高层塔楼组成。

华润中心项目基坑长约 215m，宽约 213m，基坑总面积约为 38098m^2，如图 2.2 和图 2.3 所示。依据深度将基坑分为三个区域，如图 2.3 所示。基坑的围护桩采用 φ1000@1300 钢筋混凝土灌注桩，嵌固深度 6.7m。支护形式主要有 1000mm×100mm 钢筋混凝土内支撑、φ609 钢管内支撑、围护桩+锚索、双排桩+锚索与双排桩+锚索+斜撑等五种形式,具体支护方案见图 2.4 至图 2.15。

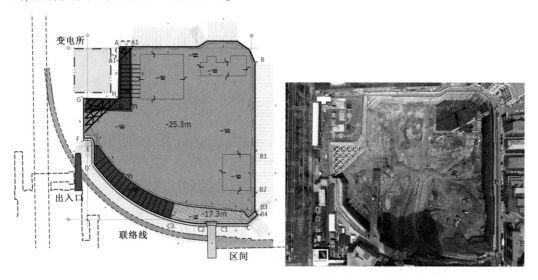

图 2.2 华润中心基坑与地铁建筑车站关系图　　**图 2.3 华润中心基坑施工现场无人机拍摄图**

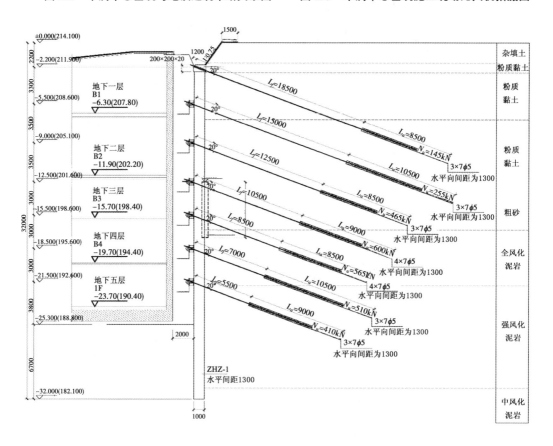

图 2.4 A1BB1/B2B3 段支护剖面图

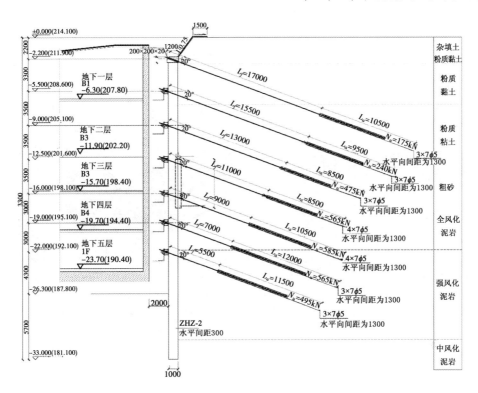

图 2.5 B1B2 段支护剖面图

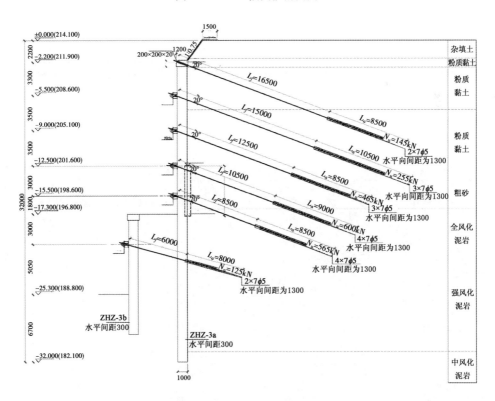

图 2.6 B3B4C 段支护剖面图

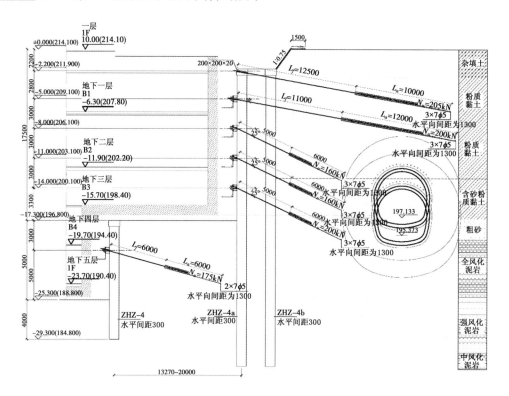

图 2.7 CC1/C2C3 段支护剖面图

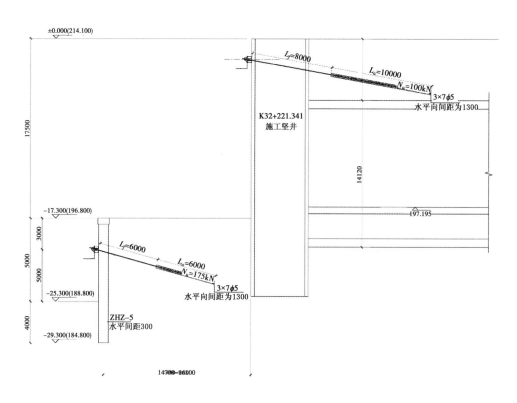

图 2.8 C1C2 段支护剖面图

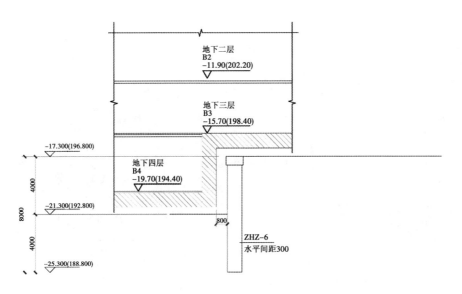

图 2.9　C1C2 段支护剖面图

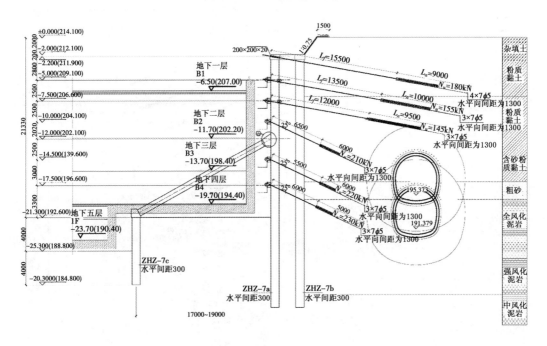

图 2.10　C3D 段支护剖面图

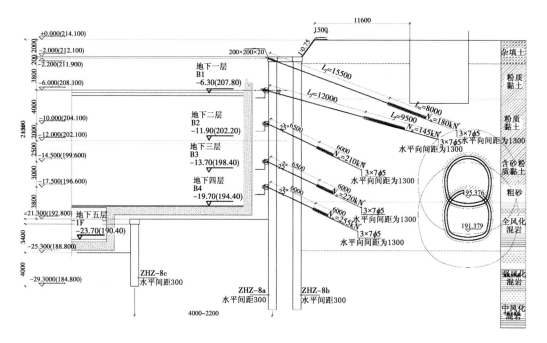

图 2.11　DE 段支护剖面图

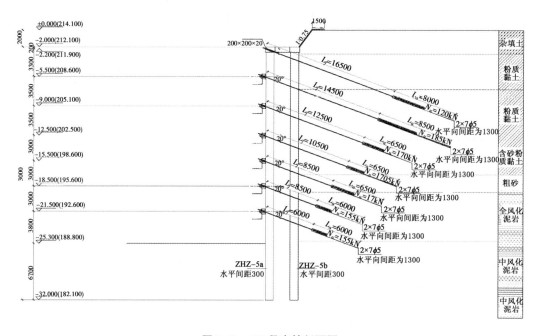

图 2.12　EF 段支护剖面图

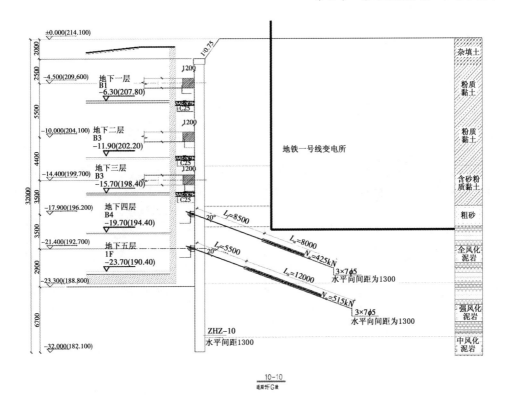

图 2.13　FG 段支护剖面图

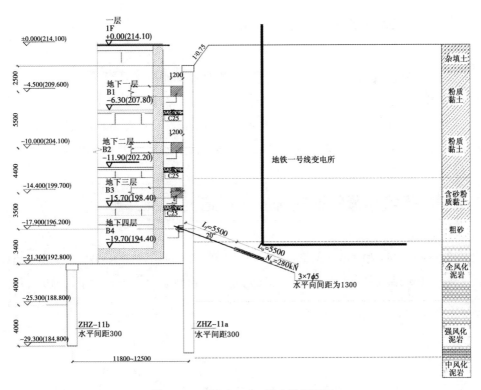

图 2.14　GH/H1AA1 段支护剖面图

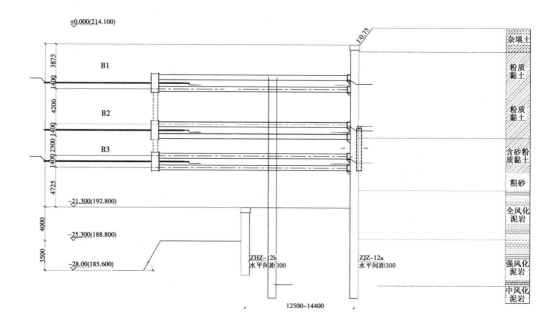

图 2.15　HH1 段支护剖面图

2.2　紧邻地铁地下变电所工程

华润中心基坑工程临近地铁与变电所，其中西侧有地铁 1 号线通过，南侧为地铁 2 号线，西南侧为 1、2 号线的联络线与变电所，距离基坑都较近，安全风险较大。西侧的地铁 2 号线变电所，地下三层结构，侧墙厚 1100mm，底板厚 3000mm，底板底标高 −19.5m，距离华润中心项目基坑约为 15m。具体结构形式如图 2.16 和图 2.17 所示。

2.3　基坑与紧邻地铁解放大路站出入口工程

华润中心基坑西侧的解放大路站出入口，斜坡段二衬结构厚为 600mm，最深处埋深为 12.28m，距离基坑最小距离为 19.4m。结构平面和剖面如图 2.18 和图 2.19 所示。

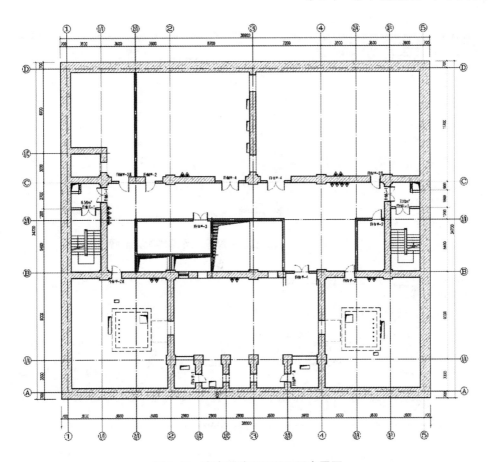

图 2.16 变电所地下二层平面布置图

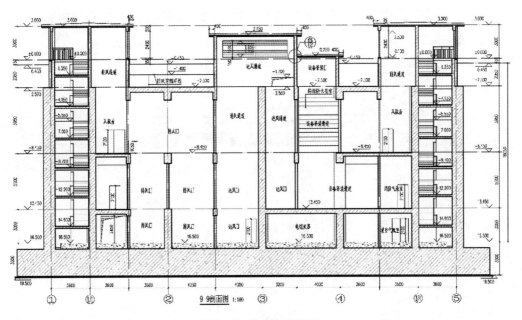

图 2.17 变电所剖面图

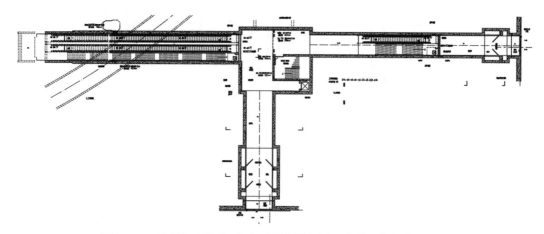

图 2.18　2 号出入口通道、紧急疏散楼梯间及无障碍垂直电梯平面图

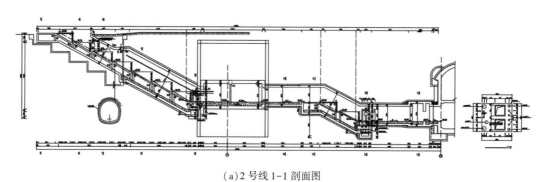

（a）2 号线 1-1 剖面图

（b）2 号线 D-D、E-E 剖面图

图 2.19　2 号线出入口结构与地铁联络线隧道剖面图

2.4　基坑与紧邻地铁联络线工程

地铁 1 号线与 2 号线之间的联络线长度为 266.37m，西端埋深较深为 18.36m，东端（C2 点）埋深较浅，为 11.19m。联络线整体位于基坑西南侧。隧道宽 5.7m，高 6m，二衬结构厚为 350mm，最近处距离基坑为 15.9m，联络线隧道平面图、剖面图见图 2.20 至图 2.21。

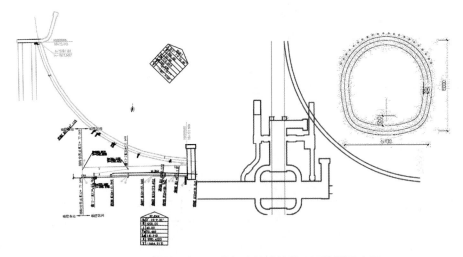

图 2.20　地铁站+地下通道与地铁联络线平面位置示意图

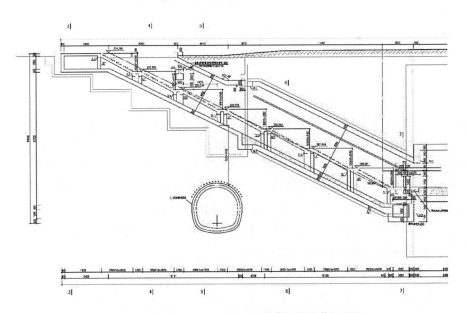

图 2.21　2 号线出入口结构与地铁联络线隧道剖面图

2.5 区间联络线隧道结构工程

南侧的地铁 2 号线区间联络线隧道结构地质纵剖面图见图 2.22。

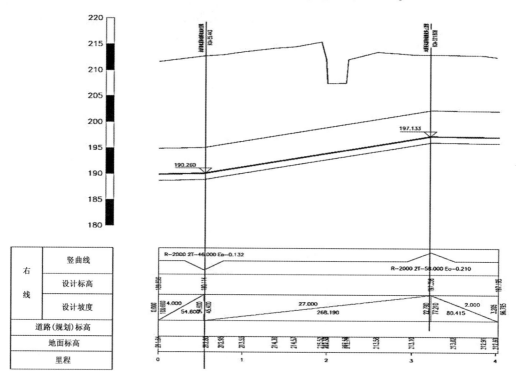

图 2.22 联络线隧道结构地质纵剖面图

南侧的地铁 2 号线区间：区间隧道二衬结构为 750、700mm 两种厚度，距离基坑最小距离为 18.17m，埋深约为 8.87m。

图 2.23 所示为区间施工横通道东西两侧正线大断面区间隧道的结构平面图。施工横通道进正线区间隧道采用二衬进洞，必须待横通道二衬结构施工完成后方可进洞掘进正线暗挖区间。需要注意的是，进洞掘进正线暗挖区间的超前管棚、第一榀超前小导管及相应的注浆加固措施应在施工横通道初支完成后施作。图 2.23 所示横通道暗梁及加强梁均为二衬结构施作。施工横通道处右线存在曲线偏移量，施工单位在施工时应予以注意。区间分别在左线 K32+342.227 和右线 K32+240.00 处存在变坡点，施工时应予以注意。图 2.24 所示为左线区间结构的剖面图。

图 2.25 中各剖面中隔壁和仰拱喷混凝土厚度均为 300mm。

为了便于施工，确保暗挖施工的安全，对 7-7(7′-7′)剖面拱部 150°范围内打设超前小导管；小导管选用 DN32 水煤气管，厚度 t=3.25mm，长度 2.0m，外插角 25°，每榀格栅打设一排，环向间距 300mm，管壁每隔 100~200mm 交错钻眼，眼孔直径 6~8mm。注浆浆液根据地层情况选用水泥浆，浆液配比应由现场实验确定，并根据围岩条件控制好

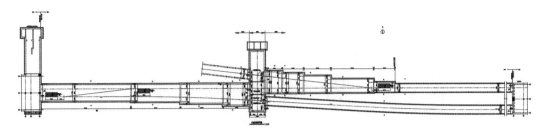

图 2.23　区间施工横通道东西两侧正大线断顶区间隧道结构平面图

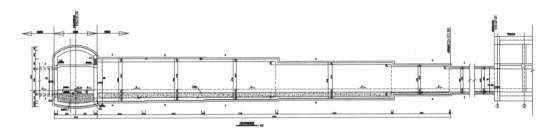

图 2.24　左线区间结构纵剖面图

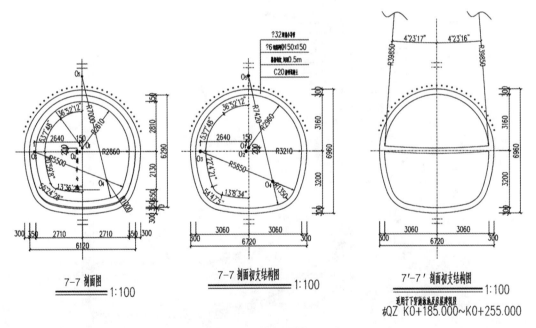

图 2.25　区间结构横剖面图

注浆压力(注浆压力 0.4~0.6MPa)，要求注浆加固体直径不小于 0.5m。为防止浆液外漏，必要时可在孔口处设置止浆塞。施工中密切关注砂层掌子面稳定情况，必要时打设注浆导管加固掌子面，确保施工安全。初期支护施工时拱顶及侧壁预埋 DN32 水煤气管。二衬模筑时拱顶及侧壁预埋 DN32 水煤气管。施工导洞每榀格栅在上导洞上台阶格栅落脚处和各导洞拱脚节点处打设 2 根注浆锚管。在联络线隧道下穿游泳池及房屋建筑段，区间初支增加一道临时仰拱，以增强初支强度，降低风险源沉降变形。

第3章 紧邻地铁基坑施工监测

3.1 基坑监测点布设与预警值

华润中心基坑监测点布设见图3.1，华润中心基坑监测预警值见表3.1。

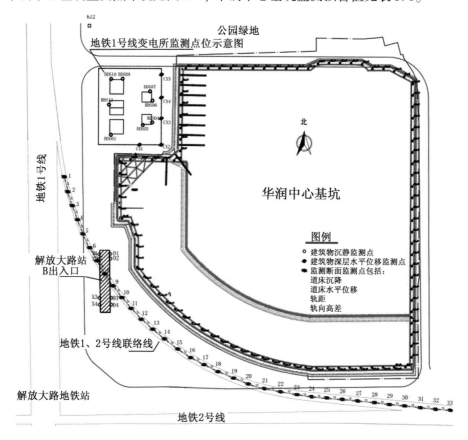

图 3.1 华润中心监测点布设图

表 3.1 华润中心基坑监测预警值表

施工工况	基坑施工进度		除钢栈桥处，1、2 号线联络线基坑底板浇筑完成；1 号线变电所东侧楼体 B2 结构完成			
	基坑巡查情况		土体稳定，无异常			
	其他					
预警状况	监测方式	监测项目	预警点数	报警点数	超控制值点数	备注
	自动化监测	隧道结构沉降	0	0	0	
		隧道结构位移	12	13	0	
		道床结构沉降	10	1	0	
		道床结构位移	32	0	0	
		隧道收敛	0	0	0	
		隧道几何形位	0	0	0	
	人工监测	变电所结构沉降	0	0	0	
		B 出入口罩棚沉降	0	0	0	
		B 出入口扶梯沉降	0	0	0	
		B 出入口扶梯位移	0	0	0	
		隧道结构沉降	0	0	0	
		隧道结构位移	0	0	0	
		道床结构沉降	9	1	0	
		道床结构位移	0	0	0	
		隧道收敛	0	0	0	
		轨道几何形位	0	0	0	
		变电所深层水平位移	0	0	0	
安全评价	1、2 号线联络线		道床监测点：沉降预警 5 个、报警 1 个；位移预警 32 个。结构监测点：位移预警 12 个、报警 13 个。			
	2 号线区间隧道		本次无报警数据，隧道主体处于稳定状态，无异常情况			
	变电所		本次无报警数据，结构稳定，无异常情况			
	B 出入口		本次无报警数据，结构稳定，无异常情况			

3.2 地铁现场巡查

华润中心基坑明挖法现场巡查情况见表 3.2。

① 地铁 1、2 号线联络线：现处于运营阶段，隧道主体无裂缝和渗水情况。

② 地铁 2 号线区间隧道：现处于运营阶段，隧道主体无裂缝和渗水情况。

③ 解放大路 B 出入口：现处于运营阶段，墙体无裂缝情况。

④ 地铁 2 号线变电所：现处于运营阶段，墙体无裂缝情况。

表 3.2　华润中心基坑明挖法现场巡查报表

巡查时间：2021 年 7 月 31 日　　　　　　　　　　　　　　　　　　　　天气：晴

分类	巡查内容	巡查结果
施工工况	开挖面岩土体的类型、特征、自稳性，渗漏水量大小及发展情况	土体稳定、无渗水
	开挖长度、分层高度及坡度，开挖面暴露时间	五层锚索施工完成
	降水、回灌等地下水控制效果及设施运转情况	良好
	基坑侧壁及周边地表截、排水措施及效果，坑边或基底有无积水	无积水
	支护桩(墙)后土体有无裂缝、明显沉陷，基坑侧壁或基底有无涌土、流砂、管涌	无异常
	基坑周边有无超载	无超载
	放坡开挖的基坑边坡有无位移、坡面有无开裂	—
	其他	—
支护结构	支护桩(墙)有无裂缝、侵限情况	无裂缝
	冠梁、围堰的连续性，围檩与桩(墙)之间的密贴性，围檩与支撑的防坠落措施	良好
	冠梁、围檩、支撑有无过大变形或裂缝	无异常
	支撑是否及时架设	—
	锚杆、土钉垫板有无明显变形、松动	—
	止水帷幕有无开裂、较严重渗漏水	—
	其他	—
周边环境	地铁 1 号线变电所裂缝位置数量和宽度，混凝土剥落位置大小和数量，设施能否正常使用	无异常
	解放大路站 B 出入口裂缝位置数量和宽度，混凝土剥落位置大小和数量，设施能否正常使用	无异常
	地铁 1、2 号线联络线隧道结构裂缝、渗水等情况	无异常
	地铁 2 号线解放大路站—平阳街站区间隧道结构裂缝、渗水等情况	无异常
	地下构筑物积水及渗水情况，地下管线的漏水、漏气情况	无异常
	周边路面或地表的裂缝、沉陷、隆起、冒浆的位置、范围等情况	无异常
	工程周边开挖、堆载、打桩等可能影响工程安全的其他生产活动	无
	其他	—
监测设施	基准点、监测点的完好状况、保护情况	良好
	监测元器件的完好状况、保护情况	良好
	其他	—

3.3　监测项目与数据统计

监测项目与数据统计见表 3.3 至表 3.14 和图 3.2 至图 3.5。

① 基坑施工地铁 1、2 号线联络线道床结构沉降超报警值(4mm)1 个,已加强监测,现未出现继续增大趋势。

② 基坑施工地铁 2 号线解—平区间隧道、变电所、B 出入口,监测数据稳定,未出现异常情况。

③ 建议施工单位尽快完成基坑底板施工,及时回填。

表 3.3　华润地保监测变电所建筑物沉降监测表

预警值:7.0mm　报警值:8.0mm　控制值:10.0mm

| 测点编号 | 日期 | 初始值/mm | 2021/7/30 | | | | 2021/7/31 | | | | 本日沉降量/mm | 沉降速率/(mm/d) | 累计沉降量/mm | 安全状态 |
| | | | 上午 | | 下午 | | 上午 | | 下午 | | | | | |
			本次观测值/mm	本次沉降量/mm	本次观测值/mm	本次沉降量/mm	本次观测值/mm	本次沉降量/mm	本次观测值/mm	本次沉降量/mm				
BDSO1	2018/11/2	213.1411	213.1382	0.1	213.1382	0.0	213.1385	0.3	213.1383	-0.2	0.1	0.1	-2.8	正常
BDSO3	2018/11/2	213.3836	213.3812	0.2	213.3804	-0.8	213.3805	0.1	213.3803	-0.2	-0.1	0.1	-3.3	正常
BDSO4	2018/11/2	213.4291	213.4261	0.1	213.4264	0.3	213.4262	-0.2	213.4266	0.4	0.2	0.2	-2.5	正常
BDSO6	2018/11/2	213.3922	213.3882	0.7	213.3892	1.0	213.3886	0.6	213.3890	0.4	-0.2	0.1	-3.2	正常
BDSO7	2018/11/2	213.4446	213.4412	0.3	213.4411	-0.1	213.4415	0.4	213.4410	-0.5	-0.1	0.1	-3.6	正常
BDSO9	2018/11/13	213.1400	213.1370	0.2	213.1374	0.4	213.1375	0.1	213.1376	0.1	0.2	0.2	-2.4	正常
BDSO10	2018/11/13	213.1209	213.1181	0.1	213.1182	0.1	213.1185	0.3	213.1184	-0.1	0.2	0.2	-2.5	正常
BDSO12	2018/11/13	213.4349	213.4320	0.1	213.4321	0.1	213.4322	0.1	213.4323	0.1	0.2	0.2	-2.6	正常

表 3.4　华润地保监测出入口建筑物沉降监测表

预警值:7.0mm　报警值:8.0mm　控制值:10.0mm

| 测点编号 | 日期 | 初始值/mm | 2021/7/30 | 2021/7/31 | | | | 安全状态 |
			本次观测值/mm	本次观测值/mm	本次沉降量/mm	沉降速率/(mm/d)	累计沉降量/mm	
CRKD1	2018/11/2		217.2792	217.2796	0.4	0.4	-2.2	正常
CRKD2	2018/11/2		217.2743	217.2741	-0.2	-0.2	-2.7	正常
CRKD3	2018/11/2		217.1011	217.1014	0.3	0.3	-2.7	正常
CRKD4	2018/11/2		217.0490	217.0492	0.2	0.2	-2.6	正常

表3.4(续)

测点编号	日期	初始值/mm	2021/7/30 本次观测值/mm	2021/7/31 本次观测值/mm	本次沉降量/mm	沉降速率/(mm/d)	累计沉降量/mm	安全状态
CRKX1	2018/11/2		217.2653	217.2650	−0.3	−0.3	−2.9	正常
CRKX2	2018/11/2		217.2860	217.2863	0.3	0.3	−2.4	正常
CRKX3	2018/11/2		216.8763	216.8765	0.2	0.2	−2.7	正常
CRKX4	2018/11/2		217.0140	217.0141	0.1	0.1	−2.7	正常

表 3.5　华润地保监测 B 出入口扶梯沉降监测表

预警值：7.0mm　报警值：8.0mm　控制值：10.0mm

测点编号	日期	初始值/mm	2021/7/30 本次观测值/m	2021/7/31 本次观测值/m	本次沉降量/mm	沉降速率/(mm/d)	累计沉降量/mm	安全状态
TPCJ01	2018/12/29	15.6093	15.6062	15.6065	0.3	0.3	−2.8	正常
TPCJ02	2018/12/29	15.5967	15.5932	15.5930	−0.2	−0.2	−3.7	正常
TPCJ03	2018/12/29	15.5963	15.5932	15.5930	−0.2	−0.2	−3.3	正常
TPCJ04	2018/12/29	15.6900	15.6865	15.6864	−0.1	−0.1	−3.6	正常
TPCJ09	2018/12/29	1.6437	1.6410	1.6414	0.4	0.4	−2.3	正常
TPCJ10	2018/12/29	1.5630	1.5603	1.5604	0.1	0.1	−2.6	正常
TPCJ11	2018/12/29	1.5653	1.5622	1.5620	−0.2	−0.2	−3.3	正常
TPCJ12	2018/12/29	1.5950	1.5920	1.5923	0.3	0.3	−2.7	正常

表 3.6　华润地保监测 B 出入口扶梯水平位移监测表

预警值：7.0mm　报警值：8.0mm　控制值：10.0mm

测点编号	日期	初始值/mm X	初始值/mm Y	2021/7/30 X	2021/7/30 Y	2021/7/31 X	2021/7/31 Y	本次位移量/mm	位移速率/(mm/d)	累计位移量/mm	安全状态
TPWY01	2018/12/29	35.4977	−0.3790	35.4969	0.3811	35.4967	−0.381	0.1	0.1	−2.0	正常
TPWY02	2018/12/29	35.4543	1.3357	35.4550	1.3330	35.4554	1.3332	0.2	0.2	−2.5	正常
TPWY03	2018/12/29	35.4363	1.7787	35.4368	1.7762	35.4365	1.7760	−0.2	−0.2	−2.7	正常
TPWY04	2018/12/29	35.5360	3.5507	35.5357	3.5481	35.5355	3.5484	0.3	0.3	−2.3	正常
TPWY09	2018/12/29	8.4440	1.5640	8.4440	1.5664	8.4441	1.5663	0.1	0.1	−2.3	正常
TPWY10	2018/12/29	8.3397	0.1964	8.3395	0.1933	8.3397	0.1932	−0.1	−0.1	−3.2	正常
TPWY11	2018/12/29	8.2670	0.6177	8.2662	0.6152	8.2663	0.6150	−0.2	−0.2	−2.7	正常
TPWY12	2018/12/29	8.2383	2.3823	8.2390	2.3794	8.2391	2.3795	0.1	0.1	−2.8	正常

表 3.7　华润中心基坑开挖地铁保护自动化监测结果表

监测点号	监测断面	2021-07-30 06:00 本次变化量/mm			2021-07-31 18:00 本次变化量/mm			本日变化量/mm					累计变化量/mm				
		DX	DY	DZ	DX	DY	DZ	DX	DY	DZ	DL	GC	DX	DY	DZ	DL	GC
GD02	DM01	0.13	0.03	0.14	0.19	0.06	0.13	0.06	0.09	0.27		0.02	1.29	0.41	1.87		1.12
GD03		0.16	0.05	0.11	0.02	0.15	0.18	0.14	-0.10	0.29			-0.50	0.78	0.75		
JG01	DM02	0.08	0.19	0.00	-0.03	0.22	0.04	0.05	0.03	0.04			1.25	0.34	0.45		
GD02		0.12	0.07	0.02	0.14	0.19	0.05	0.02	0.12	0.07	0.33	-0.35	1.31	0.67	1.02	1.35	1.56
GD03		0.03	0.13	0.01	0.05	0.02	0.29	0.02	0.15	0.28			1.23	1.15	2.59		
JG04		0.06	0.39	0.01	0.08	0.08	0.12	0.02	0.31	0.13			1.14	1.98	1.15		
JG01	DM03	0.24	0.01	0.08	0.13	0.09	0.01	0.11	0.10	0.09			1.42	0.43	0.43		
GD02		0.04	0.14	0.05	0.06	0.17	0.06	0.10	0.03	0.01	0.03	0.12	1.29	1.08	2.14	2.67	0.43
GD03		0.01	0.00	0.09	0.17	0.13	0.02	0.18	0.13	0.11			1.84	1.03	1.71		
JG04		0.08	0.08	0.02	0.01	0.12	0.00	0.07	0.04	0.02			2.93	2.64	1.34		
JG01	DM04	0.06	0.08	0.03	0.00	0.02	0.02	0.06	0.06	0.05			1.32	1.00	0.61		
GD02		0.15	0.13	0.10	0.12	0.07	0.02	0.03	0.06	0.12	0.42	0.10	2.05	1.63	1.94	3.19	1.45
GD03		0.06	0.08	0.10	0.02	0.13	0.08	0.08	0.21	0.02			1.43	1.26	3.39		
JG04		0.16	0.15	0.09	0.14	0.23	0.10	0.02	0.38	0.19			3.18	3.61	1.14		
JG01	DM05	0.11	0.08	0.08	0.02	0.42	0.01	0.09	0.34	0.07			1.25	1.24	0.92		
GD02		0.14	0.07	0.12	0.15	0.03	0.03	0.29	0.04	0.09	0.41	0.05	2.32	1.96	1.84	3.25	1.25
GD03		0.07	0.12	0.05	0.24	0.08	0.01	0.31	0.04	0.09			2.48	1.20	3.08		
JG04		0.00	0.11	0.02	0.08	0.03	0.01	0.08	0.14	0.01			3.21	3.85	1.23		

DM06	JG01	0.00	0.15	0.00	0.01	0.12	0.05	0.01	0.27	0.05	0.05	0.09	1.37	1.68	0.87	2.70	0.86
	GD02	0.04	0.13	0.01	0.04	0.14	0.01	0.08	0.27	0.00			2.28	2.27	2.18		
	GD03	0.13	0.10	0.08	0.18	0.01	0.01	0.31	0.11	0.09			2.12	2.82	3.04		
	JC04	0.05	0.11	0.01	0.11	0.01	0.05	0.16	0.12	0.04			3.33	3.65	1.23		
DM07	JG01	0.17	0.00	0.02	0.00	0.11	0.02	0.17	0.11	0.04	−0.03	0.02	1.61	1.90	1.05	2.02	0.28
	GD02	−0.09	0.13	0.01	0.00	0.15	0.00	0.09	0.28	0.01			2.09	2.80	2.51		
	GD03	0.23	0.18	0.04	0.04	0.13	0.01	0.27	0.31	0.03			1.93	2.71	2.79		
	JC04	0.06	0.09	0.01	0.13	0.10	0.08	0.10	0.19	0.07			2.52	3.71	1.56		
DM08	JG01	0.03	0.14	0.00	0.05	0.11	0.01	0.02	0.25	0.01	0.09	0.04	1.65	2.11	1.07	1.42	0.28
	GD02	0.03	0.14	0.02	0.17	0.00	0.02	0.14	0.14	0.00			1.69	3.06	2.69		
	GD03	0.05	0.11	0.05	0.09	0.13	0.01	0.04	0.24	0.04			2.26	3.02	2.97		
	JC04	0.19	0.00	0.02	0.23	0.18	0.04	0.04	0.18	0.05			1.98	3.57	2.74		
DM09	JG01	0.07	0.02	0.01	0.06	0.09	0.01	0.01	0.11	0.02	0.08	0.05	−0.67	2.30	1.30	2.35	0.23
	GD02	0.13	0.01	0.04	0.03	0.14	0.00	0.10	0.15	0.04			0.88	3.53	2.63		
	GD03	0.39	0.01	0.07	0.03	0.14	0.02	0.36	0.13	0.09			1.95	3.18	2.86		
	JC04	0.01	0.08	0.05	0.05	0.11	0.05	0.04	0.08	0.00			3.34	4.04	1.58		
DM10	JG01	0.15	0.08	0.08	0.19	0.00	0.02	0.04	0.08	0.06	0.03	0.14	1.35	3.35	1.11	1.47	1.62
	GD02	0.05	0.09	0.12	0.07	0.02	0.01	0.12	0.11	0.13			1.77	3.51	2.76		
	GD03	0.04	0.03	0.03	0.13	0.01	0.04	0.09	0.04	0.01			1.34	3.63	1.13		
	JC04	0.27	0.08	0.06	0.39	0.01	0.07	0.12	0.07	0.13			3.08	4.03	1.72		

表 3.7（续）

监测断面	监测点号	2021-07-30 06:00 本次变化量/mm DX	DY	DZ	2021-07-31 18:00 本次变化量/mm DX	DY	DZ	本日变化量/mm DX	DY	DZ	DL	GC	累计变化量/mm DX	DY	DZ	DL	GC
DM11	JG01	0.12	0.09	0.24	0.01	0.08	0.05	0.13	0.01	0.29			1.19	2.58	0.80		
	GD02	0.07	0.05	0.04	0.14	0.05	0.01	0.07	0.00	0.03	0.20	0.08	1.50	3.67	2.74	2.13	0.77
	GD03	0.14	0.06	0.01	0.00	0.09	0.06	0.14	0.03	0.05			1.33	3.71	3.51		
	JG04	0.01	0.08	0.13	0.08	0.02	0.00	0.07	0.10	0.13			2.95	4.01	1.85		
DM12	JG01	0.11	0.05	0.06	0.08	0.03	0.02	0.03	0.08	0.04			1.13	3.26	0.95		
	GD02	0.08	0.09	0.17	0.13	0.10	0.07	0.21	0.01	0.10	0.14	0.11	1.24	3.90	2.45	1.45	0.5
	GD03	-0.2	0.02	0.01	0.02	0.10	0.02	0.04	0.08	0.01			2.21	3.52	3.20		
	JG04	0.10	0.03	0.00	0.15	0.04	0.10	0.25	0.07	0.10			2.56	4.10	2.01		
DM13	JG01	0.20	0.10	0.12	0.10	0.21	0.10	0.10	0.31	0.02			1.25	3.01	0.92		
	GD02	0.12	0.10	0.02	0.28	0.19	0.16	0.16	0.29	0.14	0.10	0.15	2.05	3.56	2.34	1.51	-0.65
	GD03	0.31	0.09	0.14	0.24	0.28	0.15	0.07	0.37	0.29			2.59	3.66	3.00		
	JG04	0.10	0.03	-0.16	0.46	0.12	0.04	0.36	0.15	0.20			2.38	4.08	1.89		
DM14	JG01	0.08	0.15	0.00	0.03	0.05	0.26	0.05	0.20	0.26			1.89	2.96	1.79		
	GD02	0.20	0.13	0.01	0.04	0.02	0.03	0.16	0.15	0.02	0.07	0.30	2.23	3.59	3.88	1.62	0.10
	GD03	0.19	0.10	0.08	0.14	0.08	0.20	0.33	0.18	0.28			1.86	3.60	3.97		
	JG04	0.19	-011	0.01	0.05	0.16	0.19	0.24	0.27	0.20			3.10	4.12	2.69		

DM15 JG01	0.13	0.00	0.02	0.01	0.13	0.02	0.14	0.13	0.04	0.00	0.05	2.15	2.94	1.29	1.28	0.67
DM15 GD02	0.01	0.13	0.01	0.05	0.07	0.13	0.06	0.20	0.14			2.01	3.51	3.35		
DM15 GD03	0.03	0.18	0.04	0.12	0.12	0.05	0.09	0.30	0.09			2.17	3.80	4.01		
DM15 GD04	0.06	0.09	0.01	0.17	0.04	0.02	0.23	0.13	0.03			2.68	4.12	2.58		
DM16 JG01	0.22	0.14	0.00	0.04	0.04	0.05	0.18	0.10	0.05	0.08	0.03	1.72	2.95	1.12	1.39	0.42
DM16 GD02	0.07	0.14	0.02	0.25	0.03	0.01	0.32	0.11	0.03			1.76	3.61	3.55		
DM16 GD03	0.04	0.11	0.05	0.07	0.03	0.01	0.11	0.14	0.06			1.90	3.59	3.97		
DM16 JG04	0.11	0.00	0.02	0.04	0.02	0.03	0.07	0.02	0.05			2.54	4.09	2.24		
DM17 JG01	0.00	0.02	0.01	0.25	0.00	0.00	0.25	0.02	0.01	0.08	0.02	1.61	2.99	0.04	1.27	1.06
DM17 GD02	0.14	-0.01	0.04	0.15	0.00	0.03	0.01	0.01	0.01			1.48	3.59	2.90		
DM17 GD03	0.12	0.01	0.07	0.01	0.01	0.04	0.13	0.02	0.03			1.34	3.97	3.96		
DM17 GD04	0.04	0.08	0.05	0.01	0.02	0.05	0.03	0.10	0.00			2.15	4.15	1.49		
DM18 JG01	0.16	0.05	0.01	0.10	0.01	0.00	0.26	0.06	0.01	-0.09	-0.14	1.64	3.02	0.24	0.99	0.93
DM18 GD02	0.13	0.09	0.06	0.04	0.00	0.03	0.09	0.09	0.09			1.28	3.64	2.61		
DM18 GD03	0.12	0.02	0.00	0.06	0.06	0.05	0.18	0.08	0.05			1.34	3.66	3.54		
DM18 JG04	0.08	0.03	0.02	0.08	0.12	0.03	0.16	0.15	0.01			1.85	4.06	1.09		
DM19 JG01	0.05	0.05	0.16	0.05	0.02	0.01	0.00	0.07	0.17	-0.01	-0.04	1.54	3.06	0.12	0.94	1.20
DM19 GD02	0.11	0.01	0.13	0.13	0.05	0.05	0.02	0.04	0.08			1.63	3.62	2.72		
DM19 GD03	0.09	0.05	0.07	0.06	0.01	0.03	0.03	0.04	0.04			1.42	3.62	3.93		
DM19 JG04	0.03	0.12	0.12	0.14	0.06	0.01	0.11	0.06	0.13			1.48	4.19	0.98		

表 3.7(续)

监测点号	监测断面	2021-07-30 06:00 本次变化量/mm DX	DY	DZ	2021-07-31 18:00 本次变化量/mm DX	DY	DZ	本日变化量/mm DX	DY	DZ	DL	GC	累计变化量/mm DX	DY	DZ	DL	GC
JG01	DM20	-0.05	0.17	0.04	0.09	0.01	0.03	0.04	0.18	0.07	0.09	0.03	1.26	3.11	0.31	0.80	0.80
GD02		0.07	0.02	-0.01	0.01	0.06	0.02	0.08	0.04	0.03			1.05	3.59	2.94		
GD03		0.13	0.01	0.04	0.07	0.09	0.04	0.20	0.08	0.00			0.98	3.56	3.74		
JG04		0.39	0.01	0.07	0.02	0.08	0.00	0.37	0.09	0.07			1.09	4.15	1.01		
JG01	DM21	0.01	0.08	0.05	0.10	0.04	0.01	0.09	0.04	0.04	0.11	0.11	1.08	2.97	0.66	0.55	1.44
GD02		0.14	0.05	0.01	0.10	0.08	0.01	0.24	0.03	0.00			0.69	3.68	2.21		
GD03		0.00	0.09	0.06	0.03	0.09	0.05	0.03	0.00	0.11			-0.65	3.59	3.65		
JG04		0.08	0.02	0.11	0.21	0.13	0.02	0.29	0.15	0.09			0.36	4.05	0.86		
JG01	DM22	0.08	0.03	0.07	0.01	0.06	0.02	0.09	0.09	0.05	005	0.10	0.68	2.91	0.58	0.31	0.90
GD02		0.13	0.10	0.05	0.03	0.11	0.05	0.10	0.01	0.00			0.06	3.53	1.86		
GD03		0.02	0.10	0.16	0.15	0.16	0.06	0.13	0.06	0.10			0.34	3.76	2.77		
JG04		0.02	0.04	0.19	0.22	0.10	0.06	0.20	0.14	0.25			0.45	3.95	0.96		
JG01	DM23	0.01	0.21	0.22	0.10	0.06	0.09	0.09	0.15	0.31	0.25	0.45	-0.35	3.02	0.51	0.09	0.71
GD02		0.00	0.19	0.13	0.22	0.09	0.18	0.22	0.10	0.31			0.03	3.53	1.53		
GD03		0.06	0.28	0.15	0.01	0.16	0.01	0.05	0.12	0.14			0.03	3.58	2.23		
JG04		0.12	0.08	0.02	0.14	0.10	0.09	0.02	0.10	0.07			1.40	3.97	1.08		

组别	测点																
DM24	JG01	0.02	0.13	0.03	0.03	0.05	0.09	0.05	0.18	0.12	0.23	0.14	0.56	3.00	0.17	0.23	1.27
	GD02	0.05	0.10	0.00	0.15	0.19	0.04	0.10	0.29	0.04			0.33	3.53	1.95		
	GD03	0.01	0.17	0.09	0.05	0.14	0.09	0.06	0.31	0.18			0.71	3.66	3.22		
	JG04	0.06	0.21	0.17	0.09	0.13	0.09	0.03	0.08	0.08			0.50	3.91	1.90		
DM25	JG01	0.01	0.00	0.00	0.32	0.12	0.15	0.33	0.12	0.15	−0.05	0.07	0.17	3.05	0.87	0.23	0.29
	GD02	0.06	−0.19	0.06	0.29	0.11	0.33	0.35	0.30	0.27			0.37	3.61	2.40		
	GD03	0.09	0.14	0.00	0.14	0.01	0.34	0.23	0.15	0.34			0.39	3.53	2.68		
	JG04	0.08	0.01	0.08	0.14	0.14	0.27	0.22	−0.13	0.35			0.54	3.75	2.37		
DM26	JG01	0.04	0.11	0.04		0.09	0.03	0.02	0.02	0.07	0.01	0.04	0.48	3.14	1.18	0.09	2.44
	GD02	0.08	0.15	0.00	0.26	0.10	0.01	0.34	0.05	0.01			0.03	3.83	2.57		
	GD03	0.09	0.04	0.03	0.35	0.16	0.06	0.44	0.12	0.03			0.42	3.55	0.13		
	GD04	0.01	0.07	0.02	0.05	0.10	0.06	0.06	0.03	0.04			0.66	3.72	2.37		
DM27	JG01	0.01	0.07	0.22	0.07	0.06	0.09	0.06	0.01	0.31	0.02	0.19	0.44	3.17	1.21	0.06	0.77
	GD02	0.21	0.11	0.01	0.06	0.09	0.18	0.27	0.02	0.19			0.16	3.41	2.48		
	GD03	0.01	0.02	0.01	0.29	0.16	0.01	0.30	0.18	0.00			0.48	3.37	3.25		
	GD04	−0.03	0.13	0.14	0.10	0.10	0.09	0.07	0.03	0.05			0.36	3.59	2.23		
DM28	JG01	0.15	0.04	0.06	0.06	0.05	0.09	0.21	−0.01	0.03	0.02	0.03	0.63	2.59	1.08	0.75	0.45
	GD02	0.22	0.16	0.08	0.23	0.19	0.04	0.45	−0.03	0.04			0.05	2.89	1.73		
	GD03	0.10	0.09	0.16	0.14	0.14	0.09	0.24	0.05	0.07			0.48	2.83	2.18		
	GD04	0.22	0.04	0.08	0.13	0.13	0.09	0.35	0.09	0.17			0.25	3.70	1.65		

表 3.7(续)

监测点号	监测断面	2021-07-30 06:00 本次变化量/mm			2021-07-31 18:00 本次变化量/mm			本日变化量/mm					累计变化量/mm				
		DX	DY	DZ	DX	DY	DZ	DX	DY	DZ	DL	GC	DX	DY	DZ	DL	GC
JG01	DM29	0.01	0.16	0.04	0.01	0.12	0.15	0.02	0.04	0.19			0.28	2.15	0.94		
GD02		0.14	0.15	0.00	0.07	0.12	0.21	0.07	0.03	0.21			0.76	2.79	0.12		
GD03		0.03	0.09	0.03	0.27	0.01	0.08	0.30	0.10	0.11			-0.58	2.34	0.58		
JG04		0.15	0.12	0.02	0.10	0.10	0.10	0.25	0.02	0.08	0.07	0.10	2.16	0.08	1.08	-2.64	-0.69
GD05		0.05	0.09	0.22	0.14	0.09	0.09	0.19	0.00	0.13			0.25	2.23	0.86		
JG06		0.09	0.15	0.01	0.24	0.03	0.02	0.33	0.18	0.01			0.36	0.13	1.71		
JG07		0.32	0.21	0.01	0.08	0.10	0.03	0.40	0.11	0.04			1.26	0.34	1.85		
JG08		0.01	0.08	0.14	0.04	0.11	0.05	0.05	0.03	0.09			1.08	0.24	1.81		
JG01	DM30	0.10	0.10	0.06	0.09	0.12	0.01	0.01	0.02	0.05			0.93	1.12	0.40		
GD02		0.09	0.10	0.08	0.10	0.11	0.05	0.01	0.01	0.13			0.06	2.33	2.21		
GD03		0.03	0.17	0.16	0.10	0.10	0.12	0.13	0.07	0.04			0.42	2.15	2.31		
JG04		0.10	0.12	0.14	0.15	0.12	0.17	0.05	0.00	0.03	0.04	0.09	0.38	3.51	1.54	2.70	0.10
JG01	DM31	0.11	0.09	0.13	0.07	0.13	0.02	0.04	0.04	0.15			1.28	0.68	0.07		
GD02		0.12	0.08	0.14	0.03	0.11	0.01	0.09	0.03	0.15			0.24	1.88	2.45		
GD03		0.11	0.08	0.11	0.21	0.13	0.01	0.10	0.05	0.10			0.45	2.18	2.90		
JG04		0.10	0.09	0.07	0.01	0.06	0.08	0.09	0.03	0.15	0.04	0.05	0.62	3.50	1.31	3.34	0.45

JG01	DM32	-0.12	0.10	0.05	0.03	0.11	0.05	0.15	0.01	0.10	0.14	0.10	1.17	0.38	0.31	3.41	0.22
GD02		0.13	0.13	0.16	0.15	0.10	0.09	0.02	0.03	0.07			-0.62	1.65	2.26		
GD03		0.02	0.02	0.19	0.22	0.01	0.02	0.20	0.03	0.17			0.70	1.72	2.47		
JG04		0.15	0.02	0.22	0.10	0.05	0.03	0.25	0.03	0.19			0.10	3.54	1.06		
JG01	DM33	0.15	0.04	0.13	0.22	0.16	0.10	0.37	0.20	0.23	0.05	0.06	1.06	0.27	0.54	3.36	0.16
GD02		0.15	0.01	0.12	0.35	0.05	0.10	0.50	0.04	0.22			0.71	1.21	1.51		
GD03		0.18	0.01	0.04	0.16	0.10	0.12	0.34	0.11	0.16			0.87	1.05	1.67		
JG04		0.15	0.04	0.13	0.03	0.09	0.11	0.02	0.00	0.05			0.13	3.52	0.53		

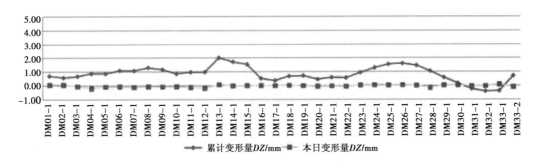

图 3.2　华润中心基坑开挖地铁保护自动化监测结构沉降历时曲线图

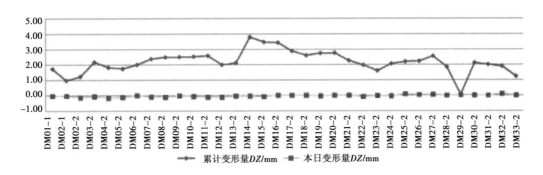

图 3.3　华润中心基坑开挖地铁保护自动化监测道床沉降历时曲线图

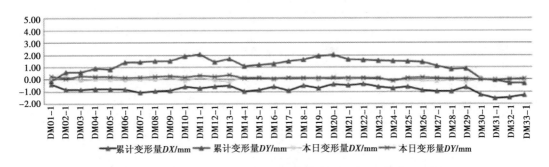

图 3.4　华润中心基坑开挖地铁保护自动化监测结构位移历时曲线图

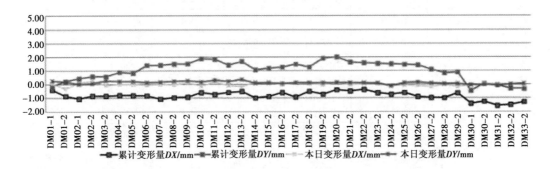

图 3.5　华润中心基坑开挖地铁保护自动化监测道床位移历时曲线图

表 3.8　华润中心基坑施工地铁监测项目统计表

监测方式	序号	监测项目	监测频率	预警值/mm	报警值/mm	控制值/mm
自动化监测	1	隧道结构沉降	2 次/1d	3.5	4.0	5.0
	2	隧道结构位移	2 次/1d	3.5	4.0	5.0
	3	道床结构沉降	2 次/1d	3.5	4.0	5.0
	4	道床结构位移	2 次/1d	3.5	4.0	5.0
	5	隧道收敛	2 次/1d	3.5	4.0	5.0
	6	轨道几何形位	2 次/1d	2	—	4
人工监测	7	变电所结构沉降	2 次/1d	7.0	8.0	10.0
	8	B 出入口罩棚沉降	1 次/1d	7.0	8.0	10.0
	9	B 出入口扶梯沉降	1 次/1d	7.0	8.0	10.0
	10	B 出入口扶梯位移	1 次/1d	7.0	8.0	10.0
	11	隧道结构沉降	1 次/15d	3.5	4.0	5.0
	12	隧道结构位移	1 次/15d	3.5	4.0	5.0
	13	道床结构沉降	1 次/15d	3.5	4.0	5.0
	14	道床结构位移	1 次/15d	3.5	4.0	5.0
	15	隧道收敛	1 次/15d	3.5	4.0	5.0
	16	轨道几何形位	1 次/15d	2	—	4
	17	变电所深层水平位移	2 次/1d	7	8	10

表 3.9　监测数据统计表

监测方式	监测对象	项目	变化最大点号	本次变化量/mm	累计变化量/mm	累计变化最大点号	累计变化量/mm
自动化监测	地铁 1、2 号线联络线	隧道结构沉降	DM09-JG01	-0.18	1.31	DM14-JG04	2.69
		隧道结构位移	DM05-JG04	0.34	1.23	DM20-JG04	4.15
		道床结构沉降	DM09-GD03	-0.27	3.15	DM15-GD03	4.01
		道床结构位移	DM07-GD02	-0.39	2.51	DM15-GD03	3.80
		隧道收敛	DM05	-0.59	3.45	DM05	3.45
		轨道几何形位	DM05	-0.44	-1.21	DM02	-1.47
	2 号线区间	隧道结构沉降	DM32-JG02	0.41	1.11	DM30-JG04	1.55
		隧道结构位移	DM32-JG02	0.24	3.25	DM33-JG04	3.56
		道床结构沉降	DM30-JG03	0.38	2.16	DM32-JG02	2.34
		道床结构位移	DM33-JG03	0.01	2.27	DM30-JG02	2.29
		隧道收敛	DM31	-0.07	3.38	DM30	3.41
		轨道几何形位	DM30	0.17	-0.35	DM32	-0.42

表3.9（续）

监测方式	监测对象	项目	变化最大点号	本次变化量/mm	累计变化量/mm	累计变化最大点号	累计变化量/mm
人工监测	变电所	结构沉降	BDS06	−0.6	−3.2	BDS07	−3.6
		深层水平位移	CXOI	−0.7	3.1	CX01	3.6
	B出入口	罩棚沉降	CRKD1	0.4	−2.2	CRKX1	−2.9
		扶梯沉降	TPCJ09	0.4	−2.3	TPCJ02	−3.7
		扶梯位移	TPWY04	0.3	−2.3	TPWY10	−3.2

表 3.10　地铁 1 号线变电所 C01 深层水平位移监测报表

预警值：7.0mm　报警值：8.0mm　控制值：10.0mm

测孔编号：C01　起测深度：1.0m　终测深度：21.0m

深度/m	2019/6/24 初始位移/mm	2021/7/30 上午 本次位移/mm	本次变化量/mm	下午 本次位移/mm	本次变化量/mm	2021/7/31 上午 本次位移/mm	本次变化量/mm	下午 本次位移/mm	本次变化量/mm	本日变化量/mm	变化速率/(mm/d)	累计变化量/mm	安全状态
1.0	−108.03	−106.53	−0.2	−106.32	0.2	−106.38	0.1	−106.18	0.2	0.3	0.3	1.9	正常
1.5	−91.51	−92.89	−0.2	−92.69	0.2	−92.97	−0.2	−92.77	0.2	0.0	0.0	1.7	正常
2.0	−82.61	−81.23	−0.2	−81.14	CX0.1	−81.07	0.0	−80.97	0.1	0.1	0.1	1.7	正常
2.5	−75.45	−73.93	−0.2	−74.03	−0.1	−73.92	−0.4	−74.01	−0.1	−0.5	−0.5	1.4	正常
3.0	−69.50	−68.44	−0.3	−68.70	−0.3	−68.28	−0.6	−68.53	−0.3	−0.8	−0.8	1.0	正常
3.5	−62.45	−61.63	−0.2	−61.63	0.0	−61.04	−0.2	−61.56	−0.5	−0.7	−0.7	0.9	正常
4.0	−54.11	−53.10	−0.3	−53.10	0.0	−52.60	−0.1	−53.02	−0.4	−0.5	−0.5	l.i	正常
4.5	−45.67	−13.87	−0.2	−44.17	−0.3	−43.56	−0.2	−43.86	−0.3	−0.5	−0.5	1.8	正常
5.0	−38.19	−36.06	−0.1	−36.22	−0.2	−36.03	−0.4	−36.18	−0.2	−0.6	−0.6	2.0	正常
5.5	−31.92	−29.41	−0.1	−29.47	0	−29.77	−0.3	−29.80	0.0	−0.3	−0.3	2.1	正常
6.0	−27.01	−24.99	−0.1	−25.04	−0.1	−24.97	−0.1	−25.00	−0.1	−0.2	−0.2	2.0	正常
6.5	−27.36	−25.71	−0.4	−25.74	0.00	−25.22	−0.2	−25.25	0.0	−0.2	−0.2	2.1	正常
7.0	−27.57	−26.01	−0.4	−26.38	−0.4	−25.09	−0.1	−25.45	−0.4	−0.5	−0.5	2.1	正常
7.5	−26.61	−25.35	−0.1	−25.71	−0.3	−24.73	−0.2	−24.73	0.0	−0.4	−0.4	1.9	正常
8.0	−24.59	−23.55	−0.5	−24.01	−0.5	−22.22	0.0	−22.68	−0.5	−0.5	−0.5	1.9	正常
8.5	−23.01	−21.53	−0.3	−21.79	−0.3	−20.73	0.1	−20.99	−0.3	−0.2	−0.2	2.0	正常
9.0	−21.55	−20.23	−0.4	−20.50	−0.4	−19.00	0.2	−19.36	−0.4	−0.2	−0.2	2.2	正常
9.5	−19.53	−17.88	−0.3	−18.14	−0.3	−16.96	0.2	−17.21	−0.3	−0.1	−0.1	2.3	正常

表3.10(续)

深度/m	2019/6/24 初始位移/mm	2021/7/30 上午 本次位移/mm	上午 本次变化量/mm	下午 本次位移/mm	下午 本次变化量/mm	2021/7/31 上午 本次位移/mm	上午 本次变化量/mm	下午 本次位移/mm	下午 本次变化量/mm	本日变化量/mm	变化速率/(mm/d)	累计变化量/mm	安全状态
10.0	−16.82	−15.02	−0.3	−15.28	−0.3	−14.26	0.0	−14.26	0.0	0.0	0.0	2.6	正常
10.5	−12.72	−10.18	−0.2	−10.34	−0.2	−9.78	0.0	−9.91	−0.2	−0.2	−0.2	2.8	正常
11.0	−6.69	−4.41	−0.5	−4.51	−0.1	−3.35	0.1	−3.45	−0.1	0.0	0.0	3.2	正常
11.5	0.36	3.06	−0.4	3.06	0.0	3.92	0.2	3.93	0.0	0.2	0.2	3.6	正常
12.0	7.65	10.68	−0.4	10.65	0.0	11.20	−0.1	11.17	0.0	−0.2	−0.2	3.5	正常
12.5	13.39	16.21	−0.1	15.85	−0.4	16.91	−0.3	16.54	−0.4	−0.7	−0.7	3.1	正常
13.0	16.25	19.27	−0.3	19.06	−0.2	19.62	−0.2	19.11	−0.2	−0.1	−0.4	3.2	正常
13.5	16.83	20.13	−0.1	20.07	−0.1	20.26	0.0	20.20	−0.1	−0.1	−0.1	3.4	正常
14.0	12.73	16.39	−0.1	16.38	0.0	16.19	−0.3	16.19	0.0	−0.3	−0.3	3.5	正常
14.5	8.66	12.08	−0.1	11.68	−0.4	12.12	−0.4	12.12	0.0	−0.4	−0.4	3.5	正常
15.0	7.17	10.22	−0.3	9.96	−0.3	10.83	−0.1	10.58	−0.3	−0.4	−0.4	3.4	正常
15.5	7.05	9.31	−0.5	8.86	−0.5	10.39	−0.3	9.93	−0.5	−0.7	−0.7	2.9	正常
16.0	6.64	9.03	−0.3	8.77	−0.3	9.65	−0.1	9.39	−0.3	−0.4	−0.4	2.8	正常
16.5	2.48	4.08	−0.5	3.61	−0.5	5.39	0.0	4.92	−0.5	−0.5	−0.5	2.4	正常
17.0	−0.26	0.91	−0.5	0.49	−0.5	2.46	0.2	2.01	−0.5	−0.3	−0.3	2.3	正常
17.5	−1.35	−0.52	−0.5	−0.98	−0.5	1.01	0.2	0.55	−0.5	−0.3	−0.3	1.9	正常
18.0	−0.84	−0.01	−0.4	−0.37	−0.4	1.30	0.3	0.94	−0.4	−0.1	−0.1	1.8	正常
18.5	3.61	4.78	0.0	4.42	−0.4	5.37	0.4	5.01	−0.4	0.0	0.0	1.4	正常
19.0	4.99	5.19	−0.4	5.13	−0.4	6.73	0.2	6.37	−0.4	−0.1	−0.1	1.4	正常
19.5	4.63	4.74	−0.4	4.37	−0.4	5.66	−0.1	5.66	0.0	−0.1	−0.1	1.0	正常
20.0	2.96	2.68	−0.1	2.34	−0.3	3.62	0.0	3.62	0.0	0.0	0.0	0.7	正常
20.5	1.21	1.06	−0.1	1.00	−0.1	1.53	−0.1	1.50	0.0	−0.1	−0.1	0.3	正常
21.0	0.64	0.62	0.0	0.59	0.0	0.71	0.1	0.68	0.0	0.1	0.1	0.0	正常

表 3.11　地铁 1 号线变电所 C02 深层水平位移监测报表

预警值：7.0mm　报警值：8.0mm　控制值：10.0mm

测孔编号：C02　起测深度：1.0m　终测深度：20.5m

深度/m	2019/6/24 初始位移/mm	2021/7/30				2021/7/31				本日变化量/mm	变化速率/(mm/d)	累计变化量/mm	安全状态
		上午		下午		上午		下午					
		本次位移/mm	本次变化量/mm	本次位移/mm	本次变化量/mm	本次位移/mm	本次变化量/mm	本次位移/mm	本次变化量/mm				
1.0	-42.34	-42.03	-0.1	-42.01	0.0	-42.02	-0.2	-42.03	0.0	-0.2	-0.2	0.3	正常
1.5	-40.19	-38.85	-0.1	-38.83	0.0	-39.18	-0.2	-39.01	0.2	0.0	0.0	1.2	正常
2.0	-39.06	-37.20	0.0	-37.17	0.0	-37.46	0.0	-37.47	0.0	0.0	0.0	1.6	正常
2.5	-37.68	-36.04	-0.3	-36.01	0.0	-36.22	0.2	-36.21	0.0	0.2	0.2	1.5	正常
3.0	-39.38	-37.58	0.0	-38.09	-0.5	-38.31	0.0	-38.11	0.2	0.0	0.0	1.3	正常
3.5	-40.28	-38.66	-0.2	-39.06	-0.4	-38.83	0.1	-38.83	0.0	0.1	0.1	1.5	正常
4.0	-41.91	-39.95	-0.2	-39.92	0.0	-40.11	0.1	-40.12	0.0	0.1	0.1	1.8	正常
4.5	-42.08	-39.63	0.0	-39.63	0.0	-39.80	-0.1	-39.83	0.0	-0.1	-0.1	2.3	正常
5.0	-40.30	-38.06	-0.3	-38.03	0.0	-37.65	-0.4	-37.65	0.0	-0.4	-0.4	2.7	正常
5.5	-36.69	-34.13	0.0	-34.13	0.0	-33.65	-0.1	-33.98	-0.3	-0.4	-0.4	2.7	正常
6.0	-30.26	-27.50	0.0	-27.47	0.0	-27.74	0.0	-27.73	0.0	0.0	0.0	2.5	正常
6.5	-24.83	-22.16	0.0	-22.17	0.0	-22.27	-0.1	-22.31	0.0	-0.1	-0.1	2.5	正常
7.0	-22.74	-20.13	-0.1	-19.93	0.2	-20.49	-0.2	-20.31	0.2	0.0	0.0	2.4	正常
7.5	-24.39	-21.08	0.3	-21.28	-0.2	-21.46	0.3	-21.68	-0.2	0.1	0.1	2.7	正常
8.0	-31.14	-27.67	0.4	-27.97	-0.3	-28.09	0.4	-28.41	-0.3	0.1	0.1	2.7	正常
8.5	-36.72	-33.45	0.5	-33.85	-0.4	-33.87	0.5	-34.29	-0.4	0.1	0.1	2.4	正常
9.0	-39.90	-37.38	0.4	-37.18	0.2	-38.35	0.0	-38.18	0.2	0.2	0.2	1.7	正常
9.5	-41.06	-39.00	0.2	-38.81	0.2	-39.99	0.2	-39.83	0.2	0.4	0.4	1.2	正常
10.0	-41.26	-39.15	0.4	-39.05	0.1	-39.46	0.1	-39.41	0.1	0.2	0.2	1.9	正常
10.5	-40.45	-38.28	0.3	-38.29	0.0	-38.41	0.1	-38.44	0.0	0.1	0.1	2.0	正常
11.0	-38.13	-36.18	0.0	-36.18	0.0	-36.38	0.3	-36.41	0.0	0.3	0.3	1.7	正常
11.5	-31.99	-33.36	0.2	-33.33	0.0	-33.71	0.3	-33.71	0.0	0.3	0.3	1.3	正常
12.0	-32.93	-31.91	0.0	-31.61	0.3	-31.94	0.3	-32.07	-0.1	0.2	0.2	0.9	正常
12.5	-31.37	-30.35	0.0	-30.05	0.3	-31.25	0.4	-30.97	0.3	0.7	0.7	0.4	正常
13.0	-28.08	-27.00	-0.1	-26.59	0.4	-28.07	0.4	-27.70	0.1	0.8	0.8	0.4	正常
13.5	-23.16	-22.01	-0.2	-21.61	0.4	-22.79	0.2	-22.42	0.4	0.6	0.6	0.7	正常
14.0	-18.18	-16.72	-0.3	-16.22	0.5	-17.49	-0.1	-17.03	0.5	0.4	0.4	1.2	正常

表3.11(续)

深度/m	2019/6/24 初始位移/mm	2021/7/30 上午 本次位移/mm	本次变化量/mm	下午 本次位移/mm	本次变化量/mm	2021/7/31 上午 本次位移/mm	本次变化量/mm	下午 本次位移/mm	本次变化量/mm	本日变化量/mm	变化速率/(mm/d)	累计变化量/mm	安全状态
14.5	−15.49	−13.15	0.0	−13.12	0.0	−13.76	0.1	−13.76	0.0	0.1	0.1	1.7	正常
15.0	−15.21	−13.11	−0.2	−12.98	0.1	−13.13	−0.3	−13.02	0.1	−0.2	−0.2	2.2	正常
15.5	−17.51	−15.06	0.0	−15.37	−0.3	−14.74	0.0	−15.06	−0.3	−0.3	−0.3	2.5	正常
16.0	−21.55	−19.45	−0.2	−19.76	−0.3	−19.39	0.3	−19.72	−0.3	0.0	0.0	1.8	正常
16.5	−23.54	−21.83	−0.2	−21.83	0.0	−21.54	0.0	−21.67	−0.1	−0.1	−0.1	1.9	正常
17.0	−21.16	−19.54	−0.3	−19.54	0.0	−18.47	−0.4	−18.71	−0.2	−0.6	−0.6	2.5	正常
17.5	−18.47	−16.70	−0.3	−16.71	0.0	−15.62	−0.3	−15.87	−0.2	−0.6	−0.6	2.6	正常
18.0	−18.03	−16.14	−0.2	−16.14	0.0	−15.59	−0.2	−15.73	−0.1	−0.3	−0.3	2.3	正常
18.5	−16.58	−14.15	0.2	−14.45	−0.3	−14.58	−0.3	−14.60	0.0	−0.3	−0.3	2.0	正常
19.0	−13.37	−11.27	0.3	−11.67	−0.4	−11.48	−0.1	−11.71	−0.2	−0.3	−0.3	1.7	正常
19.5	−8.10	−7.20	0.0	−7.08	0.1	−7.54	−0.3	−7.27	0.3	0.0	0.0	1.1	正常
20.0	−2.95	−2.33	0.0	−2.30	0.0	−2.25	0.0	−2.28	0.0	0.0	0.0	0.7	正常
20.5	−0.04	−0.06	0.0	−0.03	0.00	0.03	0.1	−0.01	0.00	0,1	0.1	0.0	正常

表 3.12　地铁 1 号线变电所 C03 深层水平位移监测报表

预警值：7.0mm　报警值：8.0mm　控制值：10.0mm

测孔编号：C03　起测深度：1.0m　终测深度：22.0m

深度/mm	2019/6/24 初始位移/mm	2021/7/30 上午 本次位移/mm	本次变化量/mm	下午 本次位移/mm	本次变化量/mm	2021/7/31 上午 本次位移/mm	本次变化量/mm	下午 本次位移/mm	本次变化量/mm	本日变化量/mm	变化速率/(mm/d)	累计变化量/mm	安全状态
1.0	47.14	49.45	0.0	49.55	0.1	49.30	−0.1	49.24	−0.1	−0.2	−0.2	1.8	正常
1.5	38.77	41.11	−0.1	41.13	0.0	41.42	0.2	41.32	−0.1	0.1	0.1	2.6	正常
2.0	37.33	39.68	−0.2	39.86	0.2	39.68	0.0	39.48	−0.2	−0.2	−0.2	2.2	正常
2.5	36.49	38.80	−0.3	39.02	0.2	38.54	−0.3	38.54	0.0	−0.3	−0.3	2.1	正常
3.0	35.33	37.66	−0.3	37.88	0.2	37.39	−0.3	37.39	0.0	−0.3	−0.3	2.1	正常
3.5	33.55	35.83	−0.2	36.25	0.4	35.76	−0.2	35.47	−0.3	−0.5	−0.5	1.9	正常

表3.12(续)

深度/mm	2019/6/24 初始位移/mm	2021/7/30 上午 本次位移/mm	本次变化量/mm	下午 本次位移/mm	本次变化量/mm	2021/7/31 上午 本次位移/mm	本次变化量/mm	下午 本次位移/mm	本次变化量/mm	本日变化量/mm	变化速率/(mm/d)	累计变化量/mm	安全状态
4.0	33.05	35.63	-0.2	36.06	0.4	35.69	0.3	35.49	-0.2	0.1	0.1	2.4	正常
4.5	31.26	34.17	-0.5	34.39	0.2	33.69	-0.2	33.39	-0.3	-0.5	-0.5	2.1	正常
5.0	27.45	30.38	-0.6	30.90	0.5	29.79	-0.3	29.69	-0.1	-0.4	-0.4	2.2	正常
5.5	22.06	25.11	-0.1	25.52	0.4	25.16	0.2	24.64	-0.5	-0.3	-0.3	2.6	正常
6.0	19.52	22.66	0.0	22.88	0.2	22.65	-0.1	22.59	-0.1	-0.2	-0.2	3.1	正常
6.5	16.50	19.78	0.0	19.82	0.0	19.51	0.0	19.51	0.0	0.0	0.0	3.0	正常
7.0	11.87	14.89	-0.1	15.32	0.4	14.62	-0.2	15.02	0.4	0.1	0.1	3.2	正常
7.5	6.30	9.21	0.0	9.33	0.1	8.96	0.0	9.04	0.1	0.1	0.1	2.7	正常
8.0	1.18	3.81	-0.2	3.93	0.1	3.73	0.0	3.83	0.1	0.1	0.1	2.7	正常
8.5	-3.34	-0.95	-0.2	-0.52	0.4	-1.20	-0.3	-0.79	0.4	0.1	0.1	2.6	正常
9.0	-6.92	-4.66	-0.3	-4.39	0.3	-4.94	-0.4	-4.70	0.2	-0.2	-0.2	2.2	正常
9.5	-9.59	-7.19	-0.3	-6.96	0.2	-7.44	-0.3	-7.24	-0.1	-0.1	2.4	正常
10.0	-11.89	-9.22	-0.4	-8.90	0.3	-9.51	-0.4	-9.22	0.3	-0.1	-0.1	2.7	正常
10.5	-13.71	-11.29	-0.4	-11.00	0.3	-11.21	-0.4	-11.26	0.0	-0.4	-0.4	2.5	正常
11.0	-15.74	-13.38	-0.5	-13.35	0.0	-13.58	-0.5	-13.65	-0.1	-0.6	-0.6	2.1	正常
11.5	-18.02	-16.05	-0.6	-15.83	0.2	-15.71	-0.3	-15.88	-0.2	-0.5	-0.5	2.1	正常
12.0	-20.91	-18.88	-0.3	-18.44	0.4	-18.69	-0.4	-18.75	-0.1	-0.5	-0.5	2.2	正常
12.5	-20.78	-18.50	-0.5	-18.08	0.4	-18.76	-0.4	-18.36	0.4	-0.1	-0.1	2.4	正常
13.0	-18.34	-16.14	-0.5	-15.72	0.4	-16.41	-0.5	-16.00	0.4	-0.1	-0.1	2.3	正常
13.5	-15.84	-13.66	-0.5	-13.34	0.3	-13.92	-0.3	-13.62	0.3	0.0	2.2	正常
14.0	-15.06	-12.53	0.3	-12.53	0.0	-12.73	0.3	-12.75	0.0	0.3	0.3	2.3	正常
14.5	-12.16	-9.86	0.0	-9.74	0.1	-10.12	-0.1	-10.03	0.1	0.0	2.1	正常
15.0	-6.05	-3.62	0.2	-3.40	0.2	-4.12	0.0	-3.92	0.2	0.2	2.1	正常
15.5	-6.05	3.44	0.0	3.79	0.4	3.16	0.0	3.49	0.3	0.3	0.3	2.4	正常
16.0	3.00	5.64	0.4	5.86	0.2	5.00	0.2	5.19	0.2	0.2	2.2	正常
16.5	1.04	3.38	0.1	3.45	0.1	3.10	0.1	3.15	0.1	0.1	0.1	2.1	正常
17.0	-1.57	0.84	0.1	0.93	0.1	0.57	0.1	0.61	0.0	0.1	0.1	2.2	正常
17.5	-2.24	0.13	0.0	0.12	0.0	-0.14	0.0	-0.18	0.0	0.0	2.1	正常
18.0	-1.96	0.07	-0.1	-0.05	-0.1	-0.09	0.0	-0.21	-0.1	-0.1	-0.1	1.8	正常

表3.12（续）

深度/mm	2019/6/24 初始位移/mm	2021/7/30 上午 本次位移/mm	本次变化量/mm	2021/7/30 下午 本次位移/mm	本次变化量/mm	2021/7/31 上午 本次位移/mm	本次变化量/mm	2021/7/31 下午 本次位移/mm	本次变化量/mm	本日变化量/mm	变化速率/(mm/d)	累计变化量/mm	安全状态
18.5	−1.24	0.64	−0.1	0.52	−0.1	0.47	0.0	0.07	−0.4	−0.4	−0.4	1.3	正常
19.0	−0.26	1.83	−0.2	1.82	0.0	1.61	0.3	1.12	−0.5	−0.2	−0.2	1.4	正常
19.5	−2.40	−0.43	0.1	−0.73	−0.3	−0.82	−0.3	−1.02	−0.2	−0.5	−0.5	1.4	正常
20.0	−6.52	−4.54	0.1	−4.84	−0.3	−4.82	0.0	−5.04	−0.2	−0.2	−0.2	1.5	正常
20.5	−8.24	−6.42	0.1	−6.45	0.0	−6.60	0.0	−6.80	−0.2	−0.2	−0.2	1.4	正常
21.0	−7.15	−5.88	−0.3	−5.80	0.1	−5.89	0.1	−5.98	−0.1	0.0	0.0	1.2	正常
21.5	−3.56	−2.72	0.0	−3.05	−0.3	−2.62	0.5	−2.92	−0.3	0.2	0.2	0.6	正常
22.0	−0.93	−0.98	0.0	−0.98	0.0	−0.93	0.1	−0.93	0.0	0.1	0.1	0.0	正常

表 3.13 地铁 1 号线变电所 C04 深层水平位移监测报表

预警值：7.0mm 报警值：8.0mm 控制值：10.0mm

测孔编号：C04 起测深度：1.0m 终测深度：20.5m

深度/mm	2019/6/24 初始位移/mm	2021/7/30 上午 本次位移/mm	本次变化量/mm	2021/7/30 下午 本次位移/mm	本次变化量/mm	2021/7/31 上午 本次位移/mm	本次变化量/mm	2021/7/31 下午 本次位移/mm	本次变化量/mm	本日变化量/mm	变化速率/(mm/d)	累计变化量/mm	安全状态
1.0	115.05	117.16	0.2	117.19	0.0	116.55	0.0	116.52	0.0	0.0	0.0	1.5	正常
1.5	54.69	57.27	0.4	57.30	0.0	56.27	−0.2	56.07	−0.2	−0.4	−0.4	1.4	正常
2.0	33.42	36.27	0.3	36.27	0.0	35.16	0.3	35.17	0.0	0.3	0.3	2.1	正常
2.5	24.80	27.32	0.1	27.22	−0.1	27.18	0.3	27.28	0.1	0.4	0.4	2.5	正常
3.0	18.19	20.85	0.3	20.11	0.2	20.67	0.3	20.a I	0.2	0.5	0.5	2.7	正常
3.5	16.47	19.50	0.3	19.23	−0.3	18.70	0.2	18.98	0.3	0.5	0.5	2.5	正常
4.0	14.11	16.49	0.1	16.69	0.2	16.30	−0.3	16.34	0.0	−0.3	−0.3	2.2	正常
4.5	10.05	12.90	0.2	12.93	0.0	12.29	0.2	12.26	0.0	0.2	0.2	2.2	正常
5.0	4.36	7.33	0.2	7.16	−0.2	6.71	0.3	6.51	−0.2	0.1	0.1	2.2	正常
5.5	−1.41	1.50	0.2	1.43	−0.1	0.90	−0.2	0.98	0.1	−0.1	−0.1	2.4	正常
6.0	−9.91	−7.10	0.2	−7.11	0.0	−7.70	0.0	−7.41	0.3	0.3	0.3	2.5	正常

表3.13(续)

深度/mm	2019/6/24 初始位移/mm	2021/7/30 上午 本次位移/mm	本次变化量/mm	下午 本次位移/mm	本次变化量/mm	2021/7/31 上午 本次位移/mm	本次变化量/mm	下午 本次位移/mm	本次变化量/mm	本日变化量/mm	变化速率/(mm/d)	累计变化量/mm	安全状态
6.5	−13.97	−10.71	0.3	−10.87	−0.2	−11.50	0.0	−11.34	0.2	0.2	0.2	2.6	正常
7.0	−17.40	−14.42	0.1	−14.19	−0.1	−14.76	0.1	−14.70	0.1	0.2	0.2	2.7	正常
7.5	−18.31	−15.07	0.2	−15.24	−0.2	−15.69	0.0	−15.54	0.1	0.1	0.1	2.8	正常
8.0	−20.30	−17.08	0.3	−17.35	−0.3	−17.89	0,0	−17.62	0.3	0.3	0.3	2.7	正常
8.5	−23.78	−20.47	0.3	−20.65	−0.2	21.28	0.2	−21.11	0.2	0.4	0.1	2.7	正常
9.0	−26.57	−23.19	0.0	−23.27	−0.1	−23.50	0.3	−23.80	−0.3	0.0	0.0	2.8	正常
9.5	−25.34	−21.68	0.3	−21.95	−0.3	−22.46	0.3	−22.50	0.3	0.3	0.3	2.8	正常
10.0	−24.25	−20.58	0.0	−20.78	−0.2	−21.29	0.4	−20.12	0.2	0.6	0.6	3.1	正常
10.5	−23.56	−20.03	0.0	−20.23	−0.2	−20.87	0.3	−20.60	0.3	0.6	0.6	3.0	正常
11.0	−22.51	−19.44	0.2	−19.61	−0.2	−20.05	0.5	−19.88	0.2	0.7	0.7	2.6	正常
11.5	−19.21	−16.73	0.1	−16.74	0.0	−16.77	0.3	−16.80	0.3	0.3	0.3	2.4	正常
12.0	−14.20	−11.49	0.0	−11.52	0.0	−11.76	0,3	−11.72	0.0	0.0	0.0	2.5	正常
12.5	−7.16	−4.07	0.3	−4.01	0.1	−4.87	0.5	−4.94	−0.1	0.4	0.4	2.2	正常
13.0	−0.64	2.10	0.4	2.10	0.0	1.42	0.5	1.09	−0.3	0.2	0.2	1.7	正常
13.5	2.53	4.54	0,3	4.71	0.2	4.34	0.3	4.01	−0.3	0.0	0.0	1.5	正常
14.0	4.86	6.27	0.1	6.57	0.3	6.47	0.0	6.24	−0.2	−0.2	−0.2	1.4	正常
14.5	4.79	6.16	0.4	6.46	0.3	6.28	0.0	6.05	−0.2	−0.2	−0.2	1.3	正常
15.0	1.93	3.33	0.3	3.53	0.2	3.75	0.0	3.32	−0.4	−0.4	−0.4	1.4	正常
15.5	−1.35	0.53	0.4	0.30	−0.2	0.37	0.0	0.24	−0.1	−0.1	−0.1	1.6	正常
16.0	−3.75	−1.86	0.1	−2.09	−0.2	−1.93	0.0	−2.05	−0.1	−0.1	−0.1	1.7	正常
16.5	−3.45	−1.42	0.4	−1.41	0.0	−1.85	−0.1	−1.75	0.1	0.0	0.0	1.7	正常
17.0	−1.94	−0.17	0.2	−0.21	0.0	−0.37	−0.1	−0.40	0.0	−0.1	−0.1	1.5	正常
17.5	−1.68	0.06	0.2	0.06	0.0	−0.14	0.0	−0.17	0.0	0.0	0.0	1.5	正常
18.0	−1.24	0.70	0.2	0.40	−0.3	0.11	0.0	0.41	0.3	0.3	0.3	1.7	正常
18.5	0.05	1.39	0.2	1.49	0.1	1.41	0.0	1.38	0.0	0.0	0.0	1.3	正常
19.0	−1.17	−0.16	0.3	0.27	0.4	−0.42	−0.3	−0.22	0.2	−0.1	−0.1	1.0	正常
19.5	−5.10	−4.35	0.1	−3.82	0.5	−4.01	0.3	−4.35	−0.3	0.0	0.0	0.8	正常
20.0	−4.03	−3.69	0.1	−3.36	0.3	−3.72	0.0	−3.76	0.0	0.0	0.0	0.8	正常
20.5	−0.97	−1.00	0.0	−0.97	0.0	−0.91	0.1	−0.94	0.0	0.1	0.1	0.0	正常

表 3.14 地铁 1 号线变电所 C05 深层水平位移监测报表

预警值：7.0mm 报警值：8.0mm 控制值：10.0mm

测孔编号：C05 起测深度：1.0m 终测深度：21.0m

深度 /mm	2019/6/24 初始位移 /mm	2021/7/30				2021/7/31				本日变化量 /mm	变化速率/（mm/d）	累计变化量 /mm	安全状态
		上午		下午		上午		下午					
		本次位移 /mm	本次变化量 /mm	本次位移 /mm	本次变化量 /mm	本次位移 /mm	本次变化量 /mm	本次位移 /mm	本次变化量 /mm				
1.0	−98.37	−7.53	0.1	−7.40	0.1	−97.76	0.1	97.88	−0.1	0.0	0.0	0.5	正常
1.5	−92.04	91.06	0.1	90.83	0.2	−90.93	0.1	−0.80	0.1	0.2	0.2	1.2	正常
2.0	−84.98	83.51	0.0	−3.48	0.0	−83.75	0.0	−3.78	0.0	0.0	0.0	1.2	正常
2.5	−77.72	−6.36	0.1	−6.69	−0.3	76.60	0.1	−6.28	0.3	0.4	0.4	1.4	正常
3.0	−71.84	−0.50	−0.1	−1.02	−0.5	70.74	−0.1	70.21	0.5	0.4	0.4	1.6	正常
3.5	−68.60	67.07	0.1	−7.25	−0.2	−67.31	0.1	−7.14	0.2	0.3	0.3	1.5	正常
4.0	−68.06	−6.25	0.2	−6.32	−0.1	−66.47	0.2	−6.41	0.1	0.3	0.3	1.7	正常
4.5	−68.53	−6.79	0.0	−6.96	−0.2	−67.04	0.0	−6.86	0.2	0.2	0.2	1.7	正常
5.0	−69.48	−7.78	0.1	−67.76	0.0	−68.03	0.1	−67.72	0.3	0.4	0.4	1.8	正常
5.5	−71.53	−0.01	0.1	−70.11	−0.1	−70.26	0.1	−69.76	0.5	0.6	0.6	1.8	正常
6.0	−74.81	−3.18	0.1	−73.26	0.1	−73.42	0.1	−72.92	0.5	0.6	0.6	1.9	正常
6.5	−78.17	−6.22	0.2	76.39	−0.2	−76.46	0.2	−76.29	0.2	0.4	0.4	1.9	正常
7.0	−79.55	−7.15	0.2	−77.22	−0.1	−77.38	0.2	−77.31	0.1	0.3	0.3	2.2	正常
7.5	−79.43	−6.83	0.4	−77.2!	−0.4	−77.07	0.2	−77.07	0.0	0.0	0.0	2.4	正常
8.0	−78.33	76.01	−0.5	75.99	0.0	−5.75	0.0	−75.78	0.0	0.0	0.0	2.6	正常
8.5	−78.04	75.51	−0.4	−75.10	0.1	−75.45	−0.4	−75.56	−0.1	−0.5	−0.5	2.5	正常
9.0	−77.68	−4.90	−0.4	−74.68	0.0	−75.15	−0.4	−75.36	−0.2	−0.6	−0.6	2.3	正常
9.5	−77.07	−4.43	−0.3	−74.20	0.1	−74.67	−0.3	−74.90	−0.2	−0.5	−0.5	2.2	正常
10.0	−76.02	−3.30	0.3	−73.25	0.1	−73.54	0.0	−73.59	−0.1	−0.1	−0.1	2.4	正常
10.5	−74.05	−1.43	0.1	−71.20	0.2	−71.66	0.1	−71.65	0.0	0.1	0.1	2.4	正常
11.0	−71.95	−9.13	0.4	−69.00	0.1	−69.39	0.4	−69.32	0.1	0.3	0.3	2.4	正常
11.5	−68.18	−5.44	0.3	65.21	0.2	−71.66	0.4	−65.90	−0.2	0.2	0.2	2.3	正常
12.0	−62.33	−9.92	0.0	−59.62	0.3	−60.15	0.0	−60.07	0.1	0.1	0.1	2.3	正常
12.5	−52.98	50.83	−0.1	−50.75	0.1	−51.07	−0.1	−50.76	0.3	0.2	0.2	2.2	正常
13.0	−44.01	−2.28	−0.4	−41.78	0.5	−42.11	0.0	−41.92	0.2	0.2	0.2	2.1	正常
13.5	−37.73	35.67	0.2	−35.70	0.0	−35.90	0.2	−35.60	0.3	0.5	0.5	2.1	正常
14.0	−33.91	−1.68	0.4	−31.91	−0.2	−31.92	0.4	−31.69	0.2	0.6	0.6	2.2	正常

表3.14(续)

深度/mm	2019/6/24 初始位移/mm	2021/7/30 上午 本次位移/mm	2021/7/30 上午 本次变化量/mm	2021/7/30 下午 本次位移/mm	2021/7/30 下午 本次变化量/mm	2021/7/31 上午 本次位移/mm	2021/7/31 上午 本次变化量/mm	2021/7/31 下午 本次位移/mm	2021/7/31 下午 本次变化量/mm	本日变化量/mm	变化速率/(mm/d)	累计变化量/mm	安全状态
14.5	−33.28	−1.48	0.1	−31.60	−0.1	−31.71	0.1	−31.32	0.4	0.5	0.5	2.0	正常
15.0	−30.88	−9.04	0.1	−29.11	−0.1	−29.26	0.1	−29.20	0.1	0.2	0.2	1.7	正常
15.5	−25.49	−3.75	0.1	−23.98	−0.2	−23.99	0.1	−23.77	0.2	0.3	0.3	1.7	正常
16.0	−17.48	−5.79	−0.1	−15.86	−0.1	−16.01	−0.1	−15.94	0.1	0.0	0.0	1.5	正常
16.5	−7.46	−6.18	−0.5	−5.75	0.4	−5.98	−0.1	−5.98	0.0	−0.1	−0.1	1.5	正常
17.0	−2.15	−0.94	−0.5	−0.72	0.2	−0.90	−0.2	−1.13	−0.2	−0.4	−0.4	1.0	正常
17.5	−0.42	0.79	−0.5	1.02	0.2	0.82	−0.2	0.59	−0.2	−0.4	−0.4	1.0	正常
18.0	0.23	1.26	−0.7	1.59	0.3	1.39	−0.3	1.07	−0.3	−0.6	−0.6	0.8	正常
18.5	2.34	3.36	−0.6	3.79	0.4	3.48	−0.2	3.06	−0.4	−0.6	−0.6	0.7	正常
19.0	4.35	5.30	−0.8	5.56	0.3	5.49	−0.1	5.23	−0.3	−0.4	−0.4	0.9	正常
19.5	5.91	7.03	−0.1	6.95	−0.1	6.80	−0.1	6.87	0.1	0.0	0.0	1.0	正常
20.0	6.75	7.58	0.0	7.55	0.0	7.32	0.0	7.31	0.0	0.0	0.0	0.6	正常
20.5	4.46	4.97	0.1	4.91	−0.1	4.72	0.1	4.65	−0.1	0.0	0.0	0.2	正常
21.0	1.72	1.69	0.0	1.69	0.0	1.68	0.0	1.69	0.0	0.0	0.0	0.0	正常

第 4 章　基坑桩锚支护冻融响应模型实验

基坑桩锚支护结构在越冬过程中随着气温下降到达土体的起始冻结温度后,在坑壁土中水分迁移的作用下,冻结深度不断增加,冻层增厚、体积增大,出现较为常见的冻融现象。鉴于越冬条件下桩锚基坑、桩间土作用力以及桩身的变形情况比较复杂,开展越冬基坑破坏的机理及冻融力和冻融量关系的研究,结合基坑桩锚支护结构冻融破坏案例,深入进行物理模型实验研究。

4.1　基坑桩锚冻融破坏与模型实验特点

在冻融力作用下,基坑支护体系将向临空面产生较大水平位移,从多个项目的监测数据来看,发生冻融破坏的基坑桩顶位移往往远超规范允许值,尤其在粉质黏土基坑中更为显著。若基坑周边存在管线渗漏且进入冬季前未妥善处理,渗漏水导致土体饱和,冻融性更加明显。过饱和的土中形成了水力通道,在冬季低温条件下在基坑支护结构外壁凝结成冰并不断积聚,往往形成较大的冰包或冰棱现象(见图 4.1),大大增加了对基坑支护体系的破坏作用。

图 4.1　基坑围护桩墙渗水冻结

除此之外,在围护墙后土体经过冻结-融化后,喷射混凝土护壁也较常出现大面积脱落现象,导致桩间土的流失(见图 4.2 和图 4.3),若不及时补救将产生地面沉陷等危害基坑安全的事故。

图 4.2　基坑围护桩墙混凝土结构剥落损坏

图 4.3　基坑围护桩墙面板冻融破坏与桩后土体剥落

　　利用桩锚基坑冻融破坏案例进行物理模型实验。实验重点关注几方面：模拟环境温度变化导致桩后土体冻深的发展变化情况；模拟基坑冻融变形和冻融力与室外温度、基坑尺寸、土壤性质等参数的关系；模拟基坑支护桩、锚杆在冻融过程中的受力和位移变化情况；建立冻融力和支护结构位移之间的量化关系。

4.2　模型实验相似比设计

　　室内模型实验可将工程中发生的现象在实验室中呈现出来，而且还可以对实验过程中的主要因素进行独立的控制，可进行方案的优化，具有省时省力的优点。

　　而相似理论是说明自然界和工程中各种相似现象相似原理的学说，以相似理论为指导，形成研究自然界和工程中各种相似现象的方法即为相似方法。模型实验是相似方法的重要内容。

　　从相似理论的角度来看，模型是和物理系统存在密切关系的装置，而通过对模型的观察与实验，可以精确地预测原型的性能。在利用模型研究的过程中，有必要在模型与原型间建立某种关系，也就是模型的设计条件。模型的相似比是影响模型实验结果的关键因素。在结构模型实验中，几何尺寸的确定需要综合考虑模型类型、材料、制作条件、加载能力、测点布置以及设备条件等，模型尺寸较小所需荷载小，但制作相对比较困难，对模型加工的精度要求高，对量测仪器要求也高。而尺寸大的模型所需荷载大，但制作方便，对量测仪器一般无特殊要求，基本上都能保证测量精度。依据传感器尺寸，模型几何缩比可达30，当缩比大于30时，其测量数据将受到影响。

根据模型实验研究的经验，控制冻融基坑实验模型尺寸相似比在15~30之间。本次实验中综合考虑冻融模型桩身及锚杆的制作等因素以及测试的温度传感器、位移传感器、土压力传感器等测试元件的埋设布置方法和模型实验材料相似性要求，使模型可以改变几何尺寸模拟不同工况，且最大限度地接近原型，综合考虑桩身及锚杆的制作等因素，模型采用几何缩比为20。

4.3　模型实验台设计

模型实验箱实验系统由：主体框架、温控系统、测试系统、保温系统和实验材料等五大系统组成。净空尺寸为1500mm×1500mm×1500mm（深×宽×高）；温度范围为−40~80℃；平均升温速率为2~3℃/min；平均降温速率为0.7~2.0℃/min。采用双机制冷方式，预留测试孔，外箱体采用冷轧钢板，内箱体采用SUS304/BA高亮度镜面不锈钢加固。模型主要尺寸按已确定的几何缩比求算。当边界条件近似满足时，确定填土高度为$H/20$，开挖后基坑有效深度为$h/20$（H为实际桩身长度；h为基坑开挖深度）（见图4.4和图4.5）。

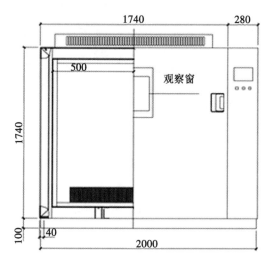

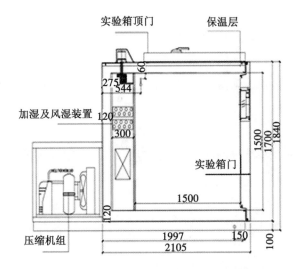

图 4.4　模型实验箱前视和侧视示意图(单位:mm)

图 4.5　冻土实验箱实物图

4.3.1　冻结温度场模拟

基坑冻土区的形成是一个热传导过程,受热传导方程、热平衡方程、边界条件和初始条件所制约。基于冻土为各向同性的均质体的假定,基坑侧壁土体冻结温度场可用热传导微分方程表示为

$$\rho c \frac{\partial t}{\partial \tau} = \lambda \left(\frac{\partial^2 t}{\partial x^2} + \frac{\partial^2 t}{\partial y^2} + \frac{\partial^2 t}{\partial z^2} \right) \tag{4.1}$$

式中:ρ——土密度;

　　c——土比热容;

　　λ——土热传导系数;

　　t——土温度;

τ——冻结时间。

冻结前认为土体中具有相同的初始温度 t_0，可得初始条件为

$$t(x, y, z, 0) = t_0 \tag{4.2}$$

而在距基坑土体表面无限远的位置，认为冻结过程中温度始终保持为初始温度 t_0，可得边界条件为

$$t(\infty, \tau) = t_0 \tag{4.3}$$

随冻结时间的变化冻结锋面向土体内移动，冻结锋面上的温度为冻结温度 t_D，可得边界条件为

$$t(\xi, \tau) = t_D \tag{4.4}$$

基坑侧壁冻土表面在无保温措施的情况下，可认为其表面温度为大气温度 t_y，可得边界条件为

$$t(0, y, z, \tau) = t_y \tag{4.5}$$

冻结锋面处的热平衡方程为：

$$\lambda_r \frac{\partial t_r}{\partial x}\bigg|_{x=\xi} - \lambda_l \frac{\partial t_l}{\partial x}\bigg|_{x=\xi} = L \frac{d\xi}{d\tau} \tag{4.6}$$

式中：λ_r，λ_l——冻结锋面两侧已冻土和未冻土的导热系数；

t_r，t_l——冻结锋面两侧已冻土和未冻土的温度；

L——水的结晶潜热。

根据数学模型，列出影响基坑侧壁冻结温度场的因素，可得到：

$$f(t, \tau, c, \rho, \lambda, t_0, t_D, t_y, L, \xi) = 0 \tag{4.7}$$

采用因次分析法，可得到如下冻结温度场的相似准则方程：

$$F(F_0, K_0, R, \theta) = 0 \tag{4.8}$$

式中：F_0——傅立叶准则，且 $F_0 = \alpha\tau/r^2$，其中 $\alpha = \lambda/\rho c$ 为土体导温系数，τ 为时间，$r = \xi$ 为冻结锋面位置；

K_0——科索维奇准则，且 $K_0 = L/(CT)$，其中 L 为单位土体冻结时放出的潜热，C 为比热容，T 为温度；

θ——温度准则；

R——几何准则。

模型实验用土选用施工现场的原状土体，则模型材料为原材料，其土体导温系数和比热容的相似常数 $C_a = 1$，$C_c = 1$，含水率相同结冰时放出的潜热相等，由科索维奇准则可得 $C_t = 1$，即温度缩比为1。为保持基坑冻融变形过程一致，必须是模型与原型的傅立叶准则数相等，则根据傅立叶准则得：

$$F_0' = \frac{a'\tau'}{r'^2} = \frac{a\tau}{r^2} = F_0 \tag{4.9}$$

式中：符号未加（'）的为原型，符号右上角加（'）的为模型。

以下各式均用此方法表示。经转换得：

$$
\left.
\begin{aligned}
\frac{C_a C_\tau}{(C_l)^2} &= 1 \\
C_a &= \frac{a}{a'} \\
C_\tau &= \frac{\tau}{\tau'} \\
C_l &= \frac{r}{r'}
\end{aligned}
\right\}
\tag{4.10}
$$

式中：C_a——导温缩比(导温系数比例常数)；

C_τ——时间缩比；

C_l——几何缩比，$C_l = R$。

实验用土为现场取回的已扰动的土，经控制干密度压实且固结，与现场土性近似，取 $C_a \approx 1$，则有：

$$
C_\tau = C_l{}^2
\tag{4.11}
$$

由式(4.11)可知，时间缩比与几何缩比的平方成正比。当几何缩比 $C_l = 20$ 时：

$$
\frac{\tau}{\tau'} = C_l^2 = 20^2 = 400
\tag{4.12}
$$

即 $\tau = 400\tau'$，即模型实验 1h 相当于原型 400h，说明模型可以在短时间内模拟冬季冻结过程，这是模型实验的优点之一。另外，为保持土冻结区的模拟，使模型与原型的科索维奇准则数相等，得：

$$
K_0' = \frac{Q'}{C't'} = \frac{Q}{Ct} = K_0
\tag{4.13}
$$

$$
\frac{C_Q}{C_C C_t} = 1
\tag{4.14}
$$

式中：C_Q——潜热量比例常数(潜热缩比)；

C_C——比热容缩比；

C_t——温度缩比。

由于模型用土与现场近似($C_C \approx 1$)，含水率相同，结冰时放出的潜热量相等，则 $C_Q = 1$，代入公式得：

$$
C_t = 1
\tag{4.15}
$$

即 $t = t'$，式(4.15)表示模型中各点温度与原型各点对应温度值相等。即初始温度 $t_0 = t_0'$，冻结温度 $t_d = t_d'$，对应点温度 $t = t'$。

4.3.2 水分迁移模拟

土中水分迁移是土发生冻融的根本原因，水分迁移数学模型如下：

$$\frac{\partial \theta}{\partial \tau} = \frac{\partial}{\partial x}\left(K_x(\theta)\frac{\partial \psi}{\partial x}\right) + \frac{\partial}{\partial y}\left(K_y(\theta)\frac{\partial \psi}{\partial y}\right) + \frac{\partial}{\partial z}\left(K_z(\theta)\frac{\partial \psi}{\partial z}\right) \tag{4.16}$$

式中：$K_x(\theta)$，$K_y(\theta)$，$K_z(\theta)$——导水率，认为土壤为各向同性体，则有 $K_x(\theta) = K_y(\theta) = K_z(\theta)$；

θ——体积含水率；

ψ——总水势，由基质势和重力势组成。

同理，经过相似转换，由数理方程可以得到相似准则：傅立叶准则，几何准则和湿度准则：

$$\zeta = \theta/\theta_0 \tag{4.17}$$

式中：θ——水分迁移后的体积含水率；

θ_0——初始体积含水率。

由于热传导过程和水分迁移过程在数学表达上相似，均遵循傅立叶准则。因此，如果几何上相似，并且温度场相似，湿度场会因系统"自模拟"而相似。

4.4 模拟桩锚基坑位移场的相似准则

冻土是非线性的、非均质的和各向异性的黏弹塑性体，从桩锚支护的受力角度全面考虑影响支护结构的变形的因素有：支护结构的位移、支护桩的嵌固深度、桩和锚杆锚固体的直径、基坑的开挖深度、冻结变形时间、支护桩和锚杆的弹性模量、冻土的密度、桩和锚杆的泊松比和重力加速度。

因此，罗列影响桩锚基坑位移的主要因素可得方程为：

$$f(u, h, D_1, D_2, \tau, h_d, E_1, E_2, \mu_1, \mu_2, \rho_s, g) = 0 \tag{4.18}$$

式中：u——基坑水平位移，m；

h——基坑深度，m；

D_1——桩的直径，m；

D_2——锚杆直径，m；

τ——基坑冻结变形时间，s；

h_d——冻结深度，m；

E_1——桩的弹性模量，MPa；

E_2——锚杆的弹性模量，MPa；

μ_1——桩的泊松比；

μ_2——锚杆的泊松比；

ρ_s——冻土密度，kg/m^3；

g——重力加速度，m/s^2。

用因次分析法可以得到如下准则：

① 几何准则：$L_1 = u/h$，$L_2 = h_d/h$，$L_3 = D_1/h$，$L_4 = D_2/h$；

② 力学准则：$\pi_1 = E_2/E_1$，$\pi_2 = \rho_s gh/E_1$；

③ 常量准则：$\pi_3 = \mu_1$，$\pi_4 = \mu_2$；

④ 谐时准则：$\pi_5 = g\tau^2/h$。

各量纲、参数的相似比选用如下：

（1）几何缩比

模型主要尺寸按已确定的几何缩比求算。当边界条件近似满足时，确定填土高度为支护桩长度，开挖后基坑有效深度为开挖深度（可联系实际工程情况调节填土高度及开挖深度）。

（2）桩的缩比

为保证桩的变形和受力与实际相符，根据力学准则可得到：

$$\left.\begin{array}{l} \dfrac{E_z{}'}{\gamma' l'} = \dfrac{E_z}{\gamma l} \\[4mm] \dfrac{E_z{}'}{\sigma'} = \dfrac{E_z}{\sigma} \end{array}\right\} \tag{4.19}$$

$$\left.\begin{array}{l} \dfrac{C_{Ez}}{C_\gamma C_l} = 1 \\[4mm] C_{Ez} = C_{\sigma z} \end{array}\right\} \tag{4.20}$$

式中：C_{Ez}——弹模缩比；

$C_{\sigma z}$——应力缩比；

C_γ——容重缩比；

C_l——几何缩比。

模型用土与现场相同（$C_\gamma = 1$），故 $C_{Ez} = C_l = 20$。

桩的受力是实验测试主要参数之一：

$$\frac{F_p{}'}{E_z{}'(l')^2 \varepsilon} = \frac{F_p}{E_z l^2 \varepsilon} \tag{4.21}$$

$$\frac{C_{F_p}}{C_{Ez}(C_l)^2 C_\varepsilon} = 1 \tag{4.22}$$

式中：C_{F_p}——桩受力的缩比；

C_ε——应变缩比。

$$C_{F_p} = C_{Ez}(C_l)^2 C_\varepsilon = 20 \times 20^2 \times 1 = 8000$$

可以看出,桩的受力缩比是几何缩比的 400 倍。

(3)锚杆的缩比

锚杆的受力是实验测试主要参数之一,故对锚杆的受力进行分析,同桩受力缩比的分析,可推导出锚杆受力的缩比与桩的相同,即 $C_{Fm} = 8000$,同理可得:

$$C_{Fm} = C_{Em}(C_{lm})^2 C_\varepsilon \tag{4.23}$$

故:

$$C_{Em} = \frac{C_{Fm}}{(C_{lm})^2 C_\varepsilon} = \frac{8000}{20^2 \times 1} = 20 \tag{4.24}$$

即锚杆的几何缩比为 $C_l = C_{Em} = 20$,力的缩比为 $C_{Fm} = 8000$,弹模缩比为 $C_{Em} = 20$。

(4)变形速度缩比

由变形速度导出的谐时准则 $\frac{v\tau}{r}$,可得到:

$$C_\tau = \frac{C_l}{C_v} \tag{4.25}$$

式中:C_v——变形速度缩比。

令公式(4.11)和公式(4.25)两式相等得:

$$C_l^2 = \frac{C_l}{C_v} \tag{4.26}$$

即:

$$C_v = \frac{1}{C_l} = \frac{1}{20} = 0.05$$

可以看出,变形速度的缩比是几何缩比的倒数。

4.5 模型材料的选择和物性

针对东北季节性冻土区桩锚支护结构一般为混凝土灌注桩加预应力锚杆(锚索)支护结构(见图 4.6),直径一般为 0.6~1.0m,桩长满足稳定性计算要求,桩间距为 1.2~1.5m。锚杆(锚索)材质通常为钢材,锚杆(锚索)长度考虑到自由段长并满足锚固长度,锚杆(锚索)间距为 1.2~1.5m,一般常用 2~4 束直径为 15.2mm 的 7A5 钢绞线,等效直径约为 21~31mm,锚固体直径 150~180mm。

图 4.6　桩锚支护结构示意图

4.5.1　模型的尺寸

以实际工程的具体尺寸和参数,按照上述确定的各种参数相似系数进行模型尺寸和实验参数设计,原型和模型对应关系如表 4.1 和表 4.2 所示。

表 4.1　模型实验土性参数表

土层名称	容重/(kN/m³)	干密度/(g/cm³)	最优含水率/%	液限/%	塑限/%
粉质黏土	18	1.55	14.7	26.8	16.0

表 4.2　模型实验参数设计表

项目	相似比	原型	模型
基坑深度	20.0	20m	1.00m
土体容重	1	18kN/m³	18kN/m³
桩长	20.0	24m	1.2m
桩径	20.0	1m	5cm
桩的弹性模量	20.0	30GPa	1.5GPa
锚杆的弹性模量	20.0	210GPa	10.5GPa

4.5.2　模型材料的选择

模型实验箱体内部采用电脑控制循环风冷冻结方式,内壁裸露在空气中的部分进行保温隔热处理,严禁循环风的冷量沿着侧壁传入土体内部扰乱土体的温度场,破坏最底端土体的恒温条件。模型基坑的临空面有支护桩与锚索约束,底部与上表面是无约束的自由冻融,模型的两侧有冻土箱壁约束。基坑侧壁土体冻结属于单向冻结。模型圈梁顶端与支护桩顶相连起到整体联系作用(见图 4.7)。

图 4.7　模型桩顶底约束

经过对不同试样材料力学性能进行调研，最终选用相关参数如下：

① 选用弹模 1.4~2.0GPa 的环氧树脂作为模型支护桩材料，经万能实验机测试后模型桩身测试模量为 1.643GPa（见图 4.8）。

② 选用弹模 1.5~2.5GPa 的高压聚乙烯材料作为模型锚杆材料，锚杆模量为 2.285GPa，实际的模量值与目标值数量级相同，模型实验仍可以反映实际的物理现象，达到研究目的（见图 4.9）。

③ 锚杆锚固段选用环氧树脂浇筑成直径约为 8mm 圆柱体，硬化后在锚固段涂抹环氧树脂并裹以粒径 0.5~1.0mm 的石英砂以增大锚固段与土体的摩擦。

④ 预先进行筛土、拌土，按照最优含水量 14.7% 配土并经过 48h 浸润后，首先进行实验土体的冻融敏感性实验。

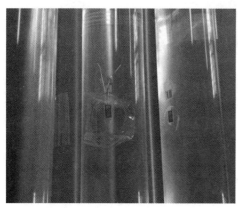

图 4.8　模型支护桩　　　　　　　　　**图 4.9　锚杆模型**

⑤ 土试样尺寸为 10cm×10cm×15cm，土样高度为 15cm，沿土样高度每 1cm 间距设置一个热敏电阻，测量土体的温度场。

利用上述装置进行实验（见图 4.10 至图 4.12），主要结果表明：温度场在土样高度范围内近似线性分布（如图 4.13 所示），确定土样的冻结深度为 9.158cm。

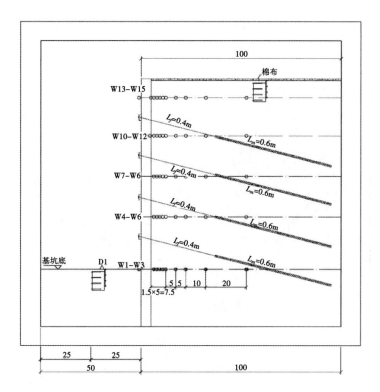

（a）模型 1 实验装置设计图

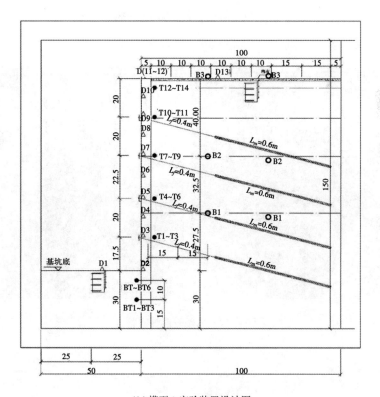

（b）模型 2 实验装置设计图

图 4.10　模型测点布置图

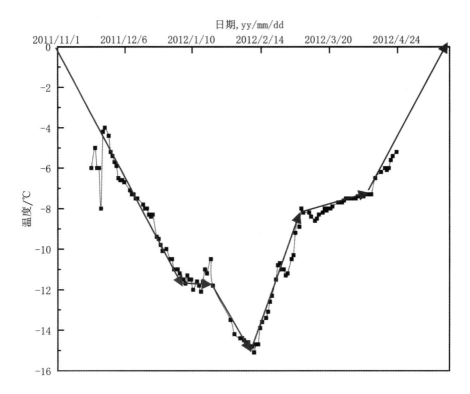

图 4.11　某年冬季地温测试曲线图

图 4.12　冻融敏感性实验

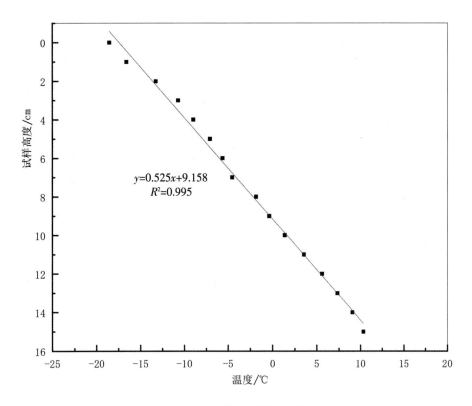

图 4.13　土体温度沿高度分布

利用设置在土样顶端的位移计测试土样的冻融变形规律，得到实验用土的冻融量随时间的变化规律（如图 4.14 所示），土体的冻融量为 1.626cm。根据冻融率的定义，确定土体的冻融率为：

$$\eta = \Delta H / H_d \tag{4.27}$$

式中：η——冻融率；

　　ΔH——试样总冻融量，cm；

　　H_d——冻结深度（不含冻融量），cm。

计算得 $\eta = 21.59\%$，根据冻融等级判断实验用土为特强冻融土。

在土体内预埋设两层水平放置的 U 形带孔 PVC 水管并用棉布缠裹；填筑完毕后采用无压补水（见图 4.15），经过一段时间后整个模型的含水量达到 20%~25%，再经过 24~48h 左右进行水分消散与均衡。

锚索应变监测利用光栅在受到应力时波长改变的原理测试应变，利用光谱采集仪采集光信号，进行准确测量。与锚索（杆）联合起作用的系梁，由相似比设计原理采用 1cm×3cm×5cm 的环氧树脂板切割而得（见图 4.16）。

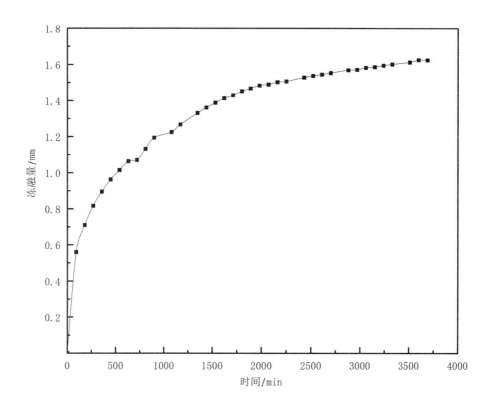

图 4.14　冻融量随时间变化规律

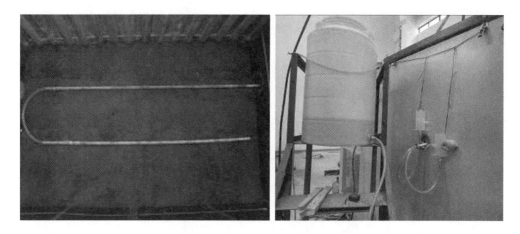

图 4.15　补水管及无压补水

　　由于模型实验无法做到与实际一致的工序,所以先将模型桩与锚索预埋入土中,整体填筑等补水后并均衡完毕,再将模型桩前(临空面那一侧)的土分层开挖,每天开挖一至两层,每层 10~20cm。

图 4.16　模型实验锚索及应变监测试验点

开挖过程中即进行位移与土压力的监测，土压力采用灵敏度较高的土压力盒布置在桩后，采用程控电阻应变仪采集(见图 4.17)。变位测量包括桩身的应变测量、桩身和系梁的位移测量、基坑顶部和底部的冻融量监测等。桩身的应变测量采用了光纤技术、低温应变片，桩身、系梁和冻融量的位移测量采用的是电阻式位移传感器(见图 4.18)。

开挖完毕后启动冻土箱进行整个模型实验过程。采用地温实测结果控制降温过程。在 1500min 内环境温度分三次降温和恒温过程逐渐降低至 -20℃，同时，测量土体冻深层厚度，并记录支护桩体在桩身方向上的位移及不同深度埋设土压力盒所监测的冻土压力值。

图 4.17　模型实验土压力盒的埋设

图 4.18　模型实验位移监测系统

4.6　实验监测数据分析

4.6.1　温度数据分析

图 4.19 和图 4.20 为冻结过程中各个测点温度的实测值演变,其中图 4.19 为基坑底冻深范围内温度变化曲线,图 4.20 为基坑顶面冻深范围内温度变化曲线。温度传感器自临空面依次向内 1,2,…,10cm 布设。从温度随时间变化的监测数据来看,不同位置同等深度的热敏电阻温度近似相等,温差仅为 0.4℃ 左右,可以认为整个箱体内温度是均匀的。

从温度随时间的变化曲线可以看出:

① 基坑土体温度变化曲线越靠近外侧与试验箱内环境温度程式变化形式越相一致,但相对环境变化稍有滞后,土体内部温度变化随深度加深趋于平缓。

② 在实验开始后的 0~300min 土体温度随环境设定温度快速下降,300min 时刻认为土体开始冻结,对应于距顶面监测点 1cm 位置温度为−2.018℃,而此时环境温度稳定在−5℃ 保持阶段。

③ 自 300~1800min 环境温度经历了由−5℃ 降至−20℃ 后升温至−15℃ 的过程,该段时间内不同深度的测点温度均呈线性增长,达到最低温度时刻相对于最低环境温度−20℃ 时刻的 1550~1700min 略显滞后。

④ 2000min 以后为回温曲线,从图中可以看出当环境温度上升至−5℃ 以后土体温度曲线趋于平缓。至 3500~4000min 环境温度仍保持在−2℃ 时,土体冻结深度约为 8cm。

在任一时刻，利用图 4.19 和图 4.20 土体的温度场，对相邻冻结温度的两位置深度热敏电阻采用内插法，可以得到土体冻融和冻融过程冻结深度随时间的变化曲线如图 4.21 和图 4.22 所示。

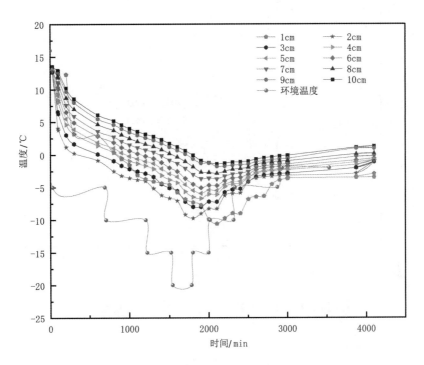

图 4.19　基坑底温度随时间的变化曲线

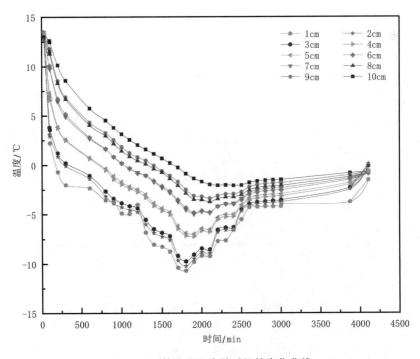

图 4.20　基坑顶温度随时间的变化曲线

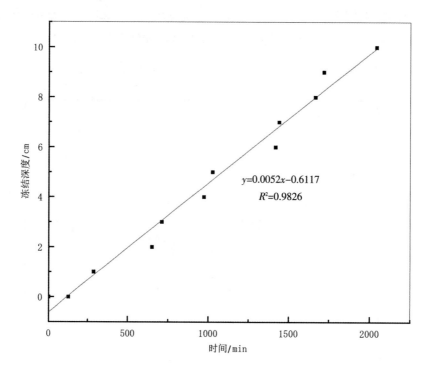

图 4.21 土体冻深随时间变化曲线(降温过程)

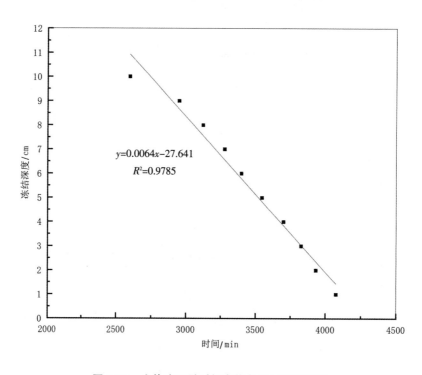

图 4.22 土体冻深随时间变化曲线(升温过程)

可以发现，土体的冻深随温度和时间的变化近似呈线性增长和下降，从曲线斜率来看升温过程相比降温过程冻深变化速率更快。

4.6.2　桩身应变分析

选取一组室内模型实验边桩 P3 桩和中间桩 P5 桩为例，图 4.23 和图 4.24 给出了沿支护桩不同高度 8 个测点的测值。位置距离坑底分别为 -20，20，40，50，60，70，80，90cm。可以看出桩身各测点的应变随控温过程变化明显，在温度降至 -20℃时（1700min 左右）桩身应变达到最大值。随降温过程可以看出，每次降温桩身应变变化快速增加，在每级温度保持过程中趋于稳定。主要是由于桩后土体随周围环境负温的降低增大了冻土段的温度梯度，从而增大未冻水的势梯度和已冻土段内的迁移水量，导致冻融压力的增加从而导致桩身的变形和锚杆应力的变化。而在 1700min 后，桩身各测点应变随升温过程有减小的趋势但应变的变化率比升温过程变化缓慢。分析原因，在冻融过程中由于冻融力的持续增加锚杆作用逐渐发挥，锚杆力持续增大导致应力重新分布，支护桩桩身各测点应变减小。在 2500~3200min，即温度重新上升至 -5~-2℃时段内桩身变形趋于稳定。而随温度继续升高，超过桩后土体的冻结温度后，土体融化导致桩后土压力发生变化，各层锚杆同时有回弹趋势，锚杆应力有所下降，桩身应力再次重新分布，各测点应变减小并趋于稳定。

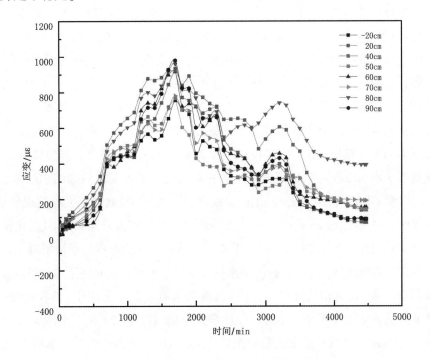

图 4.23　P3 桩各测点应变曲线

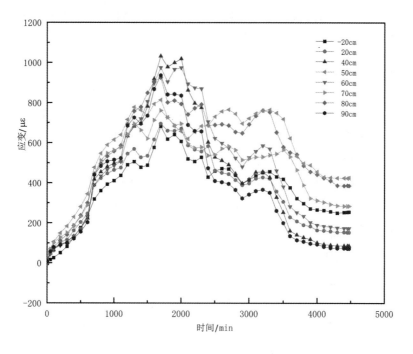

图 4.24　P5 桩各测点应变曲线

图 4.25 给出了基坑底部位移数据。图 4.26 所示为沿基坑侧壁不同高度设置的 5 个层位 5 只位移计的位移曲线，得到冻融过程中基坑侧壁距离基坑底部不同高度处的变形规律。位移计设置位置距离基坑底部分别为 17.5，37.5，60，80，95cm。从图 4.25 的基坑底部无约束位移曲线可以明显反映出土体受冻以及融化后的冻融和融沉曲线。通过实验研究发现，土体在冻结过程中，由于初期温度骤降至 0℃ 以下，负温所对应的负压作用导致土体中孔隙水压力降低，有效应力增加，根据有效应力原理，会伴随冻缩现象的出现。但在工程实践中，由于传感器精度等限制，冻缩量很难被监测到。实验过程中第一次测试选用偏粉土的粉质黏土，冻融使用精度为 0.01mm 的位移计，同样没有反映出土体的冻缩过程。而第二次实验选用偏黏土的粉质黏土，测得了初始冻结中的冻缩现象。因此，可以推断土体的冻缩与粉质黏土的黏粒含量有关，黏粒含量越大冻缩现象越明显，冻缩反应越大。从 0~500min 曲线可以看出当环境温度从室温降至 −5℃ 时变化剧烈，基坑底部土体表层发生了约 1.237mm 的向下冻缩位移。随环境温度的继续下降，冻结锋面持续向前推进，冻深增加，土体开始产生冻融现象，于 1000min 时回至原初始状态。

实验结束之后，冻融量持续增大，土体冻融现象明显。与环境温度的程式变化不同，土体位移曲线的发展趋于平滑，在温度经过程式变化回温至 −2℃ 时，土体冻融位移达到最大值为 6.816mm。之后对应于实验的冻融阶段，从图中可以明显看出基坑表层土体发生了明显的融沉现象，至环境温度上升至正温时，融沉现象趋于稳定，稳定后位移为 0.882mm。

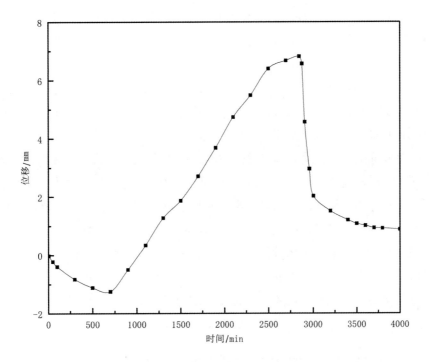

图 4.25 基坑底面监测点位移曲线

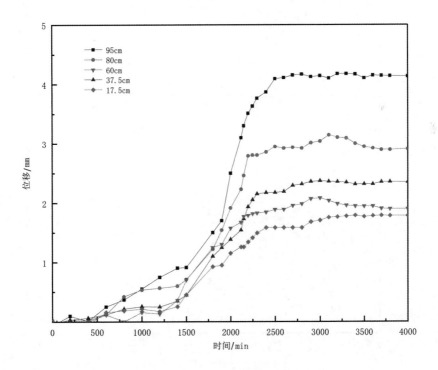

图 4.26 桩身不同位置监测位移曲线

图 4.26 所示为桩身测点位移随环境温度变化曲线，曲线 0～1400min 为稳定发展阶段，各测点位移变化平稳，冻融影响的桩身位移均在 0.5mm 以下，冻融量约占最大冻融

量的 20%。1400~2200min，环境温度经历了从降温至升温的过程，环境温度从-10℃降低至-20℃后又升温至-10℃，而土体表层温度在-10~-7℃之间，冻深在 8~10cm 之间。从变化曲线可以明显看出该过程位移持续增加，冻融剧烈，各测点冻融量达到最大冻融量的 70%，这是由于随温度降低支护桩后土中未冻水快速向基坑侧壁迁移冻融力增加迅速产生冻结所致。同时，伴随锚杆作用加强，桩身应力重新分布，桩身位移状态发生改变。2200~3000min，环境温度升高至-2℃，表层土体温度上升至-3℃左右，土体冻融量缓慢增长，该段冻融量约占最大冻融量的 30%。随着环境温度的持续升高，桩身发生较小的回弹变形，后逐渐趋于稳定。从图 4.27 可以看出，桩身变形规律为桩顶水平位移较大，中间由于锚杆约束作用位移相对较小。究其原因，由于测试前开挖导致的桩身的位移已经形成，支护结构对于桩后土的抵抗作用具有差异性，而且第一道锚索以上支护结构段由于支点较少，约束作用相对较小，故在冻融力作用下产生了相对较大的位移。同理，支护段下部由于桩底部位置近似于刚性约束而导致位移相对较小。而由于开挖后土压力的重新分布导致的初始位移不同加之支护结构中部受锚杆力的约束作用，导致锚杆中部呈现向基坑内侧偏移的挠度曲线，从曲线的挠曲程度来看，锚杆约束作用比较显著。

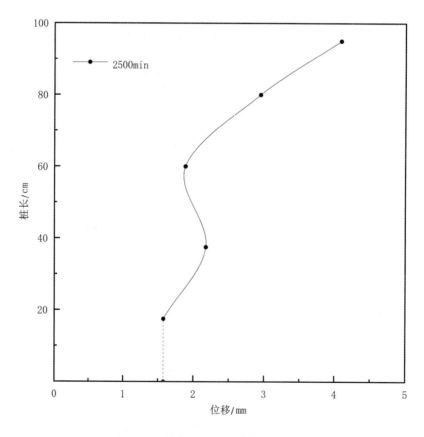

图 4.27　桩身不同位置最大位移曲线

4.6.3 锚杆受力分析

根据锚杆的布置规则,测试锚杆共设置 4 列,考虑要与土压力及位移传感器数据进行对比分析,取最靠近位移传感器的一组进行分析。测点距离基坑底部高度分别为17.5,37.5,60,80cm。

图 4.28 所示为锚杆不同位置处的应变实测数据,以开始降温作为起始点。分析数据随时间的变化可以发现,随温度的降低锚杆轴力持续增大,从 1000~1030min 对应冻深由 4~5cm 变化的过程中可以看出第一排锚杆和第三排锚杆轴力均有显著的提升,这说明在该时间段整个支护体系随冻结深度的不断加深应力发生了重新分布。在1650min,对应土体温度已降至最低温度,冻深为 8cm,从图中可以看出第一道锚索轴力有明显减小趋势,综合土压力和桩身位移曲线共同研究,可以判断,由于第一道锚索上覆土层较薄,摩阻力相对较弱,加之顶部土体温降较快,土中毛细水的迁移作用同时刻较下部明显,冻融力较大导致该位置锚索轴力超出锚固体摩阻力极限值而发生移动。对比桩身位移曲线,不同层位锚杆受力由对应位置基坑位移所决定,桩身位移较大处,锚杆受力越大。

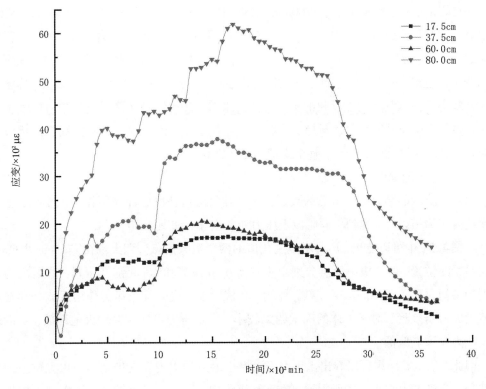

图 4.28 锚杆应变实测曲线

在 1650~2650min,锚杆应变基本稳定,随控温过程变化不明显;2650min 后,由于土体温度开始逐步回升至冻结温度以上,冻结深度减小,桩后土体进入冻融阶段。从图中可以看出，伴随土体融化后的回弹，各层锚杆应变均有减小趋势，但最后仍然保留一部分冻融后的残余应变。因此，在实际工程设计中对该部分所产生的锚杆轴力的增加应予以考虑。

4.6.4 桩后土压力分析

通过布设土压力盒测得基坑开挖完成后控温过程冻融力变化规律和随深度分布情况。

（1）冻土压力变化规律

实验中，从土压力盒测得的数据，得到模型实验基坑侧壁水平冻融力的发展规律，如图 4.29 所示。由于土中水冻结过程中体积膨胀，土与基坑支护桩相互作用，产生水平冻融力。控温冻结过程从第 30min 开始至第 2934min 结束；第 2934min 后为试验箱自行升温的融化阶段。对比 5 个不同位置土压力变化规律可以发现，基坑从桩后土冻结时刻开始，土压力整体保持持续增大的趋势，在 0~1700min 为冻土压力快速增长阶段，底部 17.5cm 处冻土压力值最大为 33.156kPa，37.5cm 和 60cm 处次之。支护结构顶部由于桩身位移增大较多，故冻土压力释放也较多，因此在冻结升温过程中该处冻土压力始终位于 10~15kPa 左右的较低水平。1700min 后随土体温度持续上升冻土压力基本保持不变。其中靠近基坑顶部测点（80，95cm）处在 1700min 后有一短暂的土压力下降过程，从锚杆监测数据来看，该时间段对应锚杆应力减小。初步分析由于基坑顶部受冻严重，冻融力增加较大超过锚杆抗拉承载极限，导致锚杆产生松动，锚杆轴力减小、位移增大，冻土压力随之减小。但从其他测点反映的土压力情况来看，其他测点在降温过程中对应冻土压力快速增长，在升温过程中逐渐趋于稳定，从锚索轴力的变化说明本实验锚杆的调节作用明显，加之顶部冠梁的约束，整个支护体系仍然保持稳定。

（2）冻融力随深度分布情况

取各个阶段的结束时间节点的数据，以压力盒距离基坑底部高度作为纵坐标，土压力变化值作为横坐标，得到不同阶段土压力变化规律，如图 4.30 所示。

从图 4.31 中可以看出，压力增量变化值的两个极大值点分别出现在 17.5cm 和 60cm 两层系梁的位置，两个极小值点分别出现在支护桩顶部和 40cm 锚杆位置，这是因为基坑支护结构主要承受侧向水平冻融力作用，在桩后土体受到冻土压力作用后该处存在相对较大的桩身变形，对于土体的冻融约束较小，冻土压力可以相对较大地释放，实测的冻土压力在该点偏低。

因此，从试验结果可以看出土压力极大极小值点均出现在支护结构约束点位。约束条件是决定冻融力大小的主要因素。在实际工程中，通过增加支护桩刚度被动抵抗冻融所产生的应力，或通过增加锚杆道数，有效分担冻融作用所产生的桩身应力均是控制冻融作用的措施。

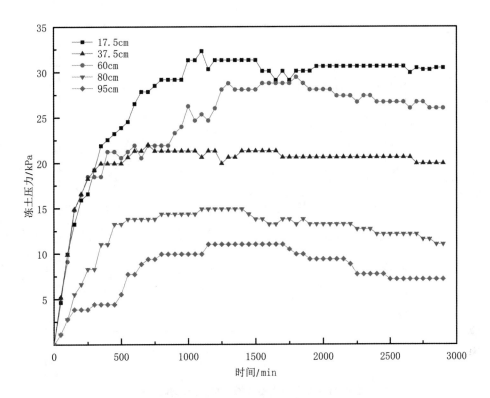

图 4.29　沿桩长各测点冻土压力曲线

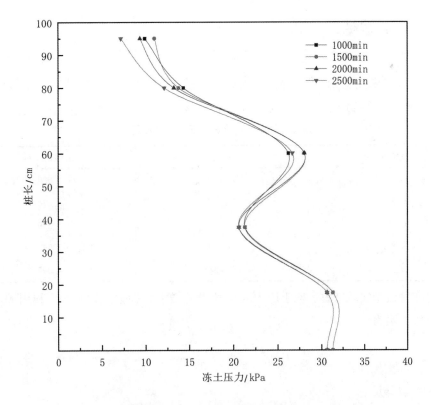

图 4.30　冻土压力沿桩长分布曲线

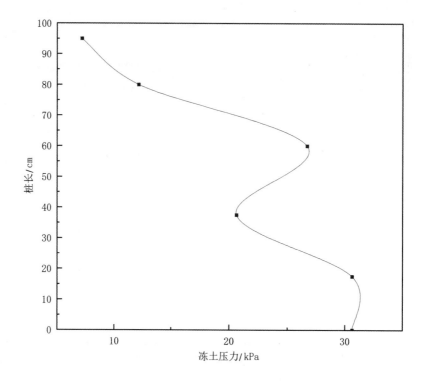

图 4. 31　冻土压力沿桩长分布曲线(2500min)

4.7　实验结果分析

对同一标高各测点测试数据选用 5 组模型实验平均值建立模型实验冻土压力、位移量表(见表 4. 3)。绘制土体冻融后冻土压力和位移关系曲线(见图 4. 32)。

表 4. 3　模型实验冻土压力、位移量

测点位置/m	冻土压力/kPa	位移量/mm
0. 175	30. 633	1. 582
0. 375	20. 633	2. 174
0. 600	26. 712	1. 829
0. 800	12. 141	2. 947
0. 950	7. 174	4. 092

根据冻融模型实验数据,冻土压力随位移量的增大呈指数规律衰减,利用 MATLAB 建立其函数关系为

$$f = 83.8e^{-0.6355y} \tag{4.28}$$

式中:f——冻土压力;

y——位移量。

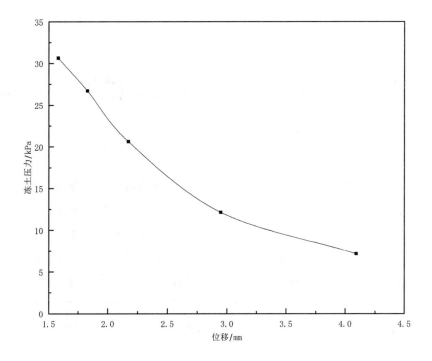

图 4. 32　冻土压力–位移特征曲线

综上所述，结合模型实验研究理论，进行了冻融基坑实验模型相似比设计。经过多次物理模型实验后获取相关实验数据，通过分析得到主要结论如下：

① 通过监测季节性冻土区环境温度的变化情况，设置温度变化程式，观测土体冻深的发展规律，发现土体的冻深随环境温度变化明显，冻深随时间的推移近似呈线性增长。

② 土体位移在降温和升温过程中出现了明显的冻融–融沉现象。冻结初期，土体表面发生了较明显的冻缩现象，观察到的冻缩位移为 1. 237mm。

③ 桩身位移随温度降低不断增加，各测点的位移总体趋势相同，呈稳步增长的趋势。但是，由于锚杆作用，各部分的冻融量存在差异性。冻融阶段桩身位移由于锚杆随土体融化后的回弹呈短暂的减小。

④ 土压力的大小与桩身挠度有对应关系。桩锚支护体系中，桩身位移相应较大，位置因为约束作用降低，冻融力相对较小。

⑤ 对同一标高各测点测试数据选用平均值绘制了模型实验冻土压力、位移量关系曲线，得到了冻土压力随位移量的增大呈指数规律衰减的规律，并建立了冻土压力和桩身位移的关系方程。

第5章 基坑桩锚支护防冻融措施工程实验

在前面理论分析与大型模型实验的基础上，开展基坑防冻融保温现场控制试验与分析，季节性冻土区深大基坑工程往往不能在越冬前完成回填，为确保越冬过程中已开挖基坑的稳定，采取适当的工程措施减少或消除冻融的影响。从冻融的影响因素出发，建议措施主要以改变土体性质、控制水分补给和抑制冻融温度为主。其中，覆盖保温作为最为常见和有效的消除冻融影响的抑制冻融温度措施经常在实际工程中得以应用；在深大基坑支护工程冬季防护保温过程中，侧壁保温防护措施作为比较常见的基坑防护手段被经常采用，但不同保温材料对深基坑冻融的控制影响程度的差异并没有深入的研究。

5.1 工程实验目的与位置

长春市气候属欧亚大陆东部中温带大陆性半湿润-半干旱季风气候，春季干旱多风，夏季炎热多雨，冬季寒冷干燥。每年平均气温 4.1~4.9℃，7月份的平均气温23℃，1月份平均气温-17℃。冬季盛行偏西风，夏季盛行东南风，春季盛行西南风，风速季节变化明显，春季平均风速 3.9m/s，最大风速 30m/s。长春地区多年平均降水量 500~600mm，降水量不稳定，季节性变化大，年内降水量分配不均，汛期(6—9月份)降水量一般占全年降水量的77%，长春地区日照时数约2640h。根据资料查询长春市冬季平均气温为-11℃以下，年极端最低气温-45℃，每年冬季土体冻结，次年春季融化，冻土层深达1.7m左右。冻土层中细粒土壤的水分在冬季负温条件下结成冰晶，使土体膨胀，产生冻融，从而引起基坑侧壁的冻融破坏。目前，现场试验的目的是验证在东北等寒冷季冻区，不同侧壁保温防护方案对深基坑冻融作用的抑制程度。基坑设计了几种不同的侧壁保温方案，通过对比分析，多角度深入研究实施不同的深基坑侧壁保温方案在冻结深度、桩土接触压力和控制桩身位移等方面的差别。并通过冻融后的土体动态参数的预测得到不同保温方案对控制冻融危害的效果。本章重点分析不同侧壁保温方案的可行性及经济性。

实验位置见图5.1，具体情况如下：

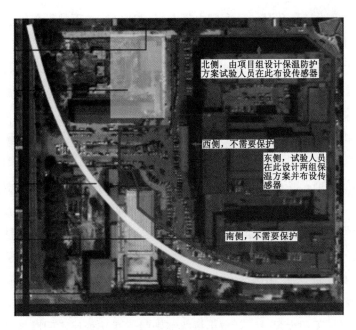

图 5.1 实验位置图

① 基坑北侧由施工单位采用一层塑料布加一层保温棉被外加一层塑料布的方式进行保温处理，塑料布与棉被之间直接缝死，保温体与支护侧壁采用发泡剂与射钉枪结合防止固定，保温体上部与基坑冠梁固定，保证基坑侧壁腰梁不受力；越冬防护深度为冠梁侧壁至砂层以上区域。实验人员在此侧基坑布设传感器监测采集数据。

② 基坑东侧由实验人员在此设计两种保温方案作为对比参照，分别采用扣设塑料大棚保温方案及铺设保温棉方案，并布设传感器监测采集数据。另选一处未做任何保温防护的区域布设传感器，作为效果对比参照。

③ 基坑西北侧部分采用放坡预留土方式进行支护，不需要采取越冬维护措施；西侧混凝土支撑梁部位开挖至-10.5m，支护桩嵌固20m深且上部有一层混凝土内支撑梁，此部位无须采取越冬维护措施。

④ 南侧圆弧区域开挖至-12.8m处，为混凝土斜撑预留土，此部位支护桩嵌固19m深，且是双排支护桩，可不考虑越冬维护措施。

冬期实验时间期限：根据长春市的天气情况及工程的实际进展，本次实验的时间定为2019年11月15日至2020年3月31日。

5.2 设计方案

5.2.1 塑料大棚保温方案

钢筋塑料大棚保温方案采用焊接锚固钢筋骨架并在骨架上覆盖塑料大棚。此方案可充分利用白天的日照能量升温。且大棚内部空气起到良好的隔热性能,空气的导热系数仅有 0.024W/(m·K)。主要材料为钢筋及塑料布。材料成本较低,在农业上有较多的应用。缺点在于基坑侧壁为直立面,安装施工较为困难;塑料布的强度较低,容易破漏;面积较大,如遇大风等极端天气难以保证牢固(见图 5.2)。

安装方式及操作流程:

① 钢筋架由钢筋焊接成 6 组钢筋架,每组钢筋架重约 23 kg。6 组钢筋架分别安装固定在基坑临空面后,再用钢筋焊接成一体。弧形钢筋采用 16 号,其余钢筋采用 12 号。

② 安装钢筋架前,预先量测好钢筋架尺寸并提前在基坑侧壁上钻出钢筋插孔及膨胀螺栓插孔,安装并锚固好组件上端后再将钢筋架下端焊接在腰梁上。

③ 安装及焊接时尽量使钢筋架贴近基坑侧壁,以减小骨架与基坑侧壁的空隙。

④ 钢筋架的安装及连接尽量一次性完成,以免由于不牢固导致组件坠落。

⑤ 钢筋架安装完成后,用钢丝绳栓拉钢筋架左右两外侧圆弧钢筋中心处及远处腰梁垫铁,以抵御侧风。

⑥ 塑料布尽量采用大尺寸,以减小拼接缝数量。拼接处用透明胶带粘牢。

⑦ 塑料布与钢筋连接处用多层(两层以上)透明胶带加强后穿孔并用扎带绑扎固定到钢筋骨架上,所有钢筋与塑料布接触处都需用扎带固定。尽量使用圆锥穿孔使孔边缘整齐,以免造成塑料布撕裂。扎带间距为 400 mm。

⑧ 塑料布固定后再次使用透明胶带粘贴覆盖扎带穿孔处,以避免漏风及塑料布撕裂。

⑨ 塑料布覆盖完成后,用发泡胶填充钢筋骨架与基坑侧壁之间的缝隙,确保其密封良好。

⑩ 塑料布应布设双层,尺寸大约为9m×12m,选用9m×12m尺寸的塑料布 2 张或6m×10m 尺寸的塑料布 4 张。

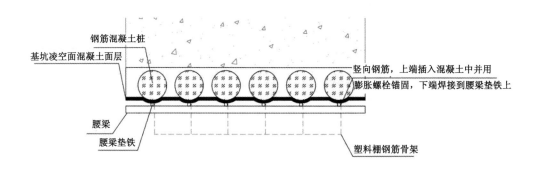

(a)平面图

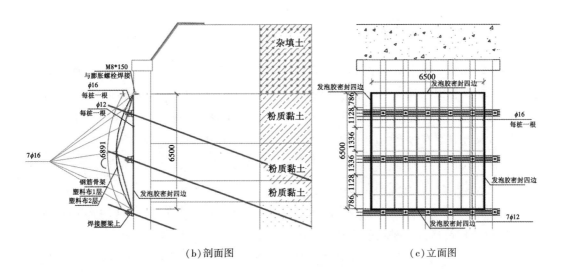

（b）剖面图　　　　　　　　　　（c）立面图

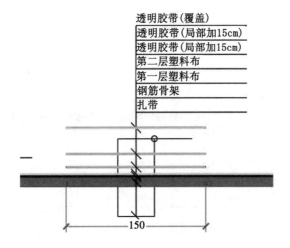

（d）塑料布局部加强大样图

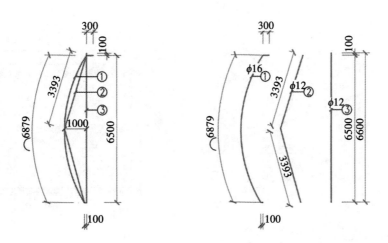

（e）钢筋预制组件大样图

图 5.2　塑料大棚保温方案

5.2.2 铺设保温棉方案

铺设保温棉方案采用在基坑侧壁铺设保温棉的方式。保温棉铺设于基坑侧壁,用保温钉固定。保温棉在锚索及腰梁垫铁处开洞,并用发泡胶封堵。保温棉内部含有大量的闭口孔隙,此方案利用保温棉的低导热系数(约为 $0.034W/(m \cdot K)$)保温,在建筑的外墙及屋顶保温方面有较多的应用(见图 5.3)。缺点在于材料成本较高。

安装方式及操作流程:

① 隔热棉与基坑侧壁用保温钉固定,保温钉间距为 400mm。

② 隔热棉尺寸为 1m×8m,共需 7 张。厚度为 50mm。导热系数为 $0.034W/(m \cdot K)$。

③ 隔热棉拼接处需拼接整齐并固定牢固,并使用发泡胶封盖住缝隙。

④ 铺设隔热棉,遇到锚索等需要避让的位置时,没有隔热棉的地方需用发泡胶覆盖。

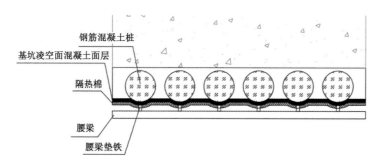

（a）平面图

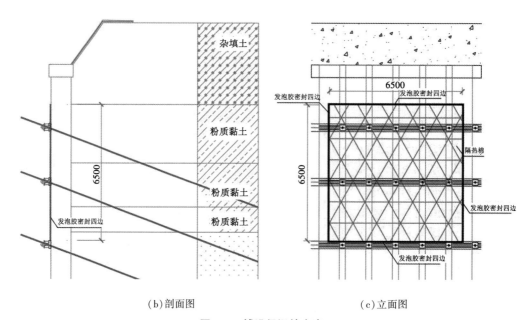

（b）剖面图　　　　　　　　　（c）立面图

图 5.3　铺设保温棉方案

5.2.3　传感器布置方案

传感器布置方案见图 5.4。

安装方式及操作流程：

① 锚索轴力计、土压力盒、温度探头三种传感器为一组，针对一根锚索布置监测。

② 土压力盒、温度探头尽量在同一个孔洞内布设，以提高监测精度并减小土层扰动。

③ 土压力盒需在一个孔洞内布设 3 个。位置为距离基坑侧壁 0.95,1.35,1.75 m。

④ 温度探头需在一个孔洞内布设 6 个。其中 1 号探头悬空外露，以监测基坑内气温。2~5 号探头埋设在土层中，间距为 400 mm。

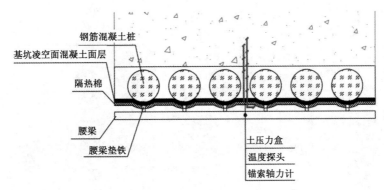

（a）平面图

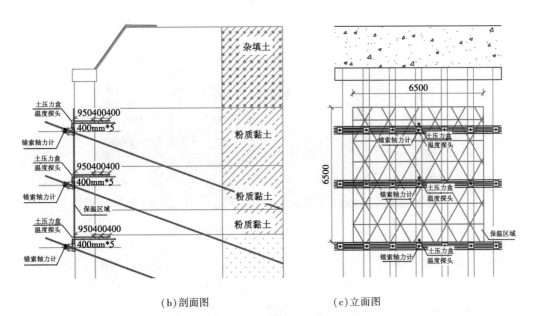

（b）剖面图　　　　　（c）立面图

图 5.4　传感器布置方案图

5.3 现场保温措施

5.3.1 铺设保温棉

铺设保温棉(岩棉)：采用在基坑侧壁铺设保温棉的方式(见图 5.5 和图 5.6)：

① 保温棉铺设于基坑侧壁,用保温钉固定。

② 保温棉在锚索及腰梁垫铁处开洞,并用发泡胶封堵。保温棉内部含有大量的闭口孔隙。

图 5.5　现场实验段布置图

③ 隔热棉两面用塑料布包裹,与基坑侧壁用保温钉固定,保温钉间距为 400mm。隔热棉尺寸为 1m×8m,需 7 张,厚度为 50mm,导热系数 0.034W/(m·K)。

④ 隔热棉拼接处需拼接整齐并固定牢固,并使用发泡胶封盖住缝隙。铺设隔热棉时,遇到锚索等需要避让的位置时,没有隔热棉的地方需用发泡胶覆盖。

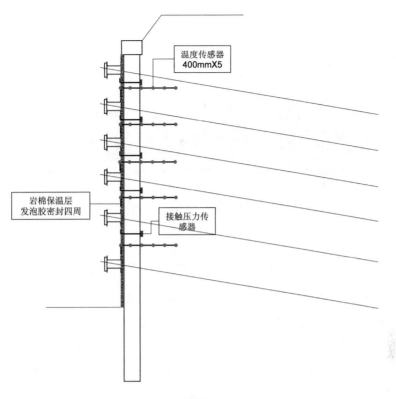

（a）剖面图

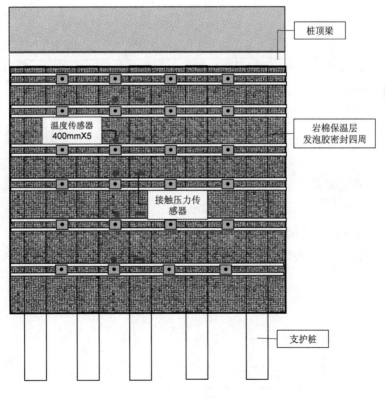

（b）立面图

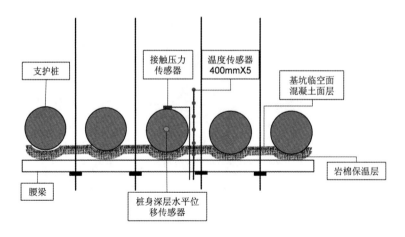

（c）平面图

图 5.6　冬季保温措施（保温棉方案）传感器布置图

⑤ 传感器以土压力盒、温度探头两种传感器为一组。土压力盒、温度探头尽量在同一个孔洞内布设，以提高监测精度并减小土层扰动。

监测点布设在相应锚杆对应位置。温度探头需在一个孔洞内布设 6 个。其中 1 号探头悬空外露，以监测基坑内气温。2~5 号探头埋设在土层中，间距为 400mm。

5.3.2　铺设阻燃草帘保温

阻燃草帘保温方案采取立面保温措施，降低支护结构冻融程度，如图 5.7 和图 5.8 所示。

① 立面保温做法：覆盖一层塑料布→覆盖一层阻燃草帘→覆盖一层塑料布→覆盖一层阻燃草帘→覆盖一层防风塑料布→绳索固定保温层。

② 在支护桩上钻孔后植入钢筋，钻孔角度不小于 45°，钻孔深度不小于 10cm，钢筋伸出长度不小于 15cm，植入钢筋用于固定草帘及塑料布，钻孔需要避开腰梁。草帘尺寸选用 1.5m×3.0m。

③ 覆盖层都铺设完成后，将绳索绑在钢筋上用于固定保温覆盖层。坑顶和坑底以上也按相同覆盖做法处理，处理宽度不小于 2m，上面采用重物压实。

④ 支护结构保温层立面布置要求保证每一层覆盖材料均匀分布，搭接处没有空隙存在，保证保温隔热效果。传感器布设方式同隔热棉方案。

图 5.7　现场布置图

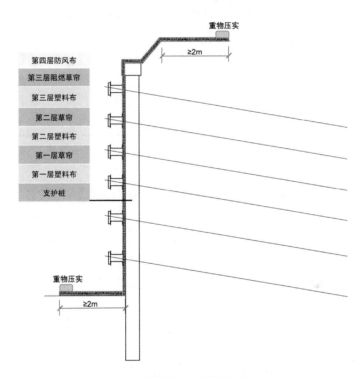

图 5.8　冬季保温措施(阻燃草帘)剖面图

5.4　监测结果分析

5.4.1　温度监测结果

温度探头得到的冻融基坑不同保温措施的监测结果如图 5.9 至图 5.12 所示。

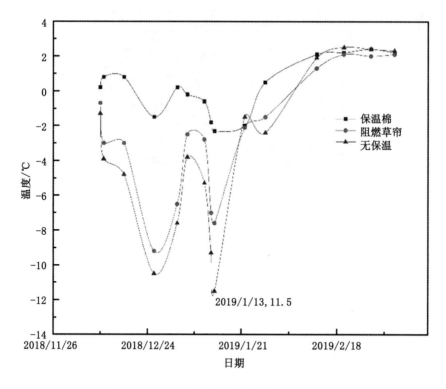

图 5.9 不同保温措施温度时间变化(400mm)

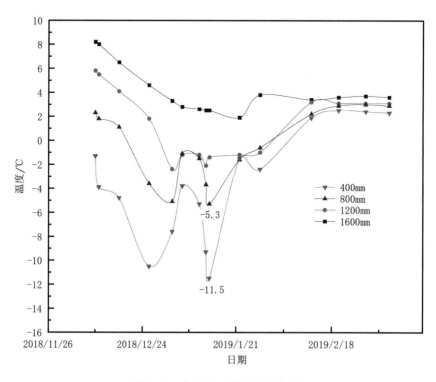

图 5.10 未保温土体温度时间变化

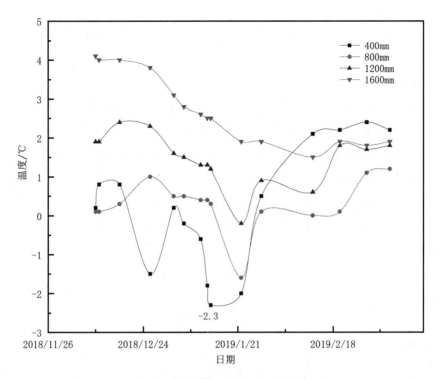

图 5.11 保温棉保温土体温度时间变化

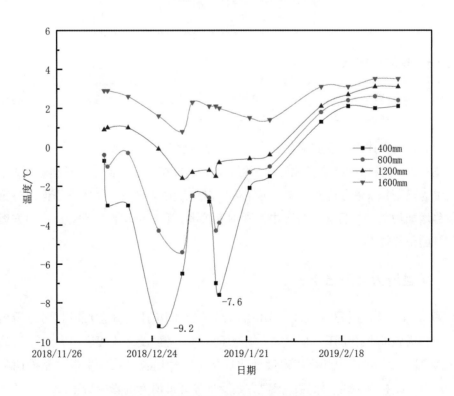

图 5.12 阻燃草帘保温土体温度时间变化

从温度变化曲线看，主要结果如下：

① 采用不同保温措施土体温度整体变化趋势与未施加保温措施的温度变化趋势基本相同，采用保温棉保温措施的土体温度变化整体比较平缓，较阻燃草帘保温效果明显，受外界气温影响最小。

② 从基坑土体试样冻融敏感性实验结果分析可知，土体初始冻结温度约为−1.6℃。现场温度监测数据表明，未施加保温措施的土体冻深在 1200~1600mm。

③ 采用阻燃草帘保温措施土体冻深在 800~1200mm，临近基坑临空面位置土体温度较未施加保温措施的土体温度高约 4℃，见表 5.1。

④ 采用保温棉保温措施土体冻深在 800mm 以内，临近基坑临空面位置土体温度较未施加保温措施的土体温度高约 9℃，且冻深范围内，土体温度梯度较小，受外界温度影响最小，保温效果最优，见表 5.1。

表 5.1 采用不同保温措施基坑监测数据对比

深度 /mm	未保温 /℃	保温棉		阻燃草帘	
		实测温度/℃	温差/℃	实测温度/℃	温差/℃
400	−11.5	−2.3	9.2	−7.6	3.9
800	−5.3	−1.6	3.7	−4.3	1.0
1200	−2.1	−0.2	1.9	−1.5	0.6
1600	2.5	1.9	−0.6	2.1	−0.4

5.4.2 位移监测结果

从图 5.13 位移监测结果变化规律可以看出：桩体经过一个冻融过程后，未采取冻融保护措施的桩身位移变化量最大，采用保温棉保温方案位移变化量最小，阻燃草帘保温方案居中。这与上述由温度监测数据进行的冻结深度分析相一致。

从图 5.13 位移监测结果变化规律还可以看出：冻结深度越深水分迁移越明显，冻融作用则更为显著，冻融力越大。未采用保温措施方案的支护桩位移较采用保温方案的支护桩位移增加约 70%。且冻融过程中锚索刚度较大，限制位移作用明显，三种方案均表现出桩身的位移较大。

5.4.3 接触压力监测结果

从图 5.14 三个实验段距桩顶下 10.0m 位置埋设的土压力盒监测数据可以看出未采取冻融保护措施桩土接触压力值最大，接触压力曲线随温度变化幅度最大。

① 降温阶段。冻融力随环境温度变化近似呈线性增长。采取保温措施的两种方案的接触压力曲线相对平缓，保温棉保温方案受外界环境温度的影响最小。

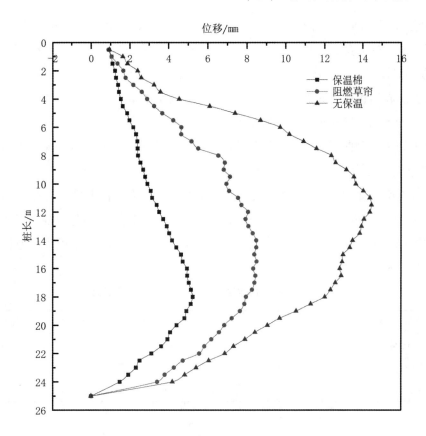

图 5.13 不同保温措施桩体深层水平位移监测数据

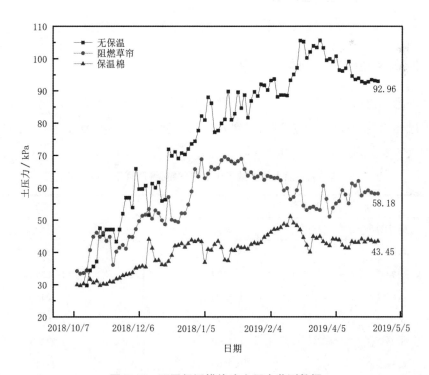

图 5.14 不同保温措施冻土压力监测数据

② 升温阶段。冻土压力曲线呈现向下衰减后趋于稳定的状态，这是由于随着环境温度的不断升高，在温度梯度的作用下，已冻土不能保持原有的冻结状态而逐渐开始融化，冻土中的冰相转变成液态水，未冻水从已融化的桩后表层土向正在融化的深部土层迁移，而冻土的胶结物亦由固态转化为了液态，冻融力逐渐消失，取而代之的则是由于两次水分迁移导致的土颗粒重新排列后结构性能弱化的土体的侧向压力。

从接触压力监测曲线可以看出伴随着冻融压力的消散桩后土压力呈现出了不同程度的下降情况。

从表 5.2 数据变化可看出：桩后土体完全融化后，未采取保温措施的接触压力值稳定在 92.96kPa，比冻融前的 29.75kPa 增长了 212.47%，同样，采取保温棉保温措施和阻燃草帘保温措施的桩后土体接触压力分别增长了 45.12% 和 70.22%，说明保温棉保温措施保温效果最优。

表 5.2　采用不同保温措施基坑冻融监测数据对比

保温措施	起始土压力/kPa	融化后土压力/kPa	增加土压力/kPa	变化率/%
未采取保温措施	29.75	92.96	63.21	212.47
保温棉保温	29.94	43.45	13.51	45.12
阻燃草帘保温	34.18	58.18	24.00	70.22

5.5　现场试验结果分析

5.5.1　冻融参数动态预测结果分析

利用冻融参数动态预测结果分析不同保温措施位移和接触压力的监测数据，采用上述考虑冻融作用的参数预测方法可以得到如表 5.3 至表 5.5 的参数寻优结果，统计后预测结果如表 5.6 所列。

表 5.3　冻融后桩后土体参数萤火虫寻优结果（阻燃草帘保温措施）

物性参数		目标函数
E_0/MPa	μ	$F(x) = \lvert y - y_0 \rvert$
6.6942	0.2500	1.7860
6.7397	0.2500	1.4035
6.8562	0.3000	1.3235
6.6825	0.2697	1.2635
6.8457	0.3000	1.2325
6.8455	0.3000	1.2312

表5.3(续)

物性参数		目标函数
E_0/MPa	μ	$F(x)=\lvert y-y_0\rvert$
6.8422	0.3000	1.2019
6.7224	0.2621	1.1737
6.8383	0.3000	1.1686
6.8381	0.3000	1.1666
6.7746	0.2500	1.1088
6.7986	0.2500	0.9069
6.8077	0.3000	0.9031
6.6833	0.2804	0.8930
6.8008	0.3000	0.8430
6.8001	0.3000	0.8370
6.7941	0.3000	0.7847
6.8202	0.2500	0.7252
6.7835	0.3000	0.6930
6.7801	0.3000	0.6634
6.8199	0.2531	0.6331
6.7751	0.3000	0.6202
6.7661	0.3000	0.5416
6.6791	0.2924	0.4997
6.7644	0.2720	0.4871
6.8607	0.2500	0.3836
6.7755	0.2934	0.3710
6.7412	0.3000	0.3255
6.6711	0.3000	0.2830
6.7345	0.3000	0.2675
6.6775	0.3000	0.2267
6.6803	0.3000	0.2033
6.6816	0.3000	0.1919
6.8127	0.2787	0.1564
6.7884	0.2761	0.1415
6.7687	0.2882	0.1182
6.8542	0.2607	0.0996
6.6959	0.3000	0.0678
6.6989	0.3000	0.0417
6.7672	0.2853	0.0000

表 5.4　冻融后桩后土体参数萤火虫寻优结果(保温棉保温措施)

物性参数		目标函数
E_0/MPa	μ	$F(x) = \lvert y-y_0 \rvert$
12.0382	0.2500	0.9880
12.2205	0.3000	0.9577
12.0478	0.2500	0.9541
5.2133	0.3000	0.9317
12.0582	0.2500	0.9174
12.0589	0.2506	0.9007
12.0645	0.2500	0.8952
12.2012	0.3000	0.8876
12.0688	0.2500	0.8801
12.0694	0.2500	0.8781
12.0846	0.2500	0.8242
12.1691	0.3000	0.7710
12.1061	0.2500	0.7486
12.0985	0.2515	0.7406
12.1587	0.3000	0.7329
12.1543	0.3000	0.7173
12.1423	0.3000	0.6733
12.1377	0.3000	0.6569
12.1367	0.3000	0.6532
12.1318	0.3000	0.6353
12.1278	0.3000	0.6209
12.1212	0.3000	0.5967
12.1157	0.3000	0.5770
12.1153	0.3000	0.5755
12.1554	0.2500	0.5745
12.1134	0.3000	0.5686
12.1639	0.2500	0.5445
12.1743	0.2896	0.4924
12.1838	0.2500	0.4743
12.0886	0.2647	0.4637
12.2009	0.2500	0.4141
12.1909	0.2522	0.3983

表5.4(续)

物性参数		目标函数
E_0/MPa	μ	$F(x) = |y - y_0|$
12.2116	0.2500	0.3763
12.2185	0.2500	0.3519
12.2182	0.2513	0.3235
12.0447	0.3000	0.3189
12.1768	0.2641	0.1636
12.1577	0.2675	0.1477
12.1704	0.2668	0.1206
12.1330	0.2768	0.0000

从萤火虫寻优预测结果可以清晰看出:

① 采用保温棉保温措施后冻融后的土体弹性模量是未采用保温措施的 2.22 倍,采用阻燃草帘保温措施冻融后的土体弹性模量是未采用保温措施的 1.24 倍。采用保温措施后,土体受冻融影响较小,对比未采用保温措施土体结构性的衰减程度较低。

② 桩锚体系越冬基坑采用侧壁保温措施能够较好防止冻融破坏的影响,确保基坑越冬过程中的稳定。

③ 选择保温棉作为保温材料的效果要优于阻燃草帘,在深基坑越冬过程中建议采用保温效果更好的保温棉材料。

④ 对于冬季相对温度较高、温差较小的季节性冻土区或深度较浅的二级基坑,考虑经济性可采用阻燃草帘方案,但应加强越冬过程中的监测,防止冻融破坏。

表 5.5 冻融后桩后土体参数萤火虫寻优结果(无保温措施)

物性参数		目标函数
E_0/MPa	μ	$F(x) = |y - y_0|$
5.3804	0.2500	4.0044
5.3906	0.2500	3.8350
5.3796	0.2605	3.5057
5.4194	0.2500	3.3599
5.3888	0.2631	3.2202
5.4572	0.2500	2.7344
5.4458	0.2545	2.7051
5.4849	0.2500	2.2763
5.5118	0.2500	1.8313
5.4766	0.2622	1.8052

表5.5(续)

物性参数		目标函数
E_0/MPa	μ	$F(x)=\lvert y-y_0 \rvert$
5.5597	0.3000	1.7381
5.3925	0.2898	1.7120
5.5491	0.3000	1.5579
5.5323	0.2500	1.4923
5.5394	0.3000	1.3925
5.5387	0.3000	1.3801
5.4117	0.2900	1.3772
5.5366	0.3000	1.3444
5.3800	0.3000	1.3234
5.5312	0.3000	1.2532
5.5555	0.2500	1.1086
5.3933	0.3000	1.0965
5.5612	0.2500	1.0151
5.4030	0.3000	0.9307
5.4050	0.3000	0.8963
5.4085	0.3000	0.8364
5.4096	0.3000	0.8187
5.5056	0.3000	0.8173
5.4138	0.3000	0.7465
5.4337	0.2961	0.6412
5.4320	0.3000	0.4373
5.4771	0.3000	0.3314
5.4733	0.3000	0.2658
5.4676	0.3000	0.1696
5.4479	0.3000	0.1667
5.4490	0.3000	0.1482
5.4623	0.3000	0.0799
5.4530	0.3000	0.0787
5.4535	0.3000	0.0702
5.4729	0.2957	0.0000

表 5.6　冻融后桩后土体参数预测结果统计表

保温措施	土压力/kPa	桩身位移/mm	E_0/MPa	μ
未采取保温措施	92.96	13.64	5.473	0.296
保温棉保温	43.45	2.91	12.133	0.277
阻燃草帘保温	58.18	6.95	6.767	0.285

⑤ 越冬基坑开挖前应采用考虑冻融的基坑计算方法,适当增加支护结构刚度。

⑥ 越冬后的桩锚基坑应评价冻融后的土体强度衰减情况,现场应仔细检查桩间土脱落和锚杆预应力损失情况,及时修复桩间防护张拉受损的锚杆及墙体。

5.5.2　不同保温材料对冻深影响分析

《建筑工程冬期施工规程》(JGJ 104—2011)附录 C 的土壤保温防冻计算经验公式:

$$h=\frac{H}{\beta} \tag{5.1}$$

式中: h——土壤的保温防冻所需的保温层厚度, mm;

　　　H——不保温时的土壤冻结深度, mm;

　　　β——各种材料对土壤冻结影响系数(草帘冻结影响系数取 2.0, 保温棉冻结影响系数取 3.5)。

上述经验公式是在考虑土体无任何约束条件下的保温经验公式,若要求自由土体完全保温不冻的情况保温棉厚度应至少应为 345mm, 而阻燃草帘厚度至少应为 600mm。

对于桩锚基坑而言,如前所述,支护结构具有较大刚度调节能力,具有一定的抵抗冻融力和变形能力。因此,在实验过程中采用保温棉厚度约为 200mm, 阻燃草帘厚度约为 300mm。代入保温经验公式,土壤的保温防冻的保温层厚度为 700mm 和 600mm。这与温度监测数据采用保温棉保温后冻深不大于 800mm 和采用阻燃草帘保温后冻深在 800~1200mm 基本吻合。

本章重点研究了冬季采用不同的基坑侧壁保温材料对基坑防冻融的影响规律,通过温度监测数据具体分析了不同保温材料对于粉质黏土基坑侧壁的保温效果。将保温棉保温区的深层土体水平位移和接触压力监测数据,提出的冻融后的参数预测结果进行了对比,具体了分析基坑不同保温措施作用下桩后土体强度参数变化情况,得到如下结论:

① 应根据项目所在地区的环境特点,以及土体冻融性评价特点,选择经济有效的覆盖保温措施,减少基坑侧壁冻深,保证基坑防冻融效果。现场温度监测数据表明:

采用阻燃草帘保温措施土体冻深在 800~1200mm, 临近基坑临空面位置土体温度较未施加保温措施的土体温度高约 4℃。

采用保温棉保温措施土体冻深在 800mm 以内,临近基坑临空面位置土体温度较未施加保温措施的土体温度高约 9℃, 且冻深范围内,土体温度梯度较小,受外界温度影响最小,保温效果最优。

② 利用冻融后的监测数据，采用提出的冻融参数萤火虫寻优算法，预测了土体冻融后的基本力学参数，冻融后保温棉和阻燃草帘保温措施的弹性模量分别是未采取保温措施的 2.22 和 1.24 倍。

③ 对于处于强冻融土体地区的基坑工程，设计前建议通过模型实验等措施，获取基坑冻融位移和冻融力关系等关键信息，设计时采用共同作用法方程进行冻融力的分析计算，确保支护结构的刚度满足基坑冻融要求。

④ 越冬基坑前期应调查具体地层分布情况，明确采取何种保温措施；越冬停工期间，基坑降排水系统应保持畅通，确保基坑周边无管线渗漏水情况，同时，应阻止地表水的入渗。

⑤ 对基坑支护变形相对敏感区域如基坑中部地面上超载，应在越冬期间严格控制，临近基坑地表采用与侧壁相同的保温措施并进行定期巡查，及时对地表裂缝区域进行封堵。应对基坑支护体系加强监测并制定应急预案，发现异常及时分析原因并采取有效加固措施。

第6章 紧邻地铁建筑基坑施工流固耦合力学特性

前面章节针对季节性冻土区基坑工程围护结构，开展了冻融循环作用下预测理论、模型实验和现场监测，提出设计前期采用桩土冻融协调相互响应算法，将围护桩桩身水平位移作为评价冻融基坑稳定性的标准。本章采用有限元数值模拟分析方法，利用THM（温度–渗流–应力耦合）的仿真技术，在进行基坑开挖支护过程渗流–应力耦合分析的基础上，进而开展THM分析，结合实际工程揭示并验证基坑降温冻融过程的演化规律，综合评价冻融基坑稳定性。

6.1 场地工程地质条件

以典型深基坑桩锚工程作为研究对象，场地示意位置见图6.1。工程由地上65层办公楼、地上42层办公楼、地上55层住宅楼、地上7层配套商业、地上2层临时售楼处及地下5层纯地下室等组成。

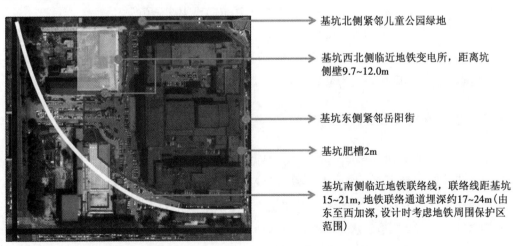

基坑北侧紧邻儿童公园绿地

基坑西北侧临近地铁变电所，距离坑侧壁9.7~12.0m

基坑东侧紧邻岳阳街

基坑肥槽2m

基坑南侧临近地铁联络线，联络线距基坑15~21m，地铁联络通道埋深约17~24m（由东至西加深，设计时考虑地铁周围保护区范围）

图6.1 场地地理位置示意图

6.1.1 气候条件

长春市的气候属欧亚大陆东部中温带大陆性半湿润–半干旱季风气候，春季干旱多风，夏季炎热多雨，冬季寒冷干燥。年平均气温 4.1~4.9℃，7 月份平均气温 23℃，1 月份平均气温–17℃。冬季盛行偏西风，夏季盛行东南风，春季盛行西南风，风速季节变化明显，春季平均风速 3.9m/s，最大风速 30m/s。长春市地区多年平均降水量 500~600mm，降水量不稳定，季节性变化大，年内降水量分配不均，汛期（6—9 月份）降水量一般占全年降水量的 77%，长春市地区日照时数约 2640h。

6.1.2 地基土的构成特征

根据对现场勘探、原位测试及室内土工实验成果的综合分析，按地层岩性及其物理力学数据指标，场地地基土划分为人工堆积层（Q_{4ml}）、第四系沉积层（Q_{2al+pl}）和白垩系基岩（K）三大类，并按地层岩性及其物理力学数据指标，自上而下的顺序分述如下：

第①层，杂填土（Q_{4ml}）：杂色，主要由黏性土和砖块、碎石等建筑垃圾组成，松散堆积，受人为活动影响，该层密实度不均匀，力学性质差。

第②层，粉质黏土（Q_{2al+pl}）：褐黄色，可塑状态，中压缩性。

第③层，粉质黏土（Q_{2al+pl}）：褐黄色、褐灰色，可塑偏硬状态，中压缩性。

第④层，含砂粉质黏土（Q_{2al+pl}）：褐黄色、褐灰色，硬塑状态，中压缩性。砂含量约占 10%~40%，成分主要出石英、长石组成。

第⑤层，粗砂（Q_{2al+1}）：灰褐色、灰黄色，中密~密实状态。成分主要由长石、石英组成，级配不良，次棱角状，局部为砾砂，细粒土含量约占 10%~20%。

第⑥层，全风化泥岩（K）：棕红色、灰白色，主要由黏土矿物组成，泥状结构，风化呈硬塑的黏土状，层理构造，局部为砂质泥岩、粉砂岩。岩体呈散体状结构，RQD 为极差的，极破碎，基本质量等级为Ⅴ级。

6.1.3 地下水类型及地下水位

① 场区的第四系沉积层赋存地下水，地下水类型为上层滞水及孔隙潜水。场区深部砂岩风化带中含有地下水，地下水类型为基岩裂隙水，泥岩为相对隔水层，基岩中的地下水主要赋存于砂岩及泥岩裂隙中，其水量大小和径流受岩体节理裂隙发育程度、连通性和构造的控制，该层地下水主要受地下水径流侧向补给，且未形成稳定连续的水位面。场地地下水总体上由场地西侧向东侧渗流排泄。

② 场区上层滞水赋存于人工填土层中，水量较贫乏，其动态受季节控制，主要存在于丰水期，由大气降水渗入及管线渗漏补给，地表蒸发排泄。场区孔隙潜水赋存于第四系沉积层中，天然动态类型属渗入~蒸发、径流型，主要接受大气降水入渗和地下水侧向

径流及管道渗漏等方式补给，以蒸发及地下水侧向径流为主要排泄方式。

6.1.4　地基土承载力和桩基设计参数

各土层的地基承载力特征值 f_{ak} 和与本方案设计相关土层的桩端阻力特征值 q_{pa}、侧阻力特征值 q_{sia} 见表 6.1。

表 6.1　地基土承载力和桩基设计参数

岩土层号	岩土名称	天然地基		长螺旋钻孔压灌混凝土桩	
		承载力特征值/kPa	变形模量/MPa	侧阻力特征值/kPa	端阻力特征值/kPa
②	粉质黏土	200	—	—	—
③	粉质黏土	230	—	—	—
④	含砂粉质黏土	260	—	—	—
⑤	粗砂	300	(25.0)	—	—
⑥	全风化泥岩	300	—	40	—

注：表中以（ ）标记的数值为经验值。

6.1.5　基坑工程设计参数

根据室内土工实验资料，基坑开挖及支护设计所涉及的主要土层参数及抗剪强度指标标准值参见表 6.2。

表 6.2　基坑工程设计参数

岩土层号	岩土名称	天然重度/(kN/m³)	三轴压缩（CU）		渗透系数 k/(m/d)
			黏聚力/kPa	内摩擦角/(°)	
①	杂填土	(21.0)	(10.0)	(10.0)	(5.0)
②	粉质黏土	19.1	31.0	10.3	0.35
③	粉质黏土	19.5	32.2	10.9	0.26
④	含砂粉质黏土	19.1	30.0	13.0	0.68
⑤	粗砂	(20.5)	(3.0)	(35.0)	42.0
⑥	全风化泥岩	19.7	43.7	14.6	0.62

注：表中以（ ）标记的数值为经验值。

6.1.6　地基土的冻融性评价

长春市为季节性冻土地区，根据《建筑地基基础设计规范》（GB 50007—2011）附录F，场地地基土的标准冻结深度为 1.70m。工程受冻融作用影响的地基土主要有第①层杂填土、第②层和第③层粉质黏土，依据《建筑地基基础设计规范》（GB 50007—2011）判定地基土的冻融性见表 6.3。

6.3　地基土的冻融性评价

岩土层号	岩土名称	冻融类别	冻融等级	判定依据
①	杂填土	强冻融	Ⅳ	依据经验判定
②	粉质黏土	强冻融	Ⅳ	$w = 27.0$，$w_p = 20.7$，$w_p+5<w \leqslant w_p+9$，$h_w \leqslant 2.0m$
③	粉质黏土	强冻融	Ⅳ	$w = 26.5$，$w_p = 20.8$，$w_p+5<w \leqslant w_p+9$，$h_w \leqslant 2.0m$

6.2　基坑支护及降水设计

6.2.1　设计地面超载取值

① 基坑周边地面超载为：$q = 15kPa$。

② 基坑桩顶线3.0m范围内不应堆载，3.0m范围外现场堆载不应超过设计荷载。

基坑紧邻周边建筑、道路、地铁示意见图6.2。

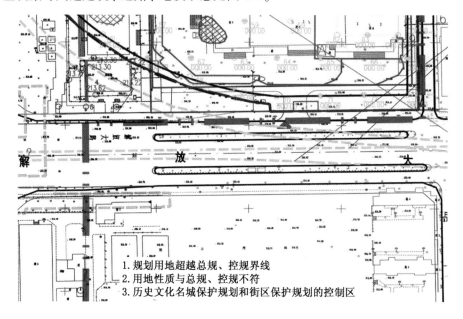

1. 规划用地超越总规、控规界线
2. 用地性质与总规、控规不符
3. 历史文化名城保护规划和街区保护规划的控制区

图6.2　基坑紧邻周边建筑、道路、地铁示意图

6.2.2　基坑支护结构形式

（1）基坑支护结构

采用支护桩、预应力锚索和桩间喷射混凝土面板的联合支护形式，临近地铁变电所位置采用内支撑支护体系（见图6.3）。

（2）设计相关参数

支护桩桩径1000mm，中心间距1300mm。N_u为锚杆承载力设计值，张拉锁定值为锚

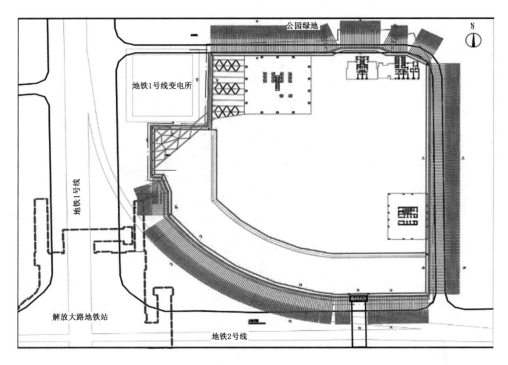

图 6.3　基坑支护结构主要形式分布图

杆承载力设计值的 75%（见图 6.4 和图 6.5）。

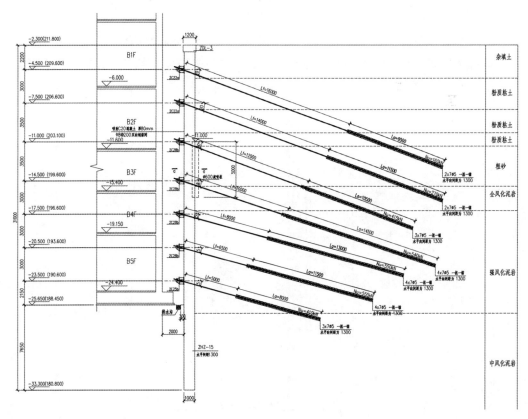

图 6.4　高层建筑基坑桩锚支护结构

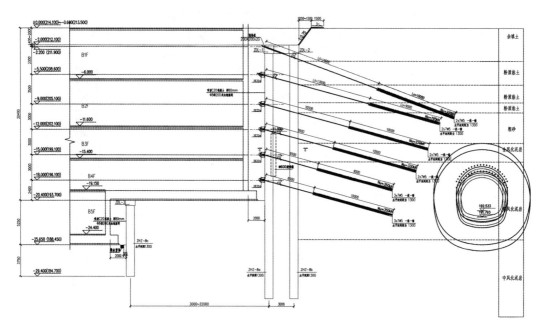

图 6.5 紧邻地铁联络线隧道基坑桩锚支护结构

6.2.3 基坑降水结构形式

基坑降水采用管井降水和桩间泄水孔泄水方式。

① 降水管井构造：工程采用井点降水，井深 32m，平均间距 8.0m。

② 降水期间对井水位和抽水量进行监测，对井口采取防护措施，井口宜高于地面 200mm 以上，防止物体坠入井内。冬季负温环境下，对排水系统采取防冻措施(见图 6.6)。

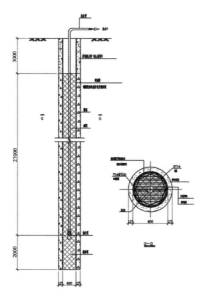

图 6.6 降水管井构造示意图

6.3　基坑隧道施工过程数值模拟方法与模型建立

6.3.1　隧道开挖卸载模拟

正确模拟卸载过程的效果是地下工程数值模拟的一个重要课题。开挖卸载之前，沿开挖边界上的各点都处于一定的初始应力状态，开挖使这些边界的应力解除（卸载），从而引起围岩变形和应力场的变化。对上述过程的数值模拟通常采用的方法有两种：邓肯（J.M.Duncan）等提出的"反转应力释放法"和"地应力自动释放法"。

（1）反转应力释放法

反转应力释放法是把沿开挖边界上的初始地应力反向后转换成等价的"释放荷载"，施加于开挖边界，在不考虑初始地应力的情况下进行有限元分析，将由此得到的围岩位移作为工程开挖卸载产生的岩体位移，由此得到的应力场与初始应力场叠加即为开挖后的应力场。其方法如图 6.7 所示。

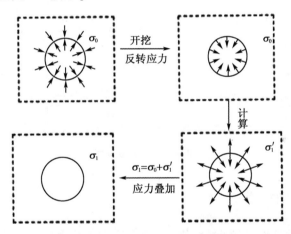

图 6.7　反转应力释放法

对一般的隧道工程，反转应力释放法可以方便地模拟施工过程。对每一步开挖，只需在计算开挖边界释放荷载的同时，把这一步挖出部分的单元改变为"空单元"，即令其弹性模量 $E \rightarrow 0$ 即可。此种方法的不足之处在于：应力反转时释放荷载的计算困难，对大型的地下工程如连拱隧道等由于施工工序繁多，应力场需多次叠加，使得分析过程过于繁杂。另外，进行弹塑性分析时，由于应力场需要叠加，对围岩屈服的判断需做特殊的处理，增加了分析的复杂度，降低了分析的准确性。对各开挖阶段的状态，有限元分析的表达式为：

$$([K_0]+[\Delta K_i])\{\Delta \delta_i\} = \{\Delta F_{ir}\}+\{\Delta F_{ia}\} \quad (i=1, 2, \cdots, L) \tag{6.1}$$

式中：$[K_0]$——开挖前岩体的初始总刚度矩阵；

$[\Delta K_i]$——施工过程中岩体和支护结构刚度的增量或减量，用以体现岩体单元的挖除、填筑及衬砌结构的施作或拆除；

$\{\Delta \delta_i\}$——任一施工阶段产生的节点增量位移列阵；

$\{\Delta F_{ir}\}$——由开挖释放产生的边界增量节点力列阵；

$\{\Delta F_{ia}\}$——施工过程中增加的节点荷载列阵。

（2）地应力自动释放法

地应力自动释放法认为洞室开挖打破了开挖边界上各点初始应力平衡状态，开挖边界上的节点受力不平衡，为获得新的力学平衡，围岩就要产生相应的变形，引起应力的重分布，从而直接得到开挖后围岩的应力场和位移场，如图6.8所示。分部开挖时，对于每一步开挖，将这一步被挖出部分的单元变为"空单元"，即在开挖边界产生了新的力学边界条件，然后直接进行计算就可得到此工况开挖后的结果，接着可用同样的方法进行下一步的开挖分析。地应力自动释放法更符合隧道开挖后围岩应力重分布的真实过程，反映了开挖后围岩卸载的机理，可以实现连续的开挖分析。它不需人为计算释放荷载，不需进行应力叠加，对于弹塑性分析计算只需建立弹塑性模型，其余计算过程同线弹性，不需做任何特殊处理就可实现连续开挖。因此，本计算中基于地应力自动释放法原理，计算中仅考虑自重影响。

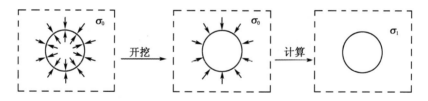

图6.8 地应力自动释放法

6.3.2 施工过程的模拟

在对大跨径连拱隧道工程进行结构分析时，不但关注建成后隧道结构和围岩的稳定性，而且关注各个施工阶段中围岩和尚未完成的结构的受力和变形情况。根据新奥法的基本思想，隧道开挖后，围岩从变形到破坏有一个时间历程，包括开挖面向前推进围岩应力逐步释放的时间效应和围岩介质的流变效应，如能适时地构筑支护结构，使围岩与支护共同形成坚固的承载环，就能保证整个结构系统的稳定。因此，要想真实地模拟隧道开挖与支护的整个施工作业流程，不仅要考虑围岩介质的复杂性态、施工作业方式，包括分部开挖步序、支护结构形式和施作时机，而且要考虑开挖面推进过程中的空间效应，为此必须建立空间模型，并考虑时间因素的影响。限于目前的计算手段，用真三维的计算模型来模拟上述复杂的地层特征和施工条件是很难办到的，昂贵的计算费用和有限的计算机内存使人们束手无策，但可采用适当简化的模型，以尽量逼近真实原型。现实中最常用的便是将地下结构按平面应变问题进行计算，因为岩体的流变参数获取困难，有时不考虑岩体的流变特性，仅按线弹性或弹塑性处理。当把岩体的变形看作线弹性或弹塑性问题，建立平面应变模型进行隧道结构分析时，为了比较真实地模拟施工过程，常采用应力逐步释放的方法来模拟隧道开挖与支护的时空效应。具体的实现方法有两种："反转应力逐步释放法"和"施加虚拟支撑力逐步释放法"。反转应力逐步释放法是以反转应力释放法为基础，将释放荷载按开挖和支护的工序分成几部分，多次逐步释放。图 6.9 表示应用反转应力逐步释放法开挖简单的圆形隧道时各个施工工况计算示意。开挖前的初始应力可采用实测的应力或用有限元法计算而加以确定，后者即为围岩的自重应力。根据各个单元的初始应力，可以计算其等效节点力：

$$F_0^e = \int_\Omega d^T \sigma_0 \mathrm{d}\Omega \tag{6.2}$$

隧道开挖后，在开挖边界的节点 i 上将作用释放节点荷载：

$$f_i = [f_{ix}\, f_{iy}]^\mathrm{T} = -\sum_e F_0^e \tag{6.3}$$

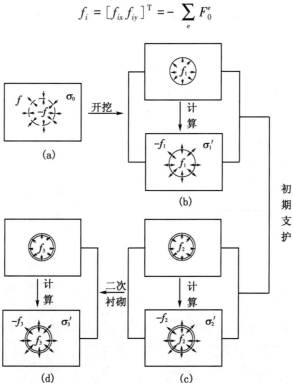

图 6.9　反转应力逐步释放法进行隧道施工过程模拟示意

此节点荷载由连接节点 i 的被挖掉的有关单元在节点 i 上的等效节点力综合贡献而成。在开挖阶段，作用在开挖边界上的释放节点荷载 $f_{1i} = \alpha_1 f_i$，α_1 为此阶段的地应力释放率，可根据量测资料加以确定，通常近似地将它定为本阶段隧道控制测点的变形值与施工完毕变形稳定以后该控制测点的总变形值的比值。在缺乏实测变形资料的情况下，也可按工程类比法加以选定，并根据试算结果予以修正。

在初期支护施作阶段,作用在开挖边界上的释放节点荷载 $f_{2i} = \alpha_2 f_i$;二次衬砌阶段,作用在开挖边界上的释放荷载 $f_{3i} = \alpha_3 f_i$,式中 α_2 和 α_3 的确定方法与 α_1 相同。围岩和衬砌的最后的应力和位移值为各个施工阶段相应值叠加的结果:

$$
\left.
\begin{aligned}
\sigma &= \sigma_0 + \sigma_1 + \sigma_2 + \sigma_3 = \sigma_0 + \sum_1^n \sigma_j \\
u &= u_1 + u_2 + u_3 = \sum_1^n u_j
\end{aligned}
\right\}
\tag{6.4}
$$

且有

$$
\alpha_1 + \alpha_2 + \alpha_3 = \sum_1^n \alpha_j = 1
\tag{6.5}
$$

式中:n——施工阶段数,图6.9中 $n=3$。

因为反转应力逐步释放法是以反转应力释放法为基础的,所以不可避免地存在和反转应力释放法一样的不足之处。

施加虚拟支撑力逐步释放法是在地应力自动释放法的基础上,通过在开挖边界施加虚拟支撑力的方法,模拟围岩的逐步卸载,其示意如图6.10所示。

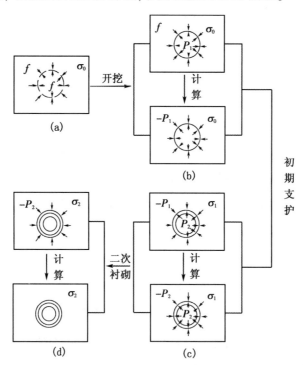

图6.10 施加虚拟支撑力逐步释放法进行隧道施工过程模拟示意

初始应力阶段(见图6.10(a))为初始应力状态,与图6.9中完全相同;在开挖阶段(见图6.10(b)),隧洞的开挖引起开挖边界上的释放节点荷载 $f_{1i} = \alpha_1 f_i$。为实现这一过程，在初始应力场中挖去隧洞单元的同时，在开挖边界上各相应节点施加虚拟支撑力 P_{1i} $=(1-\alpha_1)(-f_i)$，则产生新的荷载边界条件，继续进行计算，就直接得到开挖后围岩的位移场和应力场；在支护施作阶段（见图 6.10(c)），初期支护施作后，又有一部分的节点荷载 $f_{2i}=\alpha_2 f_i$ 被释放，这时只需将虚拟支撑力减小为 $P_{2i}=(1-\alpha_1-\alpha_2)(-f_i)$，继续进行计算，即得到初期支护后围岩和支护的位移和应力；在二次衬砌阶段（见图 6.10(d)），二次衬砌施作后，剩余的节点载荷被完全释放，这时只需去除虚拟支撑力，继续计算就可得到最终竣工后围岩和衬砌的位移和应力。α_1、α_2、α_3 的意义及确定方法同上。

施加虚拟支撑力逐步释放法对隧道施工过程的模拟连续进行，不需要应力和位移的叠加，使得分析过程更为简单，也更符合施工实际。对双连拱隧道施工过程的模拟主要采用此种方法。

6.3.3　释放荷载的计算

无论用哪种方法来模拟隧道的施工过程，都要进行释放荷载的计算，有些有限元程序可以自动计算节点的释放荷载，而有些时候由于计算程序的限制，往往需要人工计算。释放荷载的确定也有两种方法，一种是将释放边界一侧单元的初始应力转换成相应的等效节点荷载，然后通过叠加计算开挖边界上各节点总的等效节点荷载

$$\left.\begin{array}{l} F_0^e = \int_{\Omega} \boldsymbol{B}^{\mathrm{T}} \boldsymbol{\sigma}_0 \mathrm{d}\Omega \\[2mm] f_i = [f_{ix}\ f_{iy}]^{\mathrm{T}} = -\sum_e F_0^e \end{array}\right\} \tag{6.6}$$

式中：$\boldsymbol{\sigma}_0$——单元初始应力向量；

　　　$\boldsymbol{B}^{\mathrm{T}}$——应变矩阵的转置矩阵；

　　　Ω——积分的区间，平面问题为单元面积，空间问题为单元体积。

另一种确定释放荷载的方法是：根据预计开挖边界两侧单元的初始应力，通过插值求得边界节点上的应力，然后假定两相邻边界节点之间应力变化为线性分布，从而按静力等效原则计算各节点的等效节点荷载，如图 6.11 所示。则对于任一开挖边界节点 i，开挖引起等效释放荷载（等效节点力）为

$$P_{x,\,i} = \frac{1}{6} \left[2\sigma_{x,\,i}(b_1+b_2) + \sigma_{x,\,i+1}b_2 + \sigma_{x,\,i-1}b_1 + 2\tau_{xy,\,i}(a_1+a_2) + \tau_{xy,\,i+1}a_2 + \tau_{xy,\,i+1}a_2 + \tau_{xy,\,i-1}a_1 \right]$$

$$\tag{6.7}$$

$$P_{y,\,i} = \frac{1}{6} \left[2\sigma_{y,\,i}(a_1+a_2) + \sigma_{y,\,i+1}a_2 + \sigma_{y,\,i-1}a_1 + 2\tau_{xy,\,i}(b_1+b_2) + \tau_{xy,\,i+1}b_2 + \tau_{xy,\,i+1}b_2 + \tau_{xy,\,i-1}b_1 \right]$$

$$\tag{6.8}$$

式中：$\sigma_{x,\,i-1}$，$\sigma_{y,\,i-1}$，$\tau_{xy,\,i-1}$，$\sigma_{x,\,i}$，$\sigma_{y,\,i}$，$\tau_{xy,\,i}$——开挖前节点 $i-1$，i，$i-1$ 处的应力分量。

当隧道进行分部开挖时，第二次开挖应以第一次开挖后的应力场作为初始应力场，

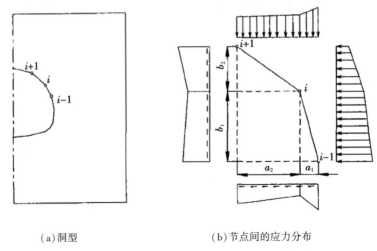

(a) 洞型   (b) 节点间的应力分布

图 6.11   开挖边界线上应力及等效节点力计算示意图

以此类推。

6.3.4   连拱隧道施工过程模拟在软件中的实现

岩土介质的力学性质非常复杂，影响应力的因素有很多，例如岩土的结构、孔隙、密度、应力历史、时间效应等，在如此多因素下要获得理论解几乎是不可能的，而用 Midas/GTS 可以很好地模拟岩土的力学性能，包括对断层、夹层、节理、裂隙等地质情况的模拟；Midas/GTS 可以考虑非线性应力-应变关系及分期过程，使得实际情况在计算中得到较好的反映。在施工阶段分析过程中，当初始地应力作为初始荷载条件时位移应清零。在施工阶段分析过程中，有时单元的材料会随时间发生变化，需要在不同的施工阶段修改单元的属性。

采用有限元法计算自重引起的初始应力。当地面水平时，该方法 $K_0 = \mu/(1-\mu)$ 与水平侧压力系数法的结果相同。但是当地面不是水平时，因为存在水平方向的应变，所以计算的结果与水平侧压力系数法结果不相同且具有剪切应力。

Midas/GTS 建模分析过程如图 6.12 所示。Midas/GTS 中，所谓单元的"激活"和"钝化"，是指分析过程中某些单元的存在和消亡，对于钝化的单元，程序将用一个很小的因子乘以单元的刚度，在荷载矢量中，和这些"钝化"单元相联系的单元荷载也被设置为 0。隧道开挖时，可直接选择被挖掉的单元，将其钝化，即可实现开挖的模拟。施作支护时，可将相应支护部分的单元激活。当单元被重新激活时，它的刚度、质量和单元荷载等返回初始设定值。

Midas/GTS 中可以设定施工步来模拟连续施工，模拟的过程中不需重新划分网格。在一个施工步计算结束后，可直接进行下道工序的施工：杀死(开挖)或激活(支护)单元，改变虚拟支撑力等，然后求解计算。如此继续一直到施工结束。在任意阶段添加

（激活）的单元不受前面阶段作用的荷载或应力影响，也就是说新添加的单元在激活阶段时内部应力为零。Midas/GTS 的施工阶段分析采用的是累加模型，即每个施工阶段都继承了上一个施工阶段的分析结果，并累加了本施工阶段的分析结果。也就是说上一个施工阶段中结构体系与荷载的变化会影响到后续阶段的分析结果。

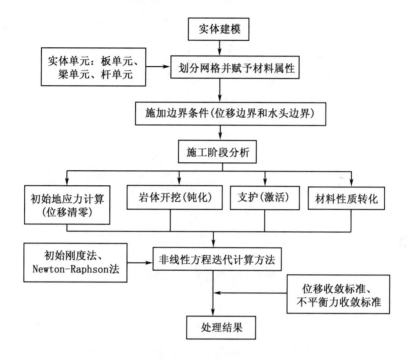

图 6.12　Midas/GTS 建模分析过程

6.3.5　材料单元

（1）土体单元

土体结构单元选用三角单元：6 节点三角单元和 15 节点三角单元。单元和界面单元类型自动和土单元类型相匹配（见表 6.4 和图 6.13）。

表 6.4　土体单元类型

类型	位移差值	高斯应力点	精度
6 节点三角单元	2 阶	12 个	差
15 节点三角单元	4 阶	3 个	非常精确

（2）界面单元

为了模拟土与土工格栅之间的相互作用，采用界面进行处理，图 6.13 所示为界面单元与土单元的连接。用 15 节点三角单元时，界面单元用 5 组节点定义；采用 6 节点三角单元时，用 3 组节点定义。刚度矩阵通过 Newton Cotes 积分得出。

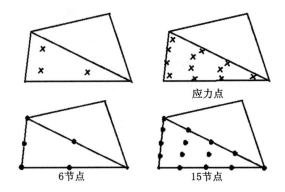

图 6.13 节点位置和土体单元的应力点

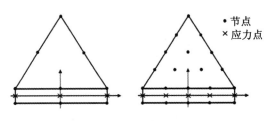

图 6.14 单元节点、应力点

（3）排水单元

假设排水体的强度和变形特性与周围土体一致，采用简单的二节点单元来模拟 PVD 排水计算。由于孔压在各个方向上大小一致，不考虑单元的强度和变形。渗流单元的刚度、位移和孔压连接作用的转换矩阵均为零（见图 6.15）。

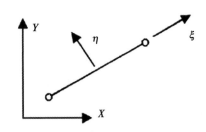

图 6.15 渗流单元

6.3.6 基坑岩土与结构材料物理力学指标

基坑岩土与结构材料物理力学指标见表 6.5 至表 6.10。

表 6.5　基坑工程设计参数表

| 岩土名称 | 天然重度 $\gamma/(kN/m^3)$ | 三轴压缩(CU) | | 抗压强度 σ_c/MPa | 抗拉强度 σ_t/MPa | 渗透系数 $k/(m/d)/(m/s)$ |
		黏聚力 c_{cuk}/kPa	内摩擦角 $\varphi_{cuk}/(°)$			
杂填土	(21.0)	(10.0)	(10.0)			$(5.0)/5.79×10^{-5}$
粉质黏土	19.1	31.0	10.3			$0.35/4.05×10^{-6}$
粉质黏土	19.2	31.8	11.2			$0.35/4.05×10^{-6}$
粉质黏土	19.5	32.2	10.9			$0.26/3.01×10^{-6}$
含砂粉质黏土	19.1	30.0	13.0			$0.68/7.87×10^{-6}$
粗砂	(20.5)	(3.0)	(35.0)			$42.0/4.86×10^{-4}$
全风化泥岩	19.7	43.7	14.6			$0.62/7.18×10^{-6}$
强风化泥岩	20.5	(60.0)	(25.0)			$-0.55/6.37×10^{-6}$
中等风化泥岩	21.5	(100.0)	(30.0)			$-0.50/5.79×10^{-6}$
表土层	20.0		10.0	0.50	0.05	
粉砂岩	27.0		35.0	60.0	4.00	
细砂岩	27.0		35.0	70.0	4.60	
中砂岩	27.0		35.0	70.0	4.60	
黏土岩	25.0		30.0	15.0	1.50	
煤层	13.0		25.0	15.0	1.00	
充填体	20.0		35.0	5.0	0.25	

表6.6 地基土承载力和桩基设计参数表

岩土名称	天然地基			泊松比/ν	长螺旋钻孔压灌混凝土桩	
	承载力特征值 f_{ak}/kPa	压缩模量 E_s/MPa	变形模量 E_0/MPa		侧阻力特征值 q_{sa}/kPa	端阻力特征值 q_{pa}/kPa
粉质黏土	200	5.5	(12.50)	0.35	—	—
粉质黏土	210	5.5	(13.13)	0.32	—	—
粉质黏土	230	5.9	(14.38)	0.32	—	—
含砂粉质黏土	260	9.0	(16.25)	0.30	—	—
粗砂	300	—	(25.0)(18.75)	0.28	—	—
全风化泥岩	300	16.2	(18.75)	0.28	40	—
强风化泥岩	400	—	(25.0)(25.00)	0.26	80	1100
中等风化泥岩	700	—	(60.0)(43.75)	0.22	110	1450
表土层			10.0	0.20		
粉砂岩			48.0	0.25		
细砂岩			50.0	0.30		
中砂岩			50.0	0.27		
黏土岩			20.0	0.20		
煤层			15.0	0.30		
充填体			4.5	0.22		

表 6.7　桩基设计参数

岩土名称	人工挖孔桩		钻孔灌注桩	
	侧阻力特征值 q_{sa}/kPa	端阻力特征值 q_{pa}/kPa	侧阻力特征值 q_{sa}/kPa	端阻力特征值 q_{pa}/kPa
全风化泥岩	45	—	40	—
强风化泥岩	80	—	80	—
中等风化泥岩	110	2850	110	1350

表 6.8　地基土的冻胀性评价表

岩土名称	冻胀类别	冻胀等级	判据依据
			依据经验判定
杂填土	强冻胀	IV	
粉质黏土	强冻胀	IV	$w=27.0$，$w_p=20.7$，$w_p+5<w\leq w_p+9$，$h_w\leq2.0\mathrm{m}$
粉质黏土	强冻胀	IV	$w=26.5$，$w_p=20.8$，$w_p+5<w\leq w_p+9$，$h_w\leq2.0\mathrm{m}$
粉质黏土	强冻胀	IV	$w=26.5$，$w_p=20.8$，$w_p+5<w\leq w_p+9$，$h_w\leq2.0\mathrm{m}$

表 6.9　抗浮方案设计参数表

岩土名称	抗拔系数 λ	抗浮锚杆的黏结强度特征值 f_{rb}/kPa
粉质黏土	0.75	22
粉质黏土	0.75	26
含砂粉质黏土	0.70	28
粗砂	0.60	50
全风化泥岩	0.70	40
强风化泥岩	0.70	80
中等风化泥岩	0.70	110

表 6.10 热冻融参数

岩土材料	比热容/(kJ/√K)	导热系数/热传导率/(kW/m/K)	密度/(t/m³)	X 方向热膨胀系数/(1/K)	Y 方向热膨胀系数/(1/K)	Z 方向热膨胀系数/(1/K)
钢筋	460	0.00582	7.8	$13×10^{-6}$	$13×10^{-6}$	$13×10^{-6}$
岩泡棉	840	0.00050	0.07			
矿泡棉	840	0.00050	0.07			
流砂土	850	0.00200	2.1	$8×10^{-6}$	$8×10^{-6}$	$8×10^{-6}$
混凝土	900	0.00174	2.5	$10×10^{-6}$	$10×10^{-6}$	$10×10^{-6}$
沙石	920	0.00058	1.6			
砂土	1000	0.00100	2.6	$0.5×10^{-6}$	$0.5×10^{-6}$	$0.5×10^{-6}$
黏土	1010	0.00160	2.0			
黏泥土	1010	0.00047	1.2			
水	4200	0.00059	1.0	$210×10^{-6}$	$210×10^{-6}$	$210×10^{-6}$
冰	2100	0.00222	0.9	$51×10^{-6}$	$51×10^{-6}$	$51×10^{-6}$

6.3.7　本构模型种类及选用

（1）线弹性模型（LE）

线弹性模型是基于各向同性胡克定理。它引入两个基本参数，弹性模量 E 和泊松比 ν。尽管线弹性模型不适合模拟土体，但可用来模拟刚体，例如混凝土或者完整岩体。

（2）Mohr-Coulomb（MC）模型

弹塑性 Mohr-Coulomb 模型包括五个输入参数，即表示土体弹性的 E 和 ν，表示土体塑性的 ϕ 和 c，以及剪胀角 ψ。Mohr-Coulomb 模型描述了对岩土行为的一种"一阶"近似。这种模型推荐用于问题的初步分析。对于每个土层，可以估计出一个平均刚度常数。由于这个刚度是常数，计算往往相对较快。初始的土体条件在许多土体变形问题中也起着关键的作用。通过选择适当 K_0 值，可以生成初始水平土应力。

（3）节理岩石模型（JR）

节理岩石模型是一种各向异性的弹塑性模型，特别适用于模拟包括层理尤其是断层方向在内的岩层行为等。塑性最多只能在三个剪切方向（剪切面）上发生。每个剪切面都有它自身的抗剪强度参数 ϕ 和 c。完整岩石被认为具有完全弹性性质，其刚度特性由常数 E 和 ν 表示。在层理方向上将定义简化的弹性特征。

（4）土体硬化模型（HS）

土体硬化模型是一种高级土体模型。同库仑模型一样，极限应力状态是由摩擦角 ϕ、黏聚力 c 以及剪胀角 ψ 来描述的。但是，土体硬化模型采用三个不同的输入刚度，可以将土体刚度描述得更为准确：三轴加载刚度 E_{50}、三轴卸载刚度 E_{ur} 和固结仪加载刚度 E_{oed}。一般取 $E_{ur} \approx 3E_{50}$ 和 $E_{oed} \approx E_{50}$ 作为不同土体类型的平均值，但是，对于非常软的土或者非常硬的土通常会给出不同的 E_{oed}/E_{50} 比值。对比库仑模型，土体硬化模型还可以用来解决模量依赖于应力的情况。这意味着所有的刚度随着压力的增加而增加。因此，输入的三个刚度值与一个参考应力有关，这个参考应力值通常取为 100kPa（1bar）。

（5）小应变土体硬化模型（HSS）

HSS 模型是对上述 HS 模型的一个修正，依据土体在小应变情况下土体刚度增大。在小应变水平时，大多数土表现出的刚度比该工程应变水平时更高，且这个刚度分布与应变是非线性的关系。该行为在 HSS 模型中通过一个应变-历史参数和两个材料参数来描述。如：G_{0ref} 和 $\gamma_{0.7}$。G_{0ref} 是小应变剪切模量，$\gamma_{0.7}$ 是剪切模量达到小应变剪切模量的 70% 时的应变水平。HSS 高级特性主要体现在工作荷载条件。模型给出比 HS 更可靠的位移。当在动力中应用时，HSS 模型同样引入黏滞材料阻尼。

（6）胡克-布朗模型（HB）

胡克-布朗模型是基于胡克-布朗破坏准则（2002）的一个各向同性理想弹塑性模型。这个非线性应力相关准则通过连续方程描述剪切破坏和拉伸破坏，深为地质学家和岩石工程师所熟悉。除了弹性参数 E 和 ν，模型还引入实用岩石参数，如完整岩体单轴压缩

强度 σ_{ci}、地质强度指数 GSI 和扰动系数 D。

6.3.8 基坑模型建立

（1）高层建筑基坑桩锚板墙支护结构模型见图 6.16 和图 6.17。

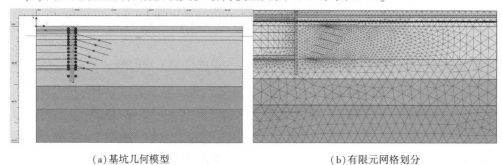

（a）基坑几何模型 （b）有限元网格划分

图 6.16 高基建筑基坑几何模型与有限元网格划分

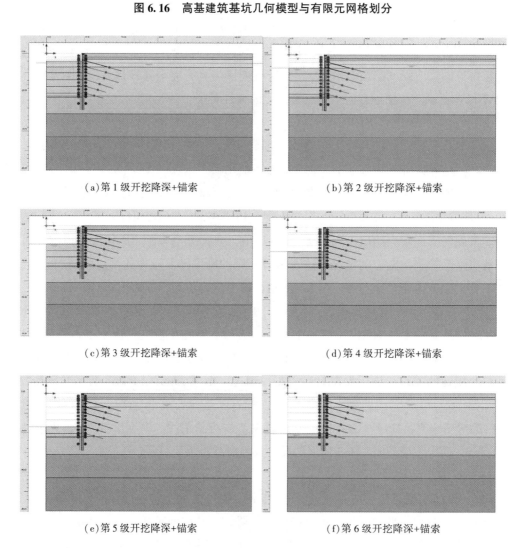

（a）第 1 级开挖降深+锚索 （b）第 2 级开挖降深+锚索

（c）第 3 级开挖降深+锚索 （d）第 4 级开挖降深+锚索

（e）第 5 级开挖降深+锚索 （f）第 6 级开挖降深+锚索

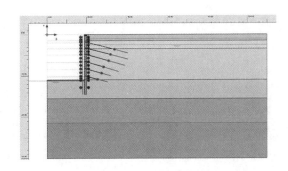

（g）第 7 级开挖降深+锚索

图 6.17　高层建筑基坑开挖降深+锚索施加模型

（2）紧邻地铁联络线隧道基坑桩锚板墙支护结构模型见图 6.18 和图 6.19。

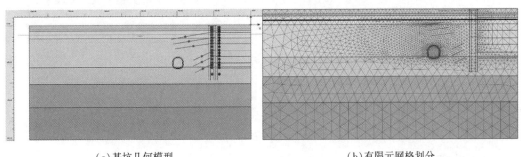

（a）基坑几何模型 　　　　　　　　　　　　　　　（b）有限元网格划分

图 6.18　紧邻地铁联络线隧道基坑几何模型与有限元网格划分

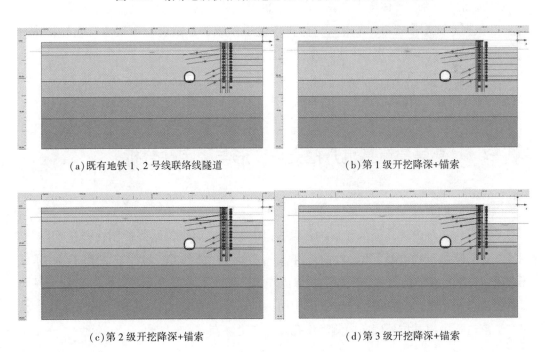

（a）既有地铁 1、2 号线联络线隧道 　　　　　　　　（b）第 1 级开挖降深+锚索

（c）第 2 级开挖降深+锚索 　　　　　　　　　　　　（d）第 3 级开挖降深+锚索

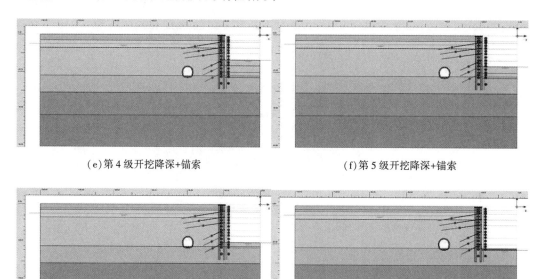

(e)第4级开挖降深+锚索　　　　　　　　　　(f)第5级开挖降深+锚索

(g)第6级开挖降深+锚索　　　　　　　　　(h)第7级开挖降深+混凝土底板

图6.19　紧邻地铁联络线隧道基坑开挖降深+锚索施加模型

6.3.9　计算基本类型

① 进行弹塑性岩土体排水计算，弹塑性桩锚板体不排水、排水计算。

② 根据水文地勘资料，考虑岩土体排水渗透系数等参数进行弹塑性岩土体排水计算，弹塑性桩锚板体不排水、排水计算，开挖为干燥状态。

③ 有限元数值模拟——HM（渗流-应力耦合）分析。通过有限元数值模拟——HM（渗流-应力耦合）的仿真方法，进行基坑开挖支护过程渗流-应力耦合分析。

6.4　高层建筑基坑开挖支护变形与稳定性分析

（1）地下水位

基坑采用了坑内管井降水方案，施工过程中保持坑内水位始终控制在开挖面以下，坑外水位随降水过程逐渐下降，坑内外存在一定的压力水头差，见图6.20（a）。在水头压力下，发生持续的由基坑外向内侧的渗流作用，从地下水位水头等势面等值线云图可以看出，基坑外侧支护桩底部孔隙水压力由内向外有逐渐增大趋势，见图6.20（b），说明在渗流过程中由基坑外侧向内侧渗流孔隙水压力逐渐减小。

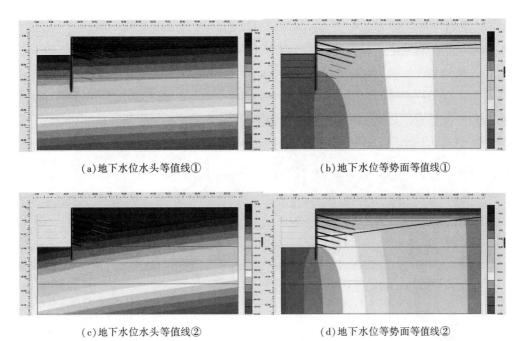

(a)地下水位水头等值线①　　　　　　　　(b)地下水位等势面等值线①

(c)地下水位水头等值线②　　　　　　　　(d)地下水位等势面等值线②

图 6.20　桩锚基坑地下水位云图

(2)地下水渗流

从地下水渗流云图图 6.21 可以看出,在支护桩底部渗流矢量线相对较长,说明在支护桩底部区域渗流速度较快,而该处产生的渗流力也较大。

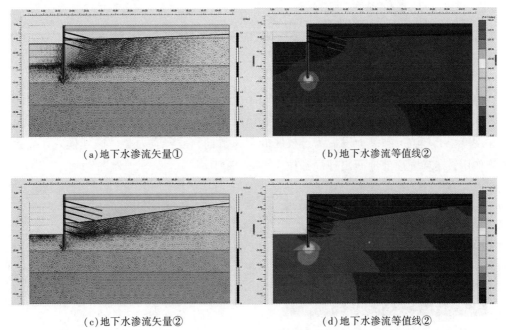

(a)地下水渗流矢量①　　　　　　　　(b)地下水渗流等值线②

(c)地下水渗流矢量②　　　　　　　　(d)地下水渗流等值线②

图 6.21　桩锚基坑地下水渗流云图

（3）变形与角应变

从基坑变形与角应变云图图 6.22 可以看出，在土压力和水渗透压力共同作用下，开挖至第三排锚索位置时，支护桩位移约为 30mm，而在开挖至坑底后位移显著增加，说明施工过程中应采取必要的减少水渗透压力的措施，如在坑内施打降水井等措施。从桩身位移分布情况来看，支护桩由于锚索的限制作用，中部位移最大，两端位移相对较小。

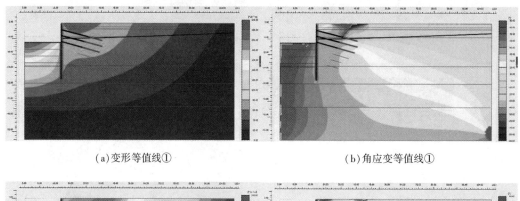

（a）变形等值线①　　　　　　　　　（b）角应变等值线①

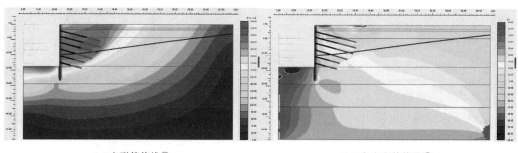

（c）变形等值线②　　　　　　　　　（d）角应变等值线②

图 6.22　桩锚板墙基坑变形与角应变云图

（4）剪应变与极限破坏

从剪应变云图和极限破坏点分布图图 6.23 可以看出，在开挖至 3 排锚杆位置，由于桩嵌固深度较长，剪应力破坏区主要分布在被动土压力区。而开挖至坑底后，随着桩嵌固深度减小，基坑拟破裂面发展为过桩底的圆弧滑面，呈剪应力整体破坏模式。而由于渗流作用，在基坑顶部地面出现局部拉应力破坏范围。

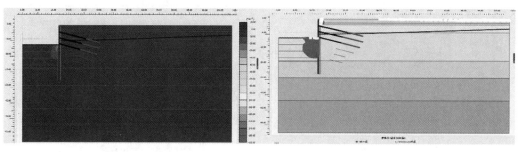

（a）相对剪应力等值线　　　　　　　　（b）主应力方向等值线

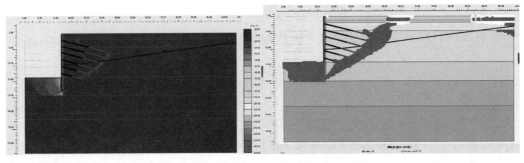

（c）剪应变等值线　　　　　　　　（d）极限破坏点分布

图 6.23　桩锚基坑剪应变云图与极限破坏点

（5）有限元强度折减稳定性

从计算后模拟的大变形失稳体和剪应变破坏面（见图 6.24）同样可以看出，在开挖至 3 排锚杆位置，整体滑面尚未形成。而开挖至坑底后，逐渐发展为过锚索端部的圆弧形滑面，采用强度折减法计算的折减稳定性系数为 2.075，说明支护结构在土体压力和渗流共同作用下能够保持坡体稳定。

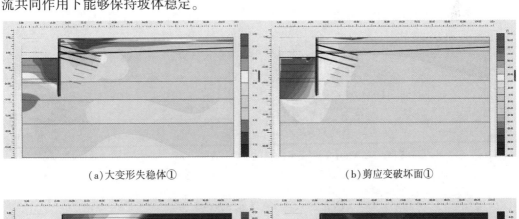

（a）大变形失稳体①　　　　　　　　（b）剪应变破坏面①

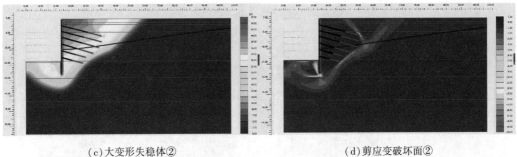

（c）大变形失稳体②　　　　　　　　（d）剪应变破坏面②

图 6.24　桩锚基坑大变形体与剪应变破坏面云图

6.5 紧邻地铁联络线隧道基坑开挖支护变形与稳定性分析

（1）地下水位

紧邻地铁联络线隧道基坑的双排桩锚索支护结构，在坑内外的水头压力下，发生持续的由基坑外向内侧的渗流作用，从地下水位水头等势面等值线云图可以看出，在基坑外侧支护桩底部孔隙水压力由内向外有逐渐增大趋势（见图6.25），说明在渗流过程中孔隙水压力逐渐减小。

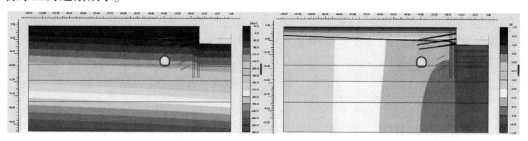

（a）地下水位水压等值线①   （b）地下水位等势面等值线①

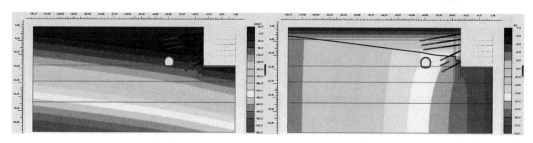

（c）地下水位水压等值线②   （d）地下水位等势面等值线②

图6.25　桩锚基坑地下水位云图

（2）地下水渗流

从地下水渗流矢量图和地下水渗流等值线图（见图6.26）可以看出，支护桩底部和联络隧道斜向基坑方向区域渗流速度较快，产生的渗流力也较大。

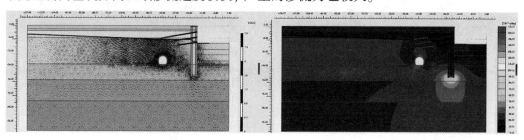

（a）地下水渗流矢量①   （b）地下水渗流等值线①

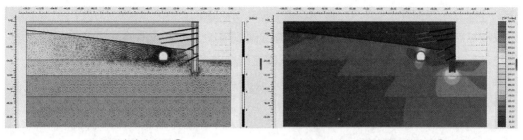

(c)地下水渗流矢量②　　　　　　　　　(d)地下水渗流等值线②

图 6.26　桩锚基坑地下水渗流云图

（3）变形与角应变

由于锚杆长度受地铁结构空间限制，锚杆要躲避地铁保护区，支护方案采用了强桩弱锚支护形式（见图 6.27）。

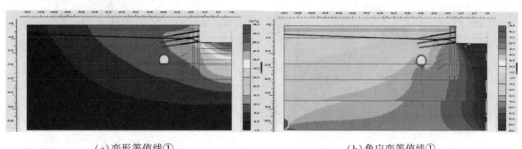

(a)变形等值线①　　　　　　　　　(b)角应变等值线①

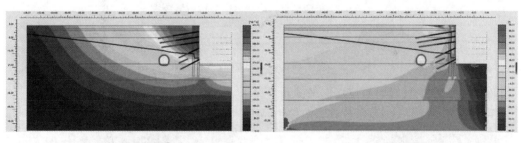

(c)变形等值线②　　　　　　　　　(d)角应变等值线②

图 6.27　桩锚板墙基坑变形与角应变云图

从基坑的变形等值线云图（见图 6.28）可以看出，在土压力和水渗透压力共同作用下，开挖至 3 排锚杆位置桩身支护桩位移约为 50mm，而在开挖至坑底后位移显著增加，说明锚杆控制变形作用明显，施工前应进行锚杆基本实验，适当增加锚杆预加应力，充分挖掘锚杆的控制变形能力。同时，开挖过程中应采取必要的减少水渗透压力的措施。从桩身位移分布情况来看，支护桩同样由于锚索的限制作用，中部位移最大，两端位移相对较小。

（4）剪应变与极限破坏

从极限破坏点分布图（见图 6.28）可以看出，双排桩后土体均以剪应力破坏模式为主。开挖至3排锚杆位置时剪应力破坏区集中在双排桩后较小区域，当开挖至坑底时，极限破坏点呈圆弧形分布且覆盖整个隧道范围。因此，除建议消除地下水渗透压力外，开挖过程中应对地铁隧道密切监控，防止隧道结构变形过大影响地铁运行。

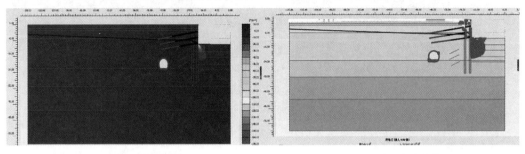

(a)剪应变等值线①   (b)极限破坏点分布①

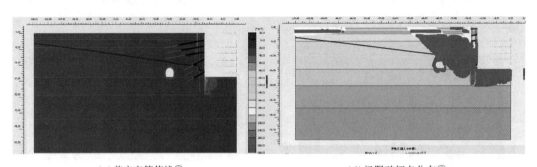

(c)剪应变等值线②   (d)极限破坏点分布②

图 6.28　桩锚基坑剪应变云图与极限破坏点

(5)有限元强度折减稳定性

从计算后模拟的大变形失稳体和剪应变破坏面(见图 6.29)可以看出，最不利滑面位于锚索端部以后，且滑面通过坑底呈圆弧形分布。

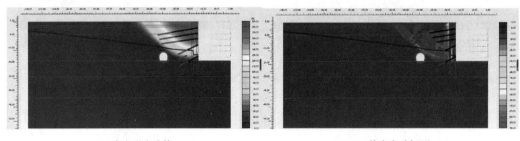

(a)大变形失稳体   (b)剪应变破坏面

图 6.29　桩锚基坑大变形体与剪应变破坏面云图

采用强度折减法计算的折减稳定性系数为 1.475，说明支护结构在土体压力和渗流共同作用下基本能够保持坡体稳定。

综上所述，通过分析计算得到如下结论：

① 通过有限元数值模拟——HM(渗流-应力耦合)的仿真方法，进行基坑开挖支护

过程渗流-应力耦合分析。

②通过高层建筑基坑开挖支护变形与稳定性分析,从基坑变形等值线云图(见图6.22)可以看出,在土压力和水渗透压力共同作用下,开挖至3排锚索位置时,支护桩位移约为30mm,而在开挖至坑底后位移显著增加,说明施工过程中应采取必要的减少水渗透压力的措施,如在坑内施打降水井等措施。从桩身位移分布情况来看,支护桩由于锚索的限制作用,中部位移最大,两端位移相对较小。

从剪应变云图和塑性点分布图(见图6.23)可以看出,在开挖至3排锚杆位置,由于桩嵌固深度较长,剪应力破坏区主要分布在被动土压力区。而开挖至坑底后,随着桩嵌固深度减小,基坑拟破裂面发展为过桩底的圆弧滑面,呈剪应力整体破坏模式。而由于渗流作用,在基坑顶部地面出现局部拉应力破坏范围。

从计算后模拟的大变形失稳体和剪应变破坏面(见图6.24)同样可以看出,在开挖至3排锚杆位置,整体滑面尚未形成。而开挖至坑底后,逐渐发展为过锚索端部的圆弧形滑面,采用强度折减法计算的折减稳定性系数为2.075,说明支护结构在土体压力和渗流共同作用下能够保持坡体稳定。

③通过紧邻地铁联络线隧道基坑开挖支护变形与稳定性分析,紧邻地铁联络线隧道基坑的双排桩锚索支护结构,在坑内外的水头压力下,发生持续的由基坑外向内侧的渗流作用,从地下水位水头等势面等值线云图可以看出,在基坑外侧支护桩底部孔隙水压力由内向外有逐渐增大趋势(见图6.25),说明在渗流过程中孔隙水压力逐渐减小。

从基坑的变形等值线云图(见图6.28)可以看出,在土压力和水渗透压力共同作用下,开挖至3排锚杆位置桩身支护桩位移约为50mm,而在开挖至坑底后位移显著增加,说明锚杆控制变形作用明显,施工前应进行锚杆基本实验,适当增加锚杆预加应力,充分挖掘锚杆的控制变形能力。同时,开挖过程中应采取必要的减少水渗透压力的措施。从桩身位移分布情况来看,支护桩同样由于锚索的限制作用,中部位移最大,两端位移相对较小。

从极限破坏点分布图(见图6.28)可以看出,双排桩后土体均以剪应力破坏模式为主。开挖至3排锚杆位置时剪应力破坏区集中在双排桩后较小区域,当开挖至坑底时,极限破坏点呈圆弧形分布且覆盖整个隧道范围。因此,除建议消除地下水渗透压力外,开挖过程中应对地铁隧道密切监控,防止隧道结构变形过大影响地铁运行。

④通过有限元强度折减稳定性分析,从计算后模拟的大变形失稳体和剪应变破坏面(见图6.29)可以看出,最不利滑面位于锚索端部以后,且滑面通过坑底呈圆弧形分布。采用强度折减法计算的折减稳定性系数为1.475,说明支护结构在土体压力和渗流共同作用下基本能够保持坡体稳定。

第7章　长春紧邻地铁建筑基坑冻融演化力学特性

前述章节针对季节性冻土区基坑工程围护结构，开展了冻融循环作用下预测理论、模型实验和现场监测，提出设计前期采用桩土冻融协调相互响应算法，将围护桩桩身水平位移作为评价冻融基坑稳定性的标准。本章采用有限元数值模拟分析方法，利用THM（温度–渗流–应力耦合）的仿真技术，在基坑开挖支护过程渗流–应力耦合分析的基础上，开展THM分析，结合实际工程揭示并验证基坑降温冻融过程的演化规律，综合评价冻融基坑稳定性。

7.1　基坑桩板墙围岩土体冻融动态响应

长春市气温走势：基于长春的气温和降水变化特点（见图7.1），冬季平均气温为–11℃以下，年极端最低气温–45℃，每年冬季土体冻结，次年春季融化，冻土层深达1.7m左右。

冻土层中细粒土壤水分在冬季负温条件下结成冰晶，使土体膨胀，产生冻融，从而引起基坑侧壁冻融破坏。基于2018年11月—2019年4月实测气温走势，以监测得到的地温–22～11℃期间近似线性变化的过程作为基坑控温过程曲线，研究在温度、渗流和应力作用下桩锚基坑支护结构的冻融动态响应规律。同时，为研究基坑在温度和时间作用下的冻深以及变形变化特点，取保持–22℃450d的数据作为对比进行分析。具体降温控

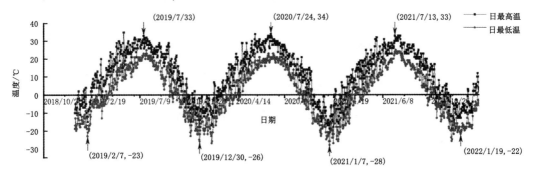

（a）长春气温变化

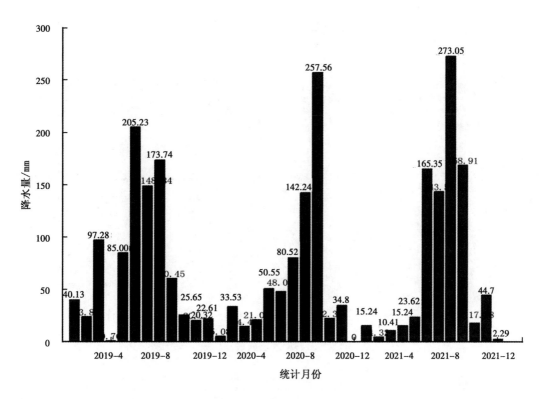

（b）长春降水量变化

图 7.1　气温降水走势图

制过程为地温 11℃经 15d 降温至 0℃；经 30d 降温至 -11℃；经 45d 降温至 -22℃

7.2　降温基坑桩锚支护结构冻融动态响应分析

7.2.1　高层建筑基坑桩锚支护结构

（1）基坑冻深 0℃/273.15K 线

从基坑冻深等值线图（见图 7.2）可以看出，随温度的降低基坑冻深呈现明显的增加趋势，当温度降至 -11℃时，冻深约为 1m。当温度降至 -22℃，冻深约为 2m，与长春的标准冻深基本一致。而在 -22℃保持 450d 的等值线可以明显看出冻深在基坑范围的分布规律，受基坑尺寸效应和空间效应的影响，远离基坑支护结构的基坑顶面和底面的冻深基本一致，而基坑侧壁冻深相对较浅，在近支护桩嵌固深度两侧冻深有明显的减小趋势。

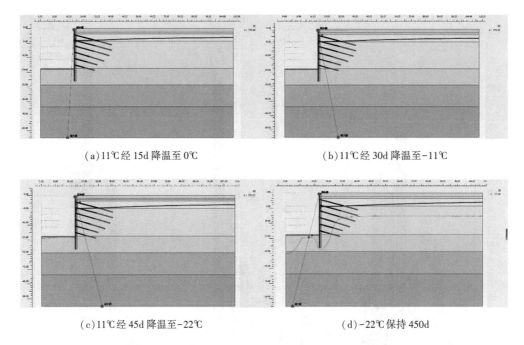

(a)11℃经 15d 降温至 0℃　　　　　　　　(b)11℃经 30d 降温至−11℃

(c)11℃经 45d 降温至−22℃　　　　　　　　(d)−22℃保持 450d

图 7.2　0℃/273.15K 高层建筑基坑冻深等值线

（2）温度场

从基坑温度等值线分布云图（见图 7.3）可以看出受地表温度的影响，在冻深范围内温度等值线呈现近似水平分布。

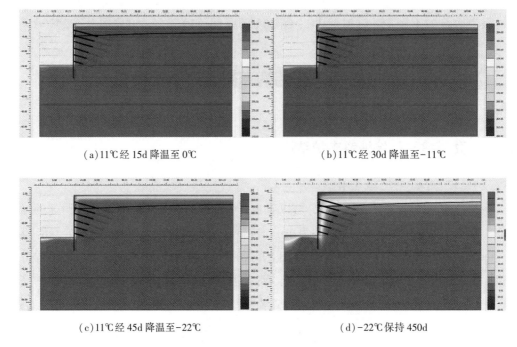

(a)11℃经 15d 降温至 0℃　　　　　　　　(b)11℃经 30d 降温至−11℃

(c)11℃经 45d 降温至−22℃　　　　　　　　(d)−22℃保持 450d

图 7.3　高层建筑基坑温度等值线分布云图

由于基坑存在两个临空面,临空面内侧呈现较明显的温度梯度变化规律。由于受支护结构影响,侧壁冻结深度浅于坑内外土体竖向自由冻结深度。

(3)热通量

从热通量等值线分布云图(见图 7.4)中可以看出,随温度的降低,热量转移的程度逐渐加剧,影响深度逐渐加深,热通量随地表温度的变化沿地表向土体内侧逐渐降低。

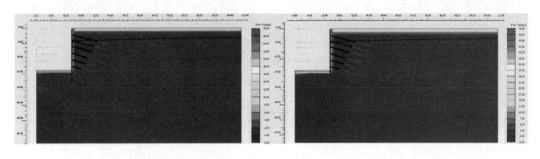

(a)11℃经 15d 降温至 0℃　　　　　　　　(b)11℃经 30d 降温至−11℃

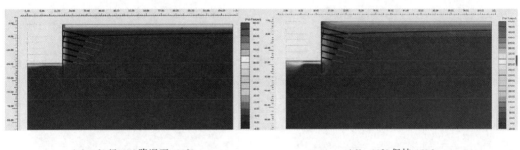

(c)11℃经 45d 降温至−22℃　　　　　　　　(d)−22℃保持 450d

图 7.4　高层建筑基坑热通量等值线分布云图

(4)地下水渗流

考虑冬季泄水孔冻结无法排水,地下水渗流路径仅为桩底渗流(见图 7.5)。在支护桩底部渗流矢量线相对较长,说明在支护桩底部区域渗流速度较快,产生的渗流力也较大。基坑内侧临近支护结构范围渗流路径受冻深影响较大。

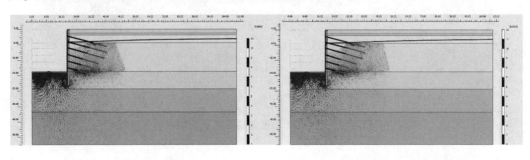

(a)11℃经 15d 降温至 0℃　　　　　　　　(b)11℃经 30d 降温至−11℃

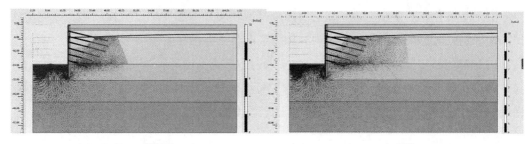

（c）11℃经45d降温至-22℃   （d）-22℃保持450d

图7.5   高层建筑基坑地下水渗流云图

7.2.2   紧邻地铁联络线隧道基坑桩板墙锚索支护结构

（1）0℃/273.15K线

从基坑冻深等值线图（见图7.6）可以看出，随温度的降低基坑冻深呈现明显的增加趋势，当温度降至-11℃时，冻深约为1m。当温度降至-22℃，冻深约为2m，与长春的标准冻深基本一致。

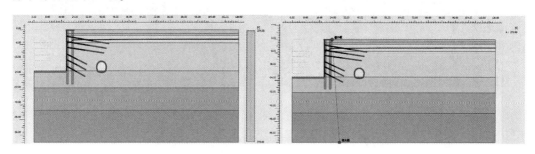

（a）11℃经15d降温至0℃   （b）11℃经30d降温至-11℃

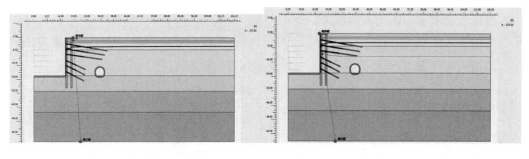

（c）11℃经45d降温至-22℃   （d）-22℃保持450d

图7.6   0℃/273.15K 紧邻地铁联络线隧道基坑冻深等值线

（2）温度场

从基坑温度等值线分布云图（见图7.7）可以看出，受地表温度的影响，在冻深范围内温度等值线呈现近似水平分布。基坑顶部临空面内侧呈现较明显的温度梯度变化规律。基坑侧壁冻结深度受双排桩支护结构影响较大,坑外侧支护桩阻止了土中部分水的迁移路径,导致侧壁冻结深度浅于单排桩。

(3)热通量

从热通量等值线分布云图(见图7.8)中可以看出,随温度的降低,热量转移的程度逐渐加剧,影响深度逐渐加深,热通量沿地表向土体内侧逐渐降低。

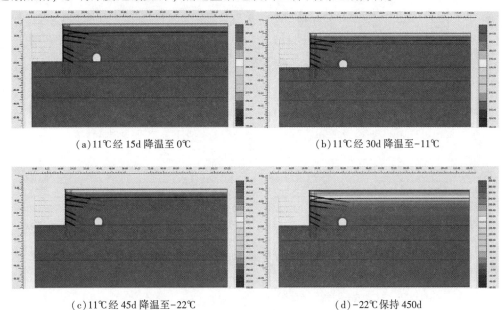

(a)11℃经15d降温至0℃   (b)11℃经30d降温至-11℃

(c)11℃经45d降温至-22℃   (d)-22℃保持450d

图7.7 紧邻地铁联络线隧道基坑温度等值线分布云图

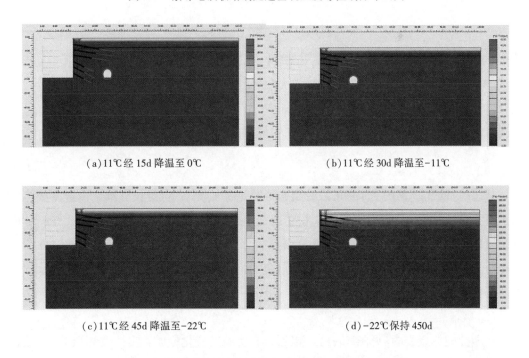

(a)11℃经15d降温至0℃   (b)11℃经30d降温至-11℃

(c)11℃经45d降温至-22℃   (d)-22℃保持450d

图7.8 紧邻地铁联络线隧道基坑热通量等值线分布云图

（4）地下水渗流

从地下水渗流矢量分布图（见图7.9）可以看出，由于受双排桩影响，在支护桩底部渗流路径长于单排桩支护结构，双排桩底部区域渗流速度相对缓慢。基坑内侧临近支护结构范围渗流路径受冻深影响较大。

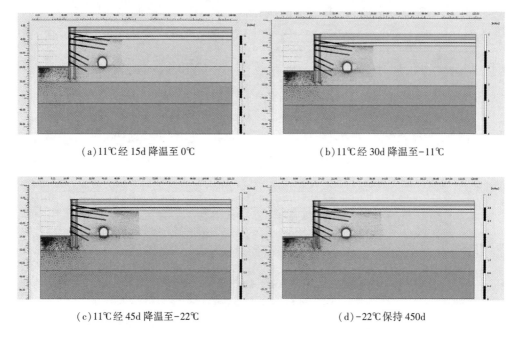

(a) 11℃经15d降温至0℃　　　　　　　　(b) 11℃经30d降温至-11℃

(c) 11℃经45d降温至-22℃　　　　　　　　(d) -22℃保持450d

图7.9　紧邻地铁联络线隧道基坑地下水渗流云图

7.3　降温基坑桩板墙围岩土体冻融变形与稳定性分析

7.3.1　高层建筑基坑桩板墙锚索支护结构

（1）总位移

从总位移云图（见图7.10）可以看出，随温度逐渐降低，桩身位移最大位置由桩体中部过渡为桩顶位置，与模型实验结果相吻合。当降温至-22℃时，桩顶位移约90mm，远远超过冻前支护变形值和基坑位移允许限值。分析原因：由于冻融作用，冻融力逐渐大于土压力，使得桩后压力值发生变化，桩体内力在锚索作用下发生应力重分布。因此，建议越冬期间，应控制基坑开挖深度，并采取适当的保温防护措施。

（2）破坏点

从塑性破坏点云图（见图7.11）可以看出，受温度变化影响，塑性破坏点并未贯通，而是集中于锚索端部，且随温度的降低，锚杆端部塑性破坏区范围逐渐增加。临近桩体冻深范围和桩端出现比较明显的剪切破坏区域，而坑内外地表土体受温度影响呈现比较明显的拉破坏区域。说明冻融作用下，锚杆应力增加明显，越冬期间应加强锚杆轴力监测，避免拉力过大导致锚杆失效。

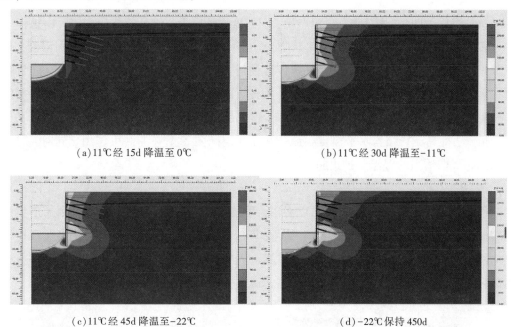

(a)11℃经15d降温至0℃　　　　　　　　　(b)11℃经30d降温至-11℃

(c)11℃经45d降温至-22℃　　　　　　　　(d)-22℃保持450d

图 7.10　高层建筑基坑总位移等值线云图

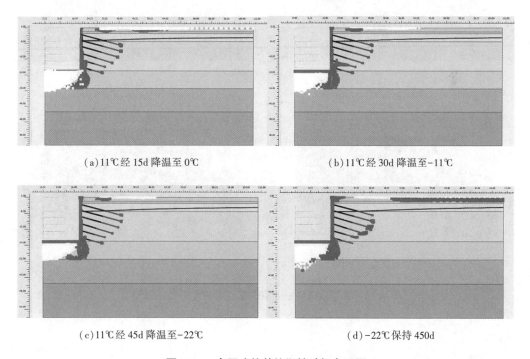

(a)11℃经15d降温至0℃　　　　　　　　　(b)11℃经30d降温至-11℃

(c)11℃经45d降温至-22℃　　　　　　　　(d)-22℃保持450d

图 7.11　高层建筑基坑塑性破坏点云图

7.3.2 紧邻地铁联络线隧道基坑桩板墙锚索支护结构

（1）总位移

从总位移云图（见图 7.12）可以看出，随温度逐渐降低，桩身位移最大位置由桩体中部过渡为桩顶位置，与模型实验结果相吻合。但由于锚杆受地铁隧道保护区间限制，长度较短，刚度较低。随温度下降，桩顶位移超过 300mm，远远超过支护变形允许限值，对在运行的地铁区间将会造成极大风险。因此，建议越冬期间，地铁隧道侧应保留一定安全距离和高度的反压土条，如工期允许不建议越冬前开挖或应采取增加支撑等水平支点的措施，提高支护结构水平刚度，弥补锚杆受空间限制损失的约束作用。同时，对基坑顶部应采取适当的保温防护措施。

（2）破坏点

从塑性破坏点图（见图 7.13）可以看出，受温度变化影响，塑性破坏点呈圆弧形集中分布于拟滑面以内，呈现剪应力破坏模式，靠近桩顶位置受渗流、温度变化以及双排桩整体刚度影响呈现局部拉应力破坏模式，隧道底部和拱顶近支护结构位置呈现局部剪应力破坏区。因此，施工过程中应密切关注隧道结构由于剪应力过大而出现的裂纹。

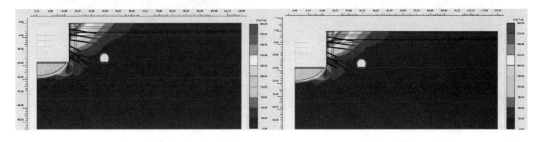

(a)11℃经 15d 降温至 0℃　　　　　　　　(b)11℃经 30d 降温至-11℃

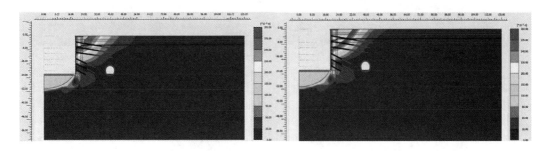

(c)11℃经 45d 降温至-22℃　　　　　　　　(d)-22℃保持 450d

图 7.12　紧邻地铁联络线隧道基坑总位移等值线云图

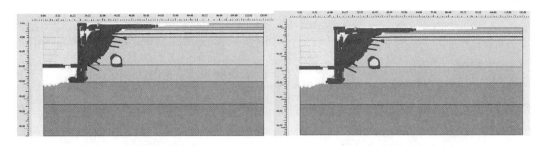

<table>
<tr><td>（a）11℃经 15d 降温至 0℃</td><td>（b）11℃经 30d 降温至 -11℃</td></tr>
</table>

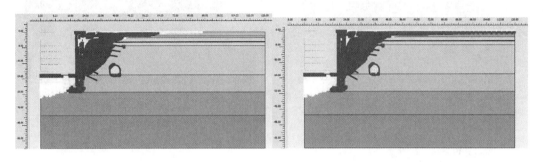

　　（c）11℃经 45d 降温至 -22℃　　　　　　　　　　（d）-22℃保持 450d

图 7.13　紧邻地铁联络线隧道基坑塑性破坏点云图

7.4　紧邻地铁联络线隧道基坑冻融变化影响

　　根据冻融温度变化曲线，研究紧邻地铁联络线隧道基坑冻融变化影响。

（1）初冬（-12℃，45d）

　　如图 7.14 所示，由温度分布等值线云图和热流量矢量分布图可知，冻融温度变化明显；由主应力方向分布云图和相对剪应力分布云图可知，主应力方向变化明显集中在基坑桩锚板附近，相对剪应力变化明显集中在地铁变电站结构部分；由总主应变角变化云图和总偏应变分布云图可知，总主应变角变化明显集中在基坑桩锚板和地铁变电站结构附近，总偏应变分布集中在基坑桩锚板附近。

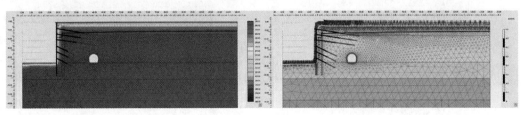

　　（a）温度分布等值线云图　　　　　　　　　　（b）热流量矢量分布图

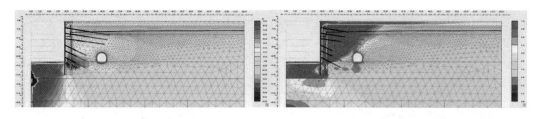

(c)主应力方向分布云图　　　　　　　　(d)相对剪应力分布云图

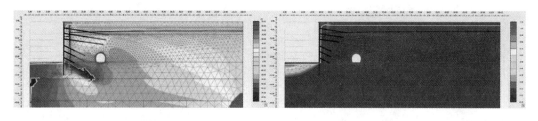

(e)总主应变角变化云图　　　　　　　　(f)总偏应变分布云图

图 7.14　紧邻地铁联络线隧道基坑冻融变化(初冬)

(2)深冬(-28℃,90d)

如图 7.15 所示,由温度分布等值线云图和热流量矢量分布图可知,冻融温度变化增加明显;由主应力方向分布云图和相对剪应力分布云图可知,主应力方向变化明显集中在基坑桩锚板附近,相对剪应力变化明显集中在地铁变电站结构部分,范围明显增加;由总主应变角变化云图和总偏应变分布云图可知,总主应变角变化明显集中在基坑桩锚板和地铁变电站结构部分附近,范围明显增加,总偏应变分布集中在基坑桩锚板附近。

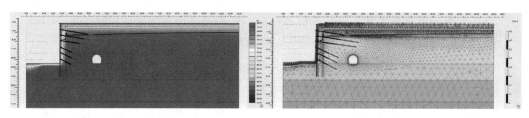

(a)温度分布等值线云图　　　　　　　　(b)热流量矢量分布图

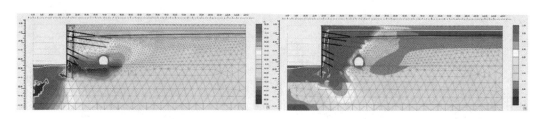

(c)主应力方向分布云图　　　　　　　　(d)相对剪应力分布云图

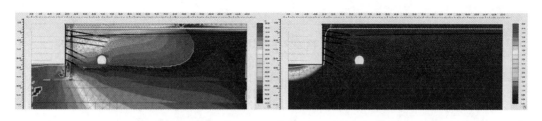

（e）总主应变角变化云图　　　　　　　　（f）总偏应变分布云图

图7.15　紧邻地铁联络线隧道基坑冻融变化（深冬）

（3）冬末（-12℃，135d）

由图7.16所示，由温度分布等值线云图和热流量矢量分布图可知，冻融温度变化明显，增长明显缓慢；由主应力方向分布云图和相对剪应力分布云图可知，主应力方向变化明显集中在基坑桩锚板附近，相对剪应力变化明显集中在地铁变电站结构部分；由总主应变角变化云图和总偏应变分布云图可知，总主应变角变化明显集中在基坑桩锚板和地铁变电站结构部分附近，总偏应变分布集中于基坑桩锚板附近。

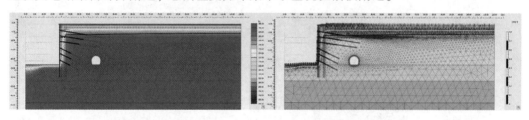

（a）温度分布等值线云图　　　　　　　　（b）热流量矢量分布图

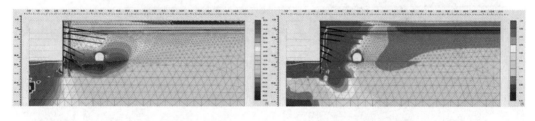

（c）主应力方向分布云图　　　　　　　　（d）相对剪应力分布云图

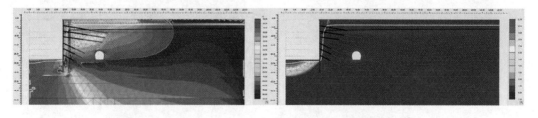

（e）总主应变角变化云图　　　　　　　　（f）总偏应变分布云图

图7.16　紧邻地铁联络线隧道基坑冻融变化（冬末）

7.5　地铁变电站基坑开挖支护+斜撑结构流固耦合分析

由图 7.17(a)地下水水头和压力场云图与图 7.17(b)地下水渗流场云图和压力场矢量图可以看出，基坑支护边壁底部地下水渗流场变化明显；由图 7.17(c)总位移网格变化和等值线分布云图与图 7.17(d)总位移云图和矢量分布图，可以看出基坑支护边壁底部总位移变化明显，地表、坑底和隧道处位移变化明显增大；由图 7.17(e)剪应力与体积应力云图与图 7.17(f)剪应变与相对剪应力云图，可以看出基坑支护边壁底部、左右侧变化明显，基坑支护边壁、地表和隧道变化明显增大；由图 7.17(g)弹塑性点分布图可以看出，基坑支护边壁地表出现明显拉塑性点。

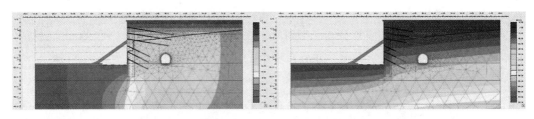

(a)地下水水头和压力场云图

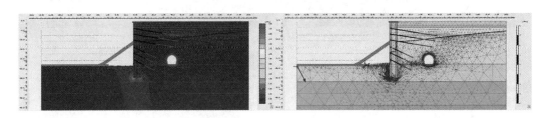

(b)地下水渗流场云图和压力场矢量图

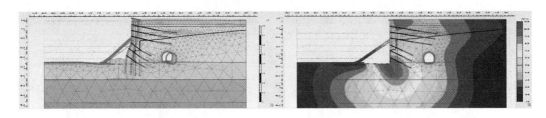

(c)总位移网格变化和等值线分布云图

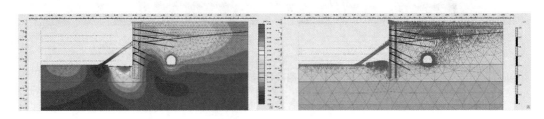

(d)总位移云图和矢量分布图

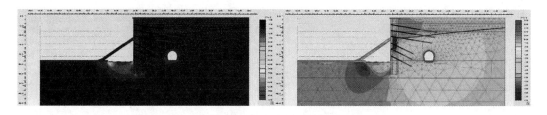

(e)剪应力与体积应力云图

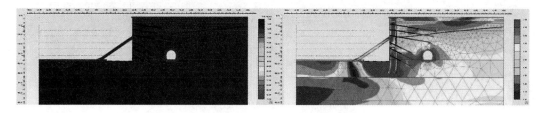

(f)剪应变与相对剪应力云图

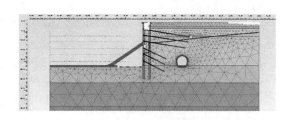

(g)弹塑性点分布图

图 7.17 流固耦合数值模拟分析

7.6 地铁变电站基坑开挖支护+斜撑结构降雨分析

由图 7.18(a)降雨地下水水头和压力场云图与图 7.18(b)降雨地下水渗流矢量和压力场云图可以看出,基坑支护边壁地下水渗流场变化明显;由图 7.18(c)降雨地下水渗流压力与矢量分布云图可以看出,基坑支护边壁总位移变化明显,地表、坑底处位移变化明显增大;由图 7.18(d)剪应力与体积应力云图与图 7.18(e)剪应变与体积应变云图可以看出,基坑支护边壁底部、左右侧变化明显,基坑支护边壁、地表和隧道变化明显增大;由图 7.18(f)弹塑性点分布图可以看出,基坑支护边壁地表出现明显拉塑性点。

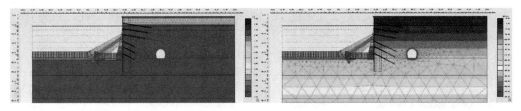

(a)降雨地下水水头和压力场云图

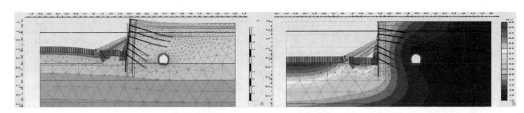

(b)降雨地下水渗流矢量与压力场云图

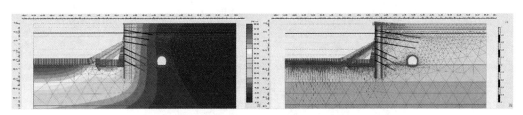

(c)降雨地下水渗流压力与矢量分布云图

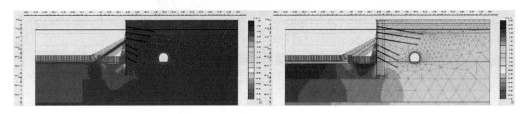

(d)剪应力与体积应力云图

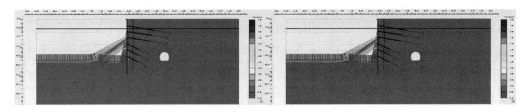

(e)剪应变与体积应变云图

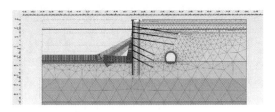

(f)弹塑性点分布图

图 7.18　降雨分析

▨ 7.7　紧邻地铁基坑开挖支护+斜撑结构冻融分析

（1）初冬（-12℃，45d）

如图 7.19 所示，由温度分布等值线云图和热流量矢量分布图可知，冻融温度变化明显；由主应力方向分布云图和相对剪应力分布云图可知，主应力方向变化明显集中在基坑桩锚板附近，相对剪应力变化明显集中在地铁变电站结构部分；由总主应变角变化云图和总偏应变分布云图可知，总主应变角变化明显集中在基坑桩锚板和地铁变电站结构附近，总偏应变分布集中基坑桩锚板附近。

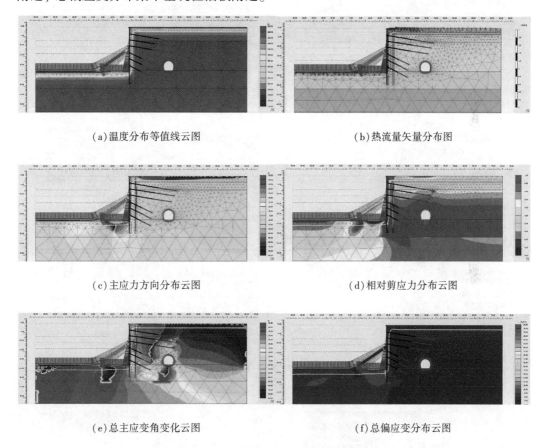

(a)温度分布等值线云图　　　　　　　　　(b)热流量矢量分布图

(c)主应力方向分布云图　　　　　　　　　(d)相对剪应力分布云图

(e)总主应变角变化云图　　　　　　　　　(f)总偏应变分布云图

图 7.19　初冬（-12℃，45d）冻融分析

（2）深冬（-28℃，90d）

如图 7.20 所示，由温度分布等值线云图和热流量矢量分布图可知，冻融温度变化增加明显；由主应力方向分布云图和相对剪应力分布云图可知，主应力方向变化明显集中在基坑桩锚板附近，相对剪应力变化明显集中在地铁变电站结构部分，范围明显增加；由总主应变角变化云图和总偏应变分布云图可知，总主应变角变化明显集中在基坑桩锚板和地铁变电站结构部分附近,范围明显增加,总偏应变分布集中基坑桩锚板附近。

(3)冬末(-12℃,135d)

由图7.21所示,由温度分布等值线云图和热流量矢量分布图可知,冻融温度变化明显,增长明显缓慢;由主应力方向分布云图和相对剪应力分布云图可知,主应力方向变化明显集中在基坑桩锚板附近,相对剪应力变化明显集中在地铁变电站结构部分;由总主应变角变化云图和总偏应变分布云图可知,总主应变角变化明显集中在基坑桩锚板和地铁变电站结构部分附近,总偏应变分布集中于基坑桩锚板附近。

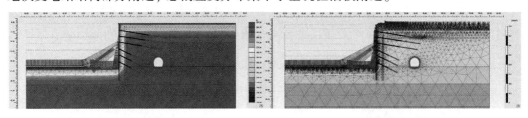

(a)温度分布等值线云图　　　　　　　　(b)热流量矢量分布图

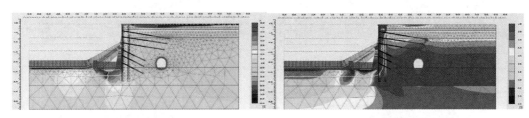

(c)主应力方向分布云图　　　　　　　　(d)相对剪应力分布云图

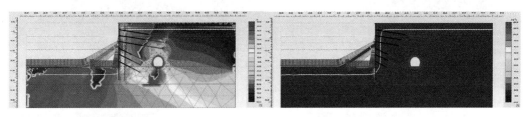

(e)总主应变角变化云图　　　　　　　　(f)总偏应变分布云图

图7.20　深冬(-28℃,90d)冻融分析

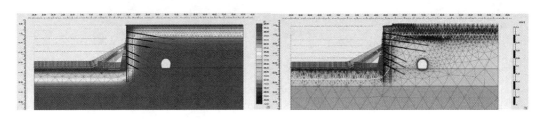

(a)温度分布等值线云图　　　　　　　　(b)热流量矢量分布图

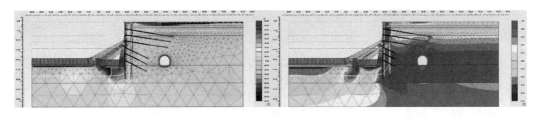

（c）主应力方向分布云图　　　　　　　　　　　　（d）相对剪应力分布云图

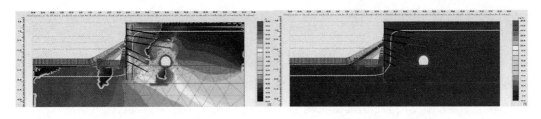

（e）总主应变角变化云图　　　　　　　　　　　　（f）总偏应变分布云图

图 7.21　冬末（-12℃，135d）冻融分析

综上所述，采用有限元数值模拟分析方法，利用 THM（温度-渗流-应力耦合）的仿真技术，通过对工程中两个典型区段开展 THM 分析，综合评价了冻融基坑的稳定性并提出了针对性的建议措施。结论如下：

冻前无地铁隧道段和近地铁隧道段采用强度折减法计算的折减稳定性系数分别为2.075 和 1.475 满足规范稳定性要求。从桩身位移分布情况来看，支护桩由于锚索的限制作用，中部位移最大，两端位移相对较小。锚杆控制变形作用明显，尤其近地铁隧道段应充分挖掘锚杆的控制变形能力。冻前受地下水渗透压力作用，支护桩位移较大，建议开挖过程中采取必要的减少渗透压力的措施。

随温度的降低，基坑冻深呈现明显的增加趋势，当温度降至-11℃时，冻深约 1m。当温度降至-22℃，冻深约 2m，与长春的标准冻深基本一致。受基坑尺寸效应和空间效应的影响，远离基坑支护结构的顶面和底面冻深基本一致，而基坑侧壁冻深相对较浅，在近支护桩嵌固深度两侧冻深有明显的减小趋势。无地铁隧道段当降温至-22℃时，桩顶位移约为 90mm，远远超过冻前支护变形值和基坑位移允许限值。因此，建议越冬期间，控制基坑开挖深度，并采取适当的保温防护措施。

近地铁隧道段由于锚杆受地铁隧道保护区间限制，长度较短，刚度较低。桩顶位移超过 300mm，对在运行地铁区间将会造成极大风险。建议越冬期间，地铁隧道侧应保留一定安全距离和高度的反压土台，或采取增加支撑等水平支点的措施——越冬紧邻地铁隧道的深基坑采取双排桩侧壁支护、坑底预留土台+斜撑、地下室结构+素混凝土填充支撑层构建主动安全防护体系。优化深大基坑越冬防护要求，进一步优化施工主要步序。

第8章 北京季节冻土基坑冻融变形时效性分析

北方季节性冻土区域的基坑支护工程，一般由于冻结时间较短、冻结温度不是很低，容易忽略冻融影响，但在某些特殊的天气和工程条件下，冻融和融化后的沉陷影响经常会使基坑变形大幅度增加，引起基坑侧壁的破坏，引发周边建筑物及管线开裂、变形，甚至导致基坑垮塌事故发生。通过监测冬季施工过程中基坑侧壁水平位移和锚杆轴力的变化，分析冬季施工时冻融作用对桩锚支护结构稳定性的不利影响，为今后类似工程提供参考依据。

◤◤◤ 8.1 冻融机理及冻融力计算方法

土体的冻融是一个复杂的物理过程。随着地层温度下降，热交换过程的进行，当土体温度达到土中水结晶点时，便产生冻结。伴随土中孔隙水和迁入水的结晶体、透镜体、冰夹层等形成的冰侵入土体，引起土体体积增大，这就是土体的冻融。当土层温度上升时，冻结面的土体产生融化，伴随着土体中冰侵入体的消融出现沉陷，使土体处于饱和及过饱和状态而引起土体承载力降低，称为土体的融沉。冻融可分为原位冻融和分凝冻融。孔隙水原位冻结称为原位冻融，造成体积增大约9%；由外界水分补给并在土中迁移到某个位置的冻结称为分凝冻融。所以在开放系统饱水土中的分凝冻融是构成土体冻融的主要分量。一般来说，分凝冻融的机理应包括两个物理过程：水分迁移和成冰作用。冻融过程中土体性质的变化直接影响着地下及地上结构物。深基坑工程中，冻融可能会使挡土结构产生位移、破坏。地下管线在土体的冻融融沉中若受到过大的拉应力和剪切应力会遭到破坏。因此在季节性冻土区深基坑进行支护体系冻融影响研究分析是十分必要的。

作用于墙背的水平冻融力的大小和分布应由现场实验确定。在无条件进行实验时，其分布图式可按图8.1选定，图中最大值应按表8.1的规定选用。对于粗颗粒填土，不论墙高为何值，均可假定水平冻融力为直角三角形分布，见图8.1(a)；对于黏性土、粉土，当墙高小于等于3倍 Z_a 时，可采用图8.1(b)的分布图式；当墙高大于3倍 Z_a 时，可采用图 8.1(c)的分布图式。

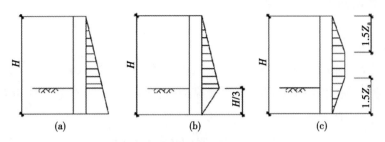

图 8.1　水平冻融力沿墙背的分布图式

表 8.1　水平冻融力设计值

冻融等级	冻融率	水平冻融力/kPa
不冻融	$\eta \leqslant 1.0$	$H_0 < 15$
弱冻融	$1.0 < \eta \leqslant 3.5$	$15 \leqslant H_0 < 70$
冻融	$3.5 < \eta \leqslant 6.0$	$70 \leqslant H_0 < 140$
强冻融	$6.0 < \eta \leqslant 12.0$	$140 \leqslant H_0 < 200$
特强冻融	$\eta > 12.0$	$H_0 \geqslant 200$

　　考虑基坑工程冻融影响，可参照相关规范要求，先行选取适合的水平冻融力数值，按照相应的分布规律进行计算，以获得边坡安全稳定状态下的支护体系内力及变形。

8.2　工程实例

8.2.1　工程概况

　　北方地区基坑桩锚支护的越冬工程必须考虑冻融作用的不利影响。北京某深基坑工程，深度约 25m，与地铁车站和区间相邻，由于地下水位较低(−17.0m)采用降水方案，工期要求基坑须在冬季完成施工并在来年进行底板施工，故方案设计时冻融等级仅按不冻融考虑了 10kPa 水平冻融力。为了确保基坑的安全性，进行了相应的监测，以验证越冬期间冻融作用对基坑的不利影响。施工后期，由于冬季降雪及管线渗漏影响，冻融现象较明显，后经采取阻断、清排渗漏水源、补充卸压孔等措施，基坑冻融变形得到有效控制。

8.2.2 施工场地的工程水文地质条件

（1）工程地质条件

拟建工程地下4层，基坑深度约25m，基坑平面尺寸约为110m×120 m。工程场地地貌上属于永定河冲洪积扇中上部，地层情况按沉积年代、成因类型可分为人工堆积层、第四纪沉积层。具体参数见表8.2。

表8.2　基坑土层的物理力学参数

地层排序	厚度/m	重度/(kN/m³)	含水率/%	黏聚力/kPa	内摩擦角/(°)
填　土	12.0	18.0	—	10.0	10.0
粉质黏土	1.0	20.2	22.6	20.1	14.9
重粉质黏土	5.3	20.3	21.9	25.5	14.8
粉砂-细砂	7.4	19.0	—	0.0	35.0
卵　石	6.1	20.0	—	0.0	48.0

（2）水文地质条件

场地在钻探深度范围内测得3层地下水，第1层、第2层地下水类型为层间潜水，第3层地下水类型为潜水。第1层静止水位埋深为3.50~7.40m，静止水位标高为35.84~39.04m；第2层静止水位埋深为11.20~14.90m，静止水位标高为28.05~32.27m；第3层静止水位埋深为18.50~20.00m，静止水位标高为23.35~24.74m。

（3）基坑岩土与结构材料物理力学指标

见表8.3所列。

8.2.3 支护方案及支护参数设计

（1）支护方案

综合考虑场地岩土工程条件、周边环境条件及其对边坡位移的要求，结合北京地区类似工程中的设计与施工经验，经专家与相关技术人员共同研究论证，基坑上部拟采用复合土钉墙/土钉墙、下部采用桩锚支护结构体系的支护方案，土钉墙支护高约6.0m，桩锚支护高度约19.0m。根据周边环境条件，将基坑分为多个支护分区，现主要以C-C剖面支护断面进行分析讨论。该断面位于基坑南侧，与地铁车站、附属结构及区间相邻，距最近处约6.1m，地铁构筑物等深度约12m，基坑南侧平面关系见图8.2至图8.4。

（2）支护参数设计

①支护形式：复合土钉墙+护坡桩+预应力锚杆。

②上部支护：复合土钉墙支护，支护高度：6.000m，坡度：1∶0.4，设置4排土钉。

③护坡桩：桩径Φ800mm，桩间距1500mm；桩顶标高为-6.000m，嵌固深度5.0m。

表 8.3　基坑实验物理力学参数和热物理参数

土样编号	比热容 /(kJ/t/K)	导热系数 /(kW/m/K)	密度 /(t/m³)	x 向热膨胀系数 /(1/K)	y 向热膨胀系数 /(1/K)	z 向热膨胀系数 /(1/K)	容重 /(kN/m³)	弹性模量 /MPa	泊松比	黏聚力 /kPa	内摩擦角 /(°)	实测渗透系数/(m/s) 垂直	实测渗透系数/(m/s) 水平
① 粉质黏土	1420	0.001640	1.88	9×10^{-5}	9×10^{-5}	9×10^{-5}	14.9	40.0	0.312	22.4	14.8	3.14×10^{-7}	7.45×10^{-7}
② 细砂	850	0.002000	2.12	5×10^{-5}	5×10^{-5}	5×10^{-5}	19.7	98.0	0.250	0.05	28.0	9.01×10^{-7}	8.75×10^{-7}
②1 粉质黏土	1450	0.001695	1.87	8×10^{-5}	8×10^{-5}	8×10^{-5}	15.7	78.0	0.270	17.0	26.0	3.01×10^{-7}	2.75×10^{-7}
③ 黏质粉土	1500	0.001680	1.97	8×10^{-5}	8×10^{-5}	8×10^{-5}	15.7	78.0	0.270	17.0	26.0	3.01×10^{-7}	2.75×10^{-7}
③1 黏土	1350	0.001540	1.81	7×10^{-5}	7×10^{-5}	7×10^{-5}	15.5	72.0	0.285	19.0	16.0	3.00×10^{-7}	2.00×10^{-7}
④ 2 粉质黏土	1420	0.001640	1.87	8×10^{-5}	8×10^{-5}	8×10^{-5}	15.8	35.0	0.330	11.3	18.3	3.00×10^{-7}	7.00×10^{-7}
④ 中砂	950	0.002500	2.25	5×10^{-5}	5×10^{-5}	5×10^{-5}	20.1	120.0	0.245	0.01	30.5	1.50×10^{-5}	1.43×10^{5}
⑤ 粉质黏土	1420	0.001640	1.87	8×10^{-5}	8×10^{-5}	8×10^{-5}	15.8	65.0	0.290	11.3	15.3	3.00×10^{-7}	7.00×10^{-7}
混凝土	1046	0.001850	2.50	1×10^{-5}	1×10^{-5}	1×10^{-5}	25.0	22000	0.160				
草帘	2016	0.000050	0.35	1×10^{-5}	1×10^{-5}	1×10^{-5}	0.05	0.02	0.400				
EPS 保温板	1400	0.000030	0.04	1×10^{-5}	1×10^{-5}	1×10^{-5}	0.0045	0.02	0.400				
XPS 保温板	1250	0.000028	0.03	1×10^{-5}	1×10^{-5}	1×10^{-5}	0.0035	0.02	0.400				

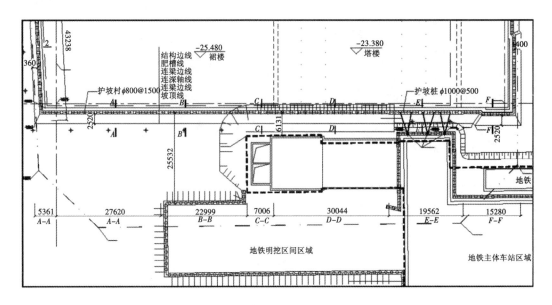

图 8.2　基坑南侧平面布置图

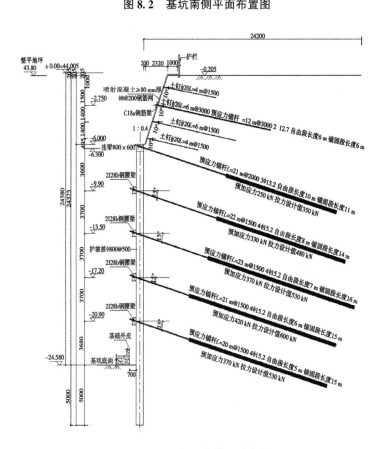

图 8.3　*A-A* 剖面支护设计布置图

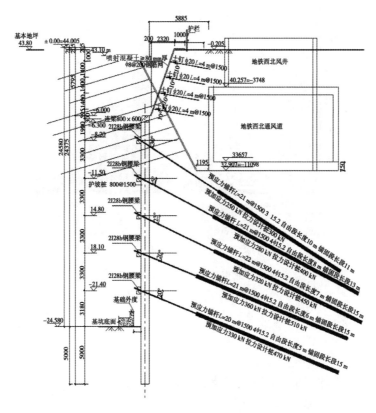

图 8.4 C-C 剖面支护设计布置图

④连梁：桩顶设置钢筋混凝土连梁，断面尺寸为 800 mm×600 mm。

⑤锚杆布置及设计参数如图 8.3 和图 8.4 所示。

8.3 冻融引起基坑变形监测时效性分析

8.3.1 冻融气温变化

冻融气温变化见图 8.5，降水量变化见图 8.6。

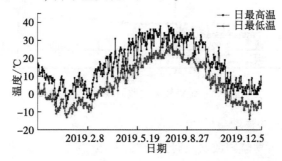

图 8.5 北京昌平地区温度变化

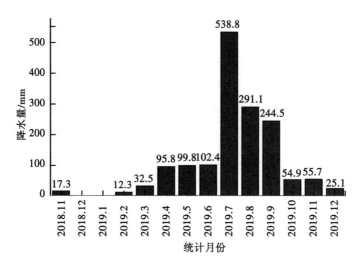

图 8.6　北京昌平地区降水量变化

8.3.2　监控量测

（1）监控量测点的布置

为确保既有地铁的安全运营及边坡支护结构的稳定，施工时在基坑地铁相邻侧支护范围内布设了桩身测斜管及锚杆轴力计，原则为每一个剖面段选取一个点作为变形监测、桩身测斜及各排锚杆轴力计布置点，监测点平面布置如图 8.7 所示。其中 ZS 为桩顶变形监测点、桩身测斜管位置点，40431 等为轴力计编号，后续编号以剖面段及排数确定，如 D1 为 D 剖面段第一排锚杆输力计，桩身测斜 2 孔、PS18、ZS15 对应 A-A 剖面，桩身测斜 5 孔、PS16、ZS13 对应 C-C 剖面，桩身测斜 4 孔、PS15、ZS12 对应 D-D 剖面。

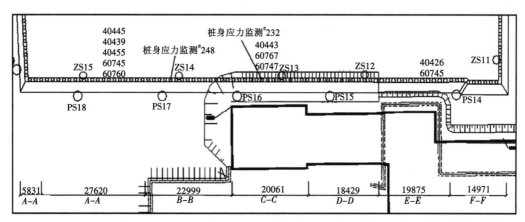

图 8.7　地铁侧基坑监测点布置示意图

（2）监控量测数据的整理与反馈

对现场取得的建筑物监测数据及时进行整理，绘制温度-变形时态变化曲线。根据曲线图的数据分布状况，对监测结果进行分析，判断建筑物安全状况，以便及时采取相应措施。

8.3.3　温度变化过程分析

从图 8.8 北京 1—3 月天气变化曲线可看出，1 月 20 日前变化平缓，日平均气温 0℃以下，具有缓慢下降趋势，基坑土钉墙支护边坡表层土体已开始产生冻结现象。1 月 20日至 2 月 10 日气温有明显下降，且低温(−10℃以下)持续时间较长，土体冻结现象加剧，冻深加深。此后至 3 月 10 日，气温缓慢回升，3 月 10 日后至最低温度基本达到 0℃以上，日平均温度在 4℃以上，冻结土体开始解冻。该侧基坑支护工程至 1 月 8 日土方开挖工作基本结束，最下一排锚杆张拉结束，以后无新变化土方开挖工况，也无坡顶堆载、卸载等情况发生。

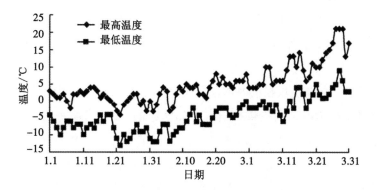

图 8.8　北京 1-3 月气温变化曲线

8.3.4　现场监测数据分析

(1)桩顶水平位移变化特征

从图 8.10 桩顶位移变化曲线可看出，桩顶水平位移自 1 月 8 日至 18 日变化量不大，表现为缓慢增加，最大约为 20mm。3 个监测点变化趋势及速率基本一致，ZS15 相对较小。分析变形主要是由于开挖后工况及冻融影响，此时边坡表层土冻融类型属于原位冻融类型。

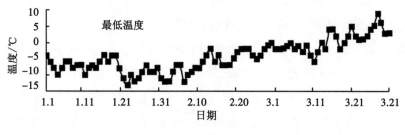

图 8.9　最低气温走势图

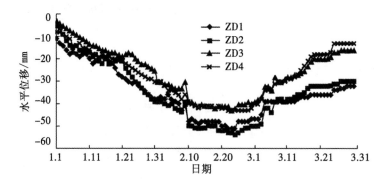

图 8.10 桩顶水平位移随温度变化曲线

　　1 月 20 日—2 月 10 日，气温明显下降，最低气温降至 -13℃左右，且持续时间较长。从 3 个监测点变形曲线可以看出，随温度下降及持续低温相应的水平变形增加趋势明显、变化速率增大。其中 ZS12、ZS13 两点的水平位移达到了将近 50mm，增加约 150%；ZS15 相对较小，也达到了约 40mm。分析原因：仍然考虑为冻融影响，但原位冻融不致造成如此大的增幅。后经现场勘察分析，发现近期该边坡附近有一根地下管线因天气原因冻融破坏后渗漏，相应边坡桩间某些位置出现渗水结冰现象，因此认为此时该边坡土层内存在自由水，可为冻结面提供补给水，冻融类型已变为分凝冻融，该冻融类型可导致较原位冻融更大的冻融变形。为了减小冻融情况的恶化，及时采取了排查、阻断渗漏水源，在边坡侧施工卸压孔的方法。卸压孔直径 250mm，长度 9.0m，间距 800mm，与基坑边坡坡口线距离 800mm。从 2 月 10 日至 3 月初，气温虽逐步回升，但表层土体仍处于冻结状态，桩顶水平变形曲线显示此期间水平变形略有增加，但水平位移增长速度已明显降低。由于采取了阻断补给水源的措施，遏制了分凝冻融的影响，虽然温度仍然在冰冻温度下，但冻融量并未明显增加。此外，虽然卸压孔的施工位置（由于后期施工的局限性）距离边坡冻土层较远，施工时机也有些滞后，但也起到了一定减小冻融变形的作用。3 月 15 日以后，气温回升、冻结土体开始解冻，在锚杆预加应力影响下，桩顶水平变形开始回缩减小，ZS12、ZS13 在消除冻融影响后由最大值 54mm 回缩至 30mm 左右，ZS15 由冻融影响最大值 43mm 回缩至约 17mm。

　　（2）桩身水平位移变化特征

　　从图 8.11 至图 8.13 各剖面桩身变形曲线可以看出，各剖面桩顶部测斜成果与桩顶水平位移监测结果基本一致，符合上述冻融过程影响分析。

　　由桩身不同深度（$H=3,6,9m$）的水平变形曲线看出，沿桩身向下，桩身的水平变形依次减小，至 $H=9m$ 以下桩身水平变形已较小、曲线接近直线。各剖面桩身水平变形分布和支护结构设计、冻融影响与所处土层条件有关。A 剖面水平变形数值小于 C，D 剖面，是因为 A 剖面位于基坑角部附近，空间作用较强，此外，该剖面支护土体上部杂填土层较薄，均为原状土，对冻融影响相对不敏感。C，D 剖面支护结构形式基本一致，边坡上部土体杂填、回填土较厚，对冻融影响较为敏感，且桩顶均存在 2.0m 左右的悬臂段，同时桩身上部锚杆因避让邻近地下构筑物倾角较大，影响了对桩身的水平约束，故而两剖面支护桩桩身变形顶部较大，至 $H=6m$ 以下，锚杆约束条件及土层条件变好，桩身水平变形也快速减小。

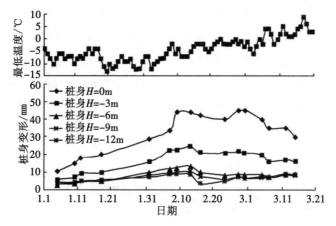

图 8.11　1—3 月份 A 剖面、2 孔桩身变形随温度变化曲线

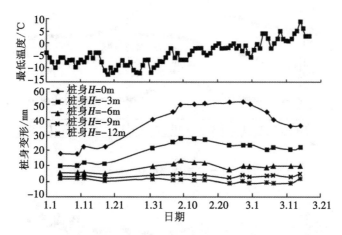

图 8.12　1—3 月份 D 剖面、4 孔桩身变形随温度变化曲线

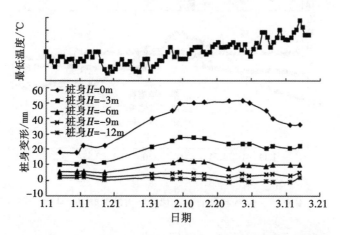

图 8.13　1—3 月份 C 剖面、5 孔桩身变形随温度变化曲线

（3）锚杆轴力变化特征

从图 8.14 至图 8.16 各剖面锚杆轴力监测曲线可以看出，温度变化曲线和桩身水平位移变化趋势基本一致。各剖面自桩顶附近第一排锚杆往下，轴力变化幅度依次减小，A 剖面因为支护条件相对好于 C 与 D 剖面，锚杆轴力增加幅度要相对小些。其中 A 剖面第一排锚杆在整个冻融期间由 230kN 增加到 380kN，增幅最大值为 150kN，增加了约 65%；D 剖面第一排锚杆在整个冻融期间由 240kN 增加到 440kN，增幅最大值为 200kN，增加了约 83%；C 剖面第一排锚杆在整个冻融期间由 175kN 增加到 400kN，增幅最大值为 225kN，增加了约 129%。各排锚杆轴力至 2 月 10 日左右增加至峰值，虽然至 3 月初仍处于冻融阶段，但锚杆轴力却缓慢下降，说明过程中采取的施工泄压孔等处理措施取得了一定得效果。

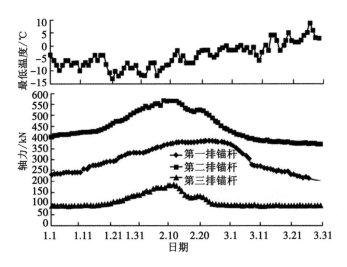

图 8.14　1—3 月份 A 剖面锚杆轴力随温度变化曲线

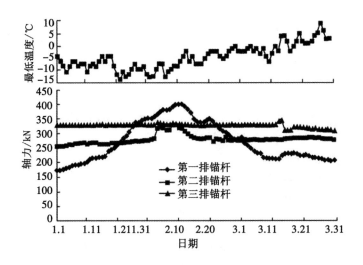

图 8.15　1—3 月份 C 剖面锚杆轴力随温度变化曲线

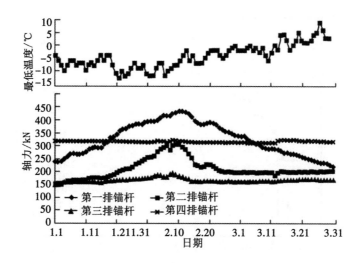

图 8.16　1—3 月份 *D* 剖面锚杆轴力随温度变化曲线

(4)桩身水平位移曲线特征

从随时间变化的桩身水平位移曲线(见图 8.17)可以看出,环境温度回升至约−5℃时桩身位移最大。由于支护桩顶部约束作用较小,且杂填土内水分更易受外界影响。因此,受冻融和锚杆作用影响桩身水平位移自桩顶向桩底逐渐减小,为减少冻融影响,现场及时采取了覆盖保温和桩后减压孔措施,随后在 3 月 12 日后随着温度的回升,桩身明显出现了回弹现象,桩顶水平位移也相应地回弹至约 30mm。

(5)冻融引起的基坑桩顶水平位移

从气温走势图中可以看出:年度最低温出现在 1 月 21 日—2 月 10 日,温度为−15~−10℃。而桩顶最大位移出现在 2 月 10 日—3 月 11 日,最大位移约为 50mm,桩顶位移变化对比环境温度变化相对滞后。受冻融影响支护桩位移呈现先增加后减小的趋势,说明温降过程中,由于冰分凝导致的冻融力作用使得桩身应力重新分布,而随着冻结锋面的不断推进,冻融力不断增加导致支护桩顶位移逐渐增大。随后受回温的影响,已冻结的土体融化后冻土压力减小,加之锚杆自由段的弹性变形使得支护桩顶呈现回弹现象,但桩顶位移未恢复至原有状态,仍存在一定的残余变形,残余变形量约为 15mm。

(6)桩身水平位移

从时间变化的桩身水平位移曲线(见图 8.17)可以看出,环境温度回升至约−5℃时桩身位移最大。由于支护桩顶部约束作用较小,且杂填土内水分更易受外界影响,因此,受冻融和锚杆作用影响桩身水平位移自桩顶向桩底逐渐减小,为减少冻融影响,现场及时采取了覆盖保温和桩后减压孔措施,在 3 月 12 日后随温度的回升,桩身明显出现了回弹现象。

(7)锚杆轴力

从锚杆轴力图(见图 8.18)中可以看出,第一排锚杆受冻融影响轴力变化最为剧烈,对比桩顶位移和桩身位移监测数据,第一排锚杆轴力最大值的出现日期相对环境温度同

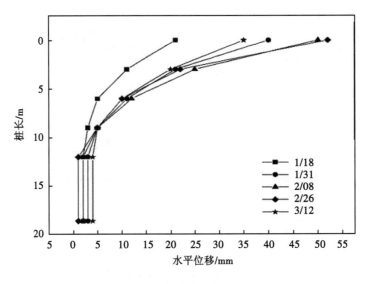

图 8.17 桩身水平位移曲线

样滞后，最大值增加约为冻融前的 3 倍。第三排锚杆轴力相对冻前增加约 1.2 倍，而第四排锚杆冻前受土压力分布影响锚杆轴力最大，但受冻融影响相对较小。而在温度回升后，伴随着覆盖保温和减压孔等措施的采用，锚杆轴力随温度的变化呈缓慢的下降趋势。

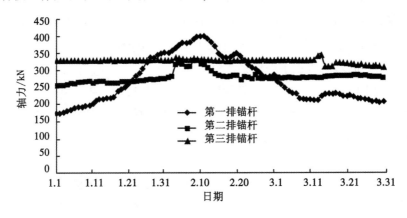

图 8.18 锚杆轴力曲线

8.4 基坑开挖支护流固耦合数值模拟分析

基坑开挖支护流固耦合分析见图 8.19，图 8.19(a)为有限元数值模型；图 8.19(b)为位移等值线云图和矢量分布图，基坑边壁位移和矢量分布集中，地铁通风道位移分布集中，明显增大；图 8.19(c)为地下水水头分布云图；图 8.19(d)为地下水渗流云图和矢量分布图，基坑坑底地下水水头、渗流出现，需要控制排水；图 8.19(e)为剪应变与体积应变云图，分布相对比较均匀；图 8.19(f)为相对剪应力云图，与弹塑性点分布图地表相对剪应力明显增大，弹塑性点分布主要集中地铁通风道结构。

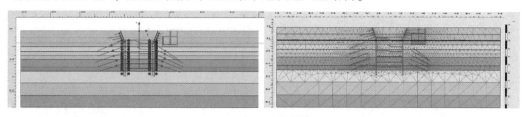

(a)有限元数值模型

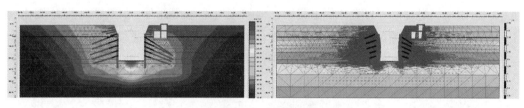

(b)位移等值线云图和矢量分布图

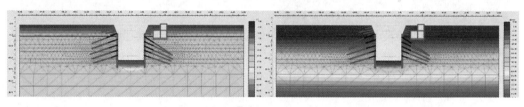

(c)地下水水头分布云图

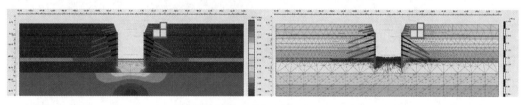

(d)地下水渗流云图和矢量分布图

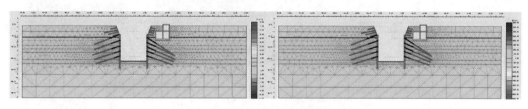

(e)剪应变与体积应变云图

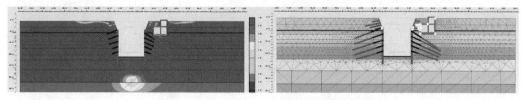

(f)相对剪应力云图与弹塑性点分布图

图 8.19　基坑开挖支护流固耦合分析

8.5 基坑冻融时效性变形数值模拟分析

（1）初冬（-6℃）

如图8.20所示，由温度分布等值线云图和热流量矢量分布图可知，冻融温度变化明显；由主应力方向分布云图和相对剪应力分布云图可知，主应力方向变化明显集中在基坑桩锚板附近，相对剪应力变化明显集中在地铁变电站结构部分；由总主应变角变化云图和总偏应变分布云图可知，总主应变角变化明显集中在基坑桩锚板和地铁变电站结构附近，总偏应变分布集中于基坑桩锚板附近。

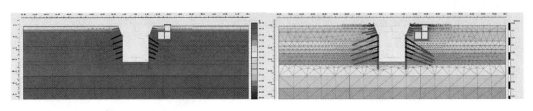

(a)温度分布等值线云图   (b)热流量矢量分布图

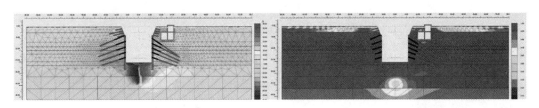

(c)主应力方向分布云图   (d)相对剪应力分布云图

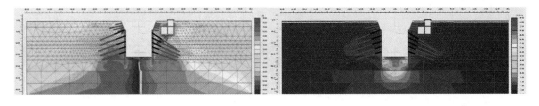

(e)总主应变角变化云图   (f)总偏应变分布云图

图8.20 基坑初冬（-6℃，45d）冻融分析

（2）深冬（-15℃）

如图8.21所示，由温度分布等值线云图和热流量矢量分布图可知，冻融温度变化增加明显；由主应力方向分布云图和相对剪应力分布云图可知，主应力方向变化明显集中在基坑桩锚板附近，相对剪应力变化明显集中在地铁变电站结构部分，范围明显增加；由总主应变角变化云图和偏应变分布云图可知，总主应变角变化明显集中在基坑桩锚板和地铁变电站结构部分附近，范围明显增加，总偏应变分布集中于基坑桩锚板附近。

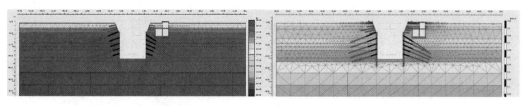

(a)温度分布等值线云图　　　　　　　　(b)热流量矢量分布图

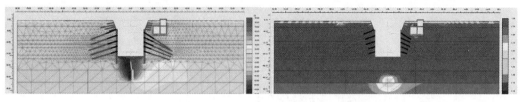

(c)主应力方向分布云图　　　　　　　　(d)相对剪应力分布云图

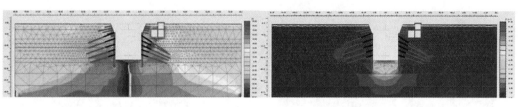

(e)总主应变角变化云图　　　　　　　　(f)总偏应变分布云图

图 8.21　基坑深冬(-15℃,45d)冻融分析

(3)冬末(-6℃)

如图 8.22 所示,由温度分布等值线云图和热流量矢量分布图可知,冻融温度变化明显,增长明显缓慢;由主应力方向分布云图和相对剪应力分布云图可知,主应力方向变化明显集中在基坑桩锚板附近,相对剪应力变化明显集中在地铁变电站结构部分;由总主应变角变化云图和总偏应变分布云图可知,总主应变角度变化明显集中在基坑桩锚板和地铁变电站结构部分附近,总偏应变分布集中于基坑桩锚板附近。

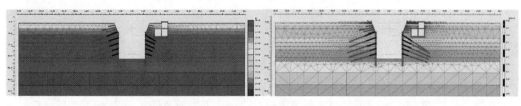

(a)温度分布等值线云图　　　　　　　　(b)热流量矢量分布图

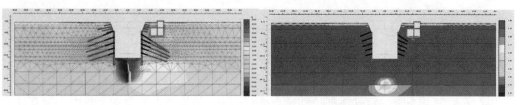

(c)主应力方向分布云图　　　　　　　　(d)相对剪应力分布云图

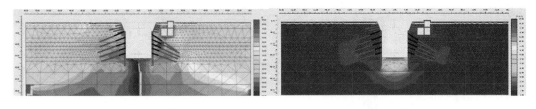

(e)总主应变角变化云图　　　　　　　　　(f)总偏应变分布云图

图 8.22　基坑冬末(-6℃, 45d)冻融分析

8.6　基坑冻融变形演化过程力学特性分析

(1)温度分布等值线云图

如图 8.23 所示,冻融变化明显。

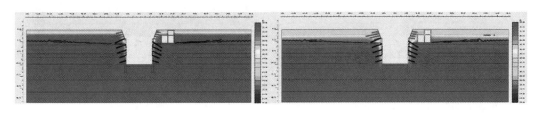

(a)深秋(6℃)等　　　　　　　　　(b)深冬(-15℃)

图 8.23　温度分布等值线云图

(2)热流量矢量分布

由图 8.24 可知,深秋热流量矢量流入基坑,深冬热流量矢量流入基坑,导致基坑冻胀。

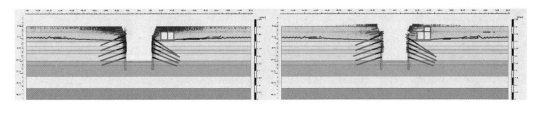

(a)深秋(6℃)　　　　　　　　　(b)深冬(-15℃)

图 8.24　热流量矢量分布图

(3)拉塑性点分布图

由图 8.25 可知,锚索和锚杆拉塑性点普遍分布,拉塑性点分布主要集中于地铁通风道结构。

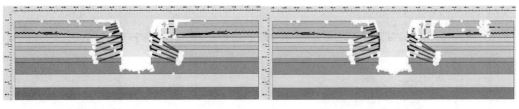

(a)深秋(6℃)　　　　　　　　　　(b)深冬(-15℃)

图8.25　拉塑性点分布图

(4)地下水压分布云图

由图8.26可知,地下水压分布基本均匀。

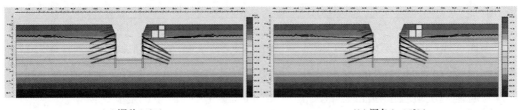

(a)深秋(6℃)　　　　　　　　　　(b)深冬(-15℃)

图8.26　地下水压分布云图

(5)地下水渗流等值线分布云图

由图8.27可知,基坑边壁地下水渗流等值线分布比较均匀,基坑坑底略有增大。

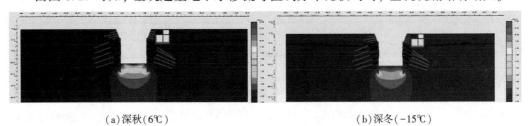

(a)深秋(6℃)　　　　　　　　　　(b)深冬(-15℃)

图8.27　地下水渗流等值线分布云图

(6)地下水渗流量矢量分布图

由图8.28可知,基坑边壁地下水渗流分布比基坑坑底减小。

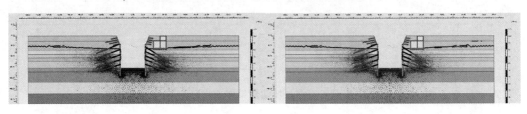

(a)深秋(6℃)　　　　　　　　　　(b)深冬(-15℃)

图8.28　地下水渗流量矢量分布图

（7）总主应变角分布云图

由图 8.29 可知，总主应变角变化明显集中在基坑桩锚板结构附近。

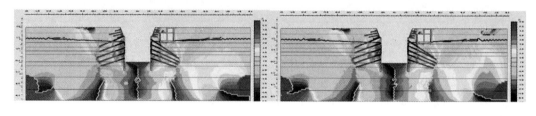

（a）深秋（6℃）　　　　　　　　　　　　（b）深冬（-15℃）

图 8.29　总主应变角分布云图

（8）地表位移矢量分布图

由图 8.30 可知，深秋左侧基坑地表位移曲线（最大值 24.12mm）比深冬左侧基坑地表位移曲线（最大值 31.03mm）变化小；深秋右侧基坑地表位移曲线（最大值 24.12mm）比深冬右侧基坑地表位移曲线（最大值 31.03mm）变化小，冻融温度变化明显。

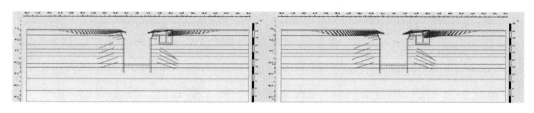

（a）深秋（6℃）　　　　　　　　　　　　（b）深冬（-15℃）

图 8.30　地表位移矢量分布图

（9）左侧基坑边壁位移矢量分布图由图 8.31 可知，深秋左侧基坑边壁位移曲线（最大值 28.32mm）比深冬左侧基坑边壁位移曲线（最大值 33.33mm）变化小，冻融温度变化明显。

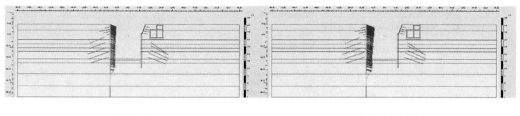

（a）深秋（6℃）　　　　　　　　　　　　（b）深冬（-15℃）

图 8.31　左侧基坑边壁位移矢量分布图

（10）右侧基坑边壁位移矢量分布图

由图 8.32 可知，深秋右侧基坑边壁位移曲线（最大值 28.32mm）比深冬右侧基坑边壁位移曲线（最大值 33.33mm）变化小，冻融温度变化明显。

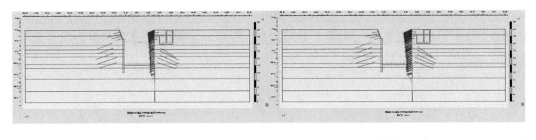

(a)深秋(6℃)　　　　　　　　　　　(b)深冬(-15℃)

图 8.32 右侧基坑边壁位移矢量分布图

（11）锚索拉力

基坑左边壁 $N_1 = 860\text{kN}$，$N_2 = 608\text{kN}$，$N_3 = 1413\text{kN}$，$N_4 = 2597\text{kN}$，$N_5 = 2011\text{kN}$；基坑右边壁 $NT_1 = 1120\text{kN}$，$NT_2 = 1926\text{kN}$，$NT_3 = 1596\text{kN}$，$NT_4 = 4830\text{kN}$，$NT_5 = 4401\text{kN}$。

8.7 冻融引起的基坑变形分析

通过该工程的现场实测数据分析，深基坑桩锚支护结构第一排锚杆轴力以及桩顶位移的变化量相对冻前变化明显，与冻融协调相互响应计算结果和数值分析结果相吻合。基坑最大位移和锚杆轴力相对最低温的出现略显滞后，桩身在冻融作用下超过基坑位移控制标准。基坑施工采用一定的防冻融安全控制措施是必要的。通过监测数据，第一排锚杆应有足够大的安全储备，建议控制值不小于计算值的 3 倍，初始预应力可以相应降低，防止锚杆力达到最大限值从而导致基坑失稳。越冬基坑受环境温度影响较剧烈，应加密越冬期间的监测频率，及时发现问题并采取有效的防冻融和减缓冻融的措施。

综上所述，通过结合工程实例对季节性冻土区深基坑桩锚支护结构冻融力产生原因、发展过程与处理措施的分析，得到以下结论：在季节性冻土区采取工程降水的深基坑支护体系，在冬季采取一定的预防冻融影响措施是十分必要的。即使基坑边坡只发生原位冻融，基坑支护结构的变形也是十分可观的，对于桩锚支护结构体系，由冻融作用产生的桩顶水平变形甚至超过正常工况产生变形的 100%。因此，桩锚支护结构体系设计必须考虑冻融荷载影响并预留足够的安全度，否则有可能在冻融发生的过程中由于过大的变形产生破坏或在后期融解过程中出现边坡垮塌等事故。

处理冻融影响的措施。在预防阶段，如在可能发生冻融影响的支护结构区段采取预先施工卸压孔的办法，减小冻融后变形影响；同时严格控制地下水位高度或渗漏水源，避免产生分凝冻融现象；可对较为松散的边坡土层进行适当的地基处理，如夯实、注浆等，以减小冻融影响。在冻融过程中应严密监测桩锚结构的变形及锚杆轴力，降低锚杆初始应力，对增长过大的锚杆要及时采取放松拉力的方法，以避免达到极限拉力导致锚杆失效。在冻融结束后，对因冻融产生较大变形的边坡，有条件时可对锚杆进行补张拉，还应及时采取渗透注浆等措施，以降低因融陷对边坡安全的危害。对易发生冻融影响的边坡，对支护结构体系进行监测是十分重要的，应充分掌握冻融过程产生的危害进展，以便采取及时、必要的处理措施。

第9章 哈尔滨季节冻土基坑冻融变形时效性分析

工程为地下二层建筑，地面为公共广场，基坑占地面积约50000m²，基坑支护总长度约850m，基坑深度−15.50m，基坑周边有6栋建筑物，与基坑边缘的最近距离为21m，周边最高一栋建筑为30层，基坑南侧有一个排水方渠需要监测。工程设计标高±0.000相当于绝对标高129.672m，建筑物主体覆土厚度为1.8~2.8m，平面位置见总平面图。基坑外轮廓为主体建筑以外1.2~3.0m，基坑底部深度为−16~−11.4m。工程地下抗浮水位为123.5m，施工期间需进行降水，为防止对周边建筑产生不利影响，采用悬挂式止水帷幕，对坑内进行降水，坑外进行回灌处理。止水帷幕采用三轴水泥土搅拌桩。场地内局部存在上层滞水或空隙潜水，勘察期间地下水稳定水位埋深在地面下7.4~7.9m（见图9.1和图9.2）。

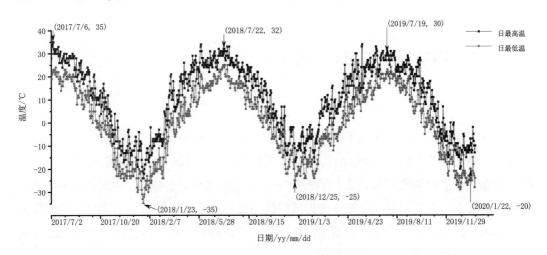

图9.1 哈尔滨温度变化

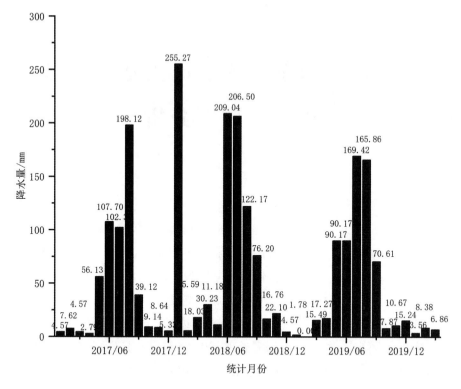

图9.2 哈尔滨降水量变化

9.1 结构设计主要技术指标

（1）结构设计标准

工程基坑支护的设计使用年限为 2 年，冬季应采取越冬措施，防止基坑围护构件产生冻害。基坑安全等级为一级；结构重要性系数为 1.1。基坑工程围护结构最大水平位移小于 $0.2\%h$；地面最大沉降量小于 $0.15\%h$，且应满足周边各建筑、构筑物最小位移的相应规范要求。在基坑开挖过程与支护结构使用期内，必须进行支护结构的水平位移监测和基坑开挖影响范围内建（构）筑物、地面的沉降监测。工程抗浮设防水位为 123.5m，实际降水与回灌水位以现场实测为准。

（2）主要荷载（作用）取值

基坑内外土重取 $19kN/m^3$，地面超载按 20kPa 进行计算，在使用期间，基坑周边 5m 范围内堆载不得超过此值。工程按常温设计未考虑温度荷载，如存在越冬工况时，入冬前应采取适当的措施减少土体冻融效应对支护结构的损伤；开春后应及时对锚具及锚头处进行检查，有松动迹象时应及时补张拉、及时重新锁定。

（3）计算软件

工程设计计算采用北京理正软件股份有限公司深基坑支护结构设计软件 7.0 PB1 版。

（4）主要结构材料

设计中采用的各种材料，必须具有出厂质量证明书或实验报告单，并在进场后按国家有关标准的规定进行检验和实验，检验和实验合格后方可在工程中使用。所有结构材料均应采用施工现场 500km 以内生产的。排桩、冠梁混凝土强度等级：C30。三轴水泥土搅拌桩水泥强度等级不低于 42.5 级普通硅酸盐水泥。水泥用量和水灰比应结合土质条件和机械性能通过现场实验确定。锚杆注浆材料：水泥宜使用普通硅酸盐水泥，强度等级不应低于 20MPa，42.5 级。锚杆的注浆应采用二次注浆工艺。

9.2　工程地质

据地岩土工程勘察报告，拟建场地土层分布大致如下。

第①层杂填土：杂色，以建筑垃圾为主，层底埋深 0～12.6m，平均厚度为 2.00m。

第①1 层空洞：原地下构筑物形成的地下洞室。埋深 0.5～10.4m，平均厚度为 3.95m。粉砂及流塑土，埋深 1.7～11.8m，平均厚度为 2.70m。

第②层粉质黏土：黄褐色，可塑，中～高压缩性，干强度中等，韧性中等，稍光滑，摇振反应无，包含粉土级配一般。

第②1 层粉质黏土：黄褐色，硬塑，中压缩性，干强度中等，韧性中等，稍光滑，摇振反应无，包含粉土级配一般，形状亚圆形，黏粒含量低，埋深 9.1～13.2m，平均厚度为 4.93m。

第②2 层粉质黏土：黄褐色，软塑，中～高压缩性，干强度中等，韧性中等，稍光滑，摇振反应无，包含粉土级配一般，形状亚圆形，黏粒含量低，埋深 9.2～24.2m，平均厚度为 2.88m。

第③层粉砂：黄色，稍密～中密，湿～饱和，包含黏性土夹层及细砂，矿物成分以长石、石英为主，颗粒级配一般，形状亚圆形，包含黏性土夹层及细砂，黏粒含量低，埋深 3.2～19.2m，平均厚度为 6.01m。

第③1 层中砂：黄色，稍密～中密，湿～饱和，包含黏性土夹层及粗砂，矿物成分以长石、石英为主，颗粒级配一般，形状亚圆形，黏粒含量低，埋深 18.8～23.1m，平均厚度为 2.46m。

第④1 层中砂：黄色～灰色，稍密～中密，饱和，包含黏性土夹层及粗砂，矿物成分以长石、石英为主，颗粒级配一般，形状亚圆形，黏粒含量低，埋深19.8~29.6m，平均厚度为1.63m。

第④2层粉砂：黄色~灰色，稍密~中密，饱和，包含黏性土夹层，矿物成分以长石、石英为主，颗粒级配一般，形状亚圆形，黏粒含量低，埋深21.0~31.8m，平均厚度为2.41m。

第⑤层中砂：灰色，中密~密实，饱和，包含黏性土夹层及粗砂，矿物成分以长石、石英为主，颗粒级配一般，摇振反应无，埋深13.5~26.3m，平均厚度为2.07m。

第⑤1层砾砂：灰色，中密~密实，饱和，包含黏性土夹层，矿物成分以长石、石英为主，颗粒级配一般，摇振反应无，埋深17.9~24.3m，平均厚度为1.84m。

第⑤2层粉砂：灰色，中密~密实，饱和，包含黏性土夹层及细砂，矿物成分以长石、石英为主，颗粒级配一般，形状亚圆形，黏粒含量低，埋深24.4~50.0m，平均厚度为5.00m。

第⑤3层粉质黏土：灰色，软塑，中~高压缩性，包含砂夹层，干强度中等，韧性中等，稍光滑，摇振反应无，形状亚圆形，黏粒含量低，层底埋深15.7~22.2m，平均厚度2.03m。

第⑤4层粉质黏土：灰色，软塑，中压缩性，包含砂夹层及流塑土，干强度中等，韧性中等，稍光滑，摇振反应无，埋深27.4~48.4m，平均厚度为2.0m。

第⑥层中砂：灰色，密实，饱和，包含黏性土夹层及粗砂，矿物成分以长石、石英为主，颗粒级配一般，形状亚圆形，黏粒含量低，埋深25.9~49.8m，平均厚度为1.94m。

第⑥1层砾砂：灰色，中密，饱和，包含黏性土夹层，矿物成分以长石、石英为主，颗粒级配一般，形状亚圆形，摇振反应无，埋深30.2~42.7m，平均厚度为1.89m。

第⑥2层黏土：灰色，可塑，中压缩性，包含砂夹层，干强度高，韧性高，光滑，摇振反应无，埋深土及粉砂夹层，埋深0.5~12.3m，平均厚度为3.22m。

第⑥3层粉砂：灰色，密实，饱和，包含砂夹层及细砂，矿物成分以长石、石英为主，颗粒级配一般，形状亚圆形，黏粒含量低，埋深9.2~24.2m，平均厚度为3.57m。

第⑥4层粉质黏土：灰色，软塑，包含砂夹层及流塑土，中压缩性，干强度中等，韧性中等，稍光滑，埋深1.5~9.7m，平均厚度为1.18m。

第⑦层全风化泥岩：灰色，软质岩石，结构构造已基本破坏，岩芯呈土状，手掰易碎。主要矿物成分为云母、高岭土、石英、长石，此层未钻穿。

9.3　水文地质

抗浮设防水位：勘察场区地下水类型为第四纪松散层孔隙潜水，哈尔滨站周边实际地下水位标高大连高程系在 120m 左右。该场地基坑开挖 14m 左右，基坑开挖深度超过地下水埋深，基础施工时需采取施工降水措施。抗浮设防水位按大连高程系 123.5m 计算。

地下水腐蚀性评价：腐蚀性评价结果：按环境类型土对混凝土结构有微腐蚀性；按地层渗透性土对混凝土结构有微腐蚀性；对钢筋混凝土结构中的钢筋有微腐蚀性。

基坑土体抗剪强度指标见表 9.1

表 9.1　基坑土体抗剪强度指标

岩土编号	岩土名称	直剪指标（快剪）		三轴（固结不排水）	
		c/kPa	φ/℃	c/kPa	φ/℃
②	粉质黏土	21.5	11.9	49.7	12.6
②2	粉质黏土	17.4	14.5	27.4	13.0
③	粉砂	5.1	27.3		
④	细砂				
④1	中砂	2.0	32.8		
④2	粉砂				
⑤	中砂	2.9	33.5		
⑤1	砾砂	4.0	33.5		
⑤2	粉砂	2.0	31.1		
⑤3	粉质黏土	21.3	13.6		
⑤4	粉质黏土	15.4	13.2		
⑥	中砂	6.3	33.1		
⑥2	黏土	23.4	12.0		
⑥3	粉砂	0.0	33.0		
⑥4	粉质黏土	16.0	13.4		

9.4　基坑围护结构

（1）单排桩支挡结构

单排桩采用超流态混凝土灌注桩，采取单排分离式布置形式，具体间距见各位置详图。桩直径为 600~800mm，排桩保护层厚度为 50mm。桩嵌固深度见各位置详图。桩位的允许偏差应为50mm；桩垂直度的允许偏差应为0.5%；预埋件位置的允许偏差应为20mm；桩的其他施工允许偏差应符合行业标准《建筑桩基技术规范》（JGJ94—1994）的规定。基坑工程邻近市政道路、排水方渠、既有建筑等，均对地基变形敏感，应采取如下措施：采取间隔成桩的施工顺序；对混凝土灌注桩应在混凝土终凝后再进行相邻桩的成孔施工。对松散或稍密的砂土、稍密的粉土、软土等易坍塌或流动的软弱土层，对钻孔灌注桩宜采取改善泥浆性能等措施，对人工挖孔桩宜采取减小每节挖孔和护壁的长度、加固孔壁等措施。支护桩成孔过程出现流砂、涌泥、塌孔、缩径等异常情况时，应暂停成孔并及时采取有针对性的措施进行处理，防止继续塌孔。当成孔过程中遇到不明障碍物时，应查明其性质，且在不会危害既有建筑物、地下管线、地下构筑物的情况下方可继续施工。桩纵向受力钢筋的接头不宜设置在内力较大处。同一连接区段内，纵向受力钢筋的连接方式和连接接头面积百分率应符合国家标准《混凝土结构设计规范》（GB 50010—2010）对梁类构件的规定。排桩桩间土应采取防护措施。桩间土防护措施宜采用内置钢筋网或钢丝网的喷射混凝土面层。喷射混凝土面层的厚度不宜小于50mm，混凝土强度等级不宜低于C20，混凝土面层内配置的钢筋网的纵横向间距不宜大于200mm。钢筋网或钢丝网宜采用横向拉筋与两侧桩体连接，拉筋直径不宜小于12mm，拉筋锚固在桩内长度不宜小于100mm。钢筋网宜采用桩间土内打入直径不小于12mm的钢筋钉固定，钢筋钉打入桩间土中的长度不宜小于排桩净间距的1.5倍且不应小于500mm。排桩顶部泛浆高度不应小于500mm，设计桩顶标高接近地面时桩顶混凝土泛浆应充分，凿去浮浆后桩顶混凝土强度应满足要求。水下浇注混凝土强度应按照相关规范要求比设计桩身强度提高等级进行配制。

（2）锚杆结构

工程采用钢绞线锚杆，当不允许在支护结构使用功能完成后锚杆杆体滞留在地层内时，应采用可拆芯钢绞线锚杆；在易塌孔的松散或稍密的砂土、碎石土、粉土、填土层，高液性指数的饱和黏性土层，高水压力的各类土层中，钢绞线锚杆、钢筋锚杆宜采用套管护壁成孔工艺；工程锚杆注浆采用二次压力注浆工艺，第一次灌注水泥砂浆，灰砂比为1∶0.5~1∶1；第二次压注纯水泥浆应在第一次灌注的水泥砂浆强度达到5MPa后进行，注浆压力和注浆时间可根据锚固段的体积确定，并分段一次由下至上进行，终止注浆的压力不应小于1.5MPa。在大面积施工前应通过现场实验确定锚杆的适用性。锚杆杆体的外露长度应满足腰梁、台座尺寸及张拉锁定的要求；锚杆杆体用钢绞线应符合国家标准《预应力混凝土用钢绞线》（GB/T 5224—2014）的有关规定；应沿锚杆杆体全长设置定位支架；定位支架应能使相邻定位支架中点处锚杆杆体的注浆固结体保护层厚度不小于10mm，定位支架的间距宜根据锚杆杆体的组装刚度确定，对自由段宜取1.5~2.0m；对锚固段宜取1.0~1.5m；定位支架应能使各根钢绞线相互分离；锚具应符合国家标准《预应力筋用锚具、夹具和连接器》(GB/T 14370—2015)的规定。锚杆的成孔应符合下列规定：应根据土层性状和地下水条件选择套管护壁、干成孔或泥浆护壁成孔工艺，成孔工艺应满足孔壁稳定性要求；对松散和稍密的砂土、粉土、碎石土、填土、有机质土、高液性指数的饱和黏性土宜采用套管护壁成孔工艺；在地下水位以下时，不宜采用干成孔工艺；在高塑性指数的饱和黏性土层成孔时，不宜采用泥浆护壁成孔工艺；当成孔过程中遇不明障碍物时，在查明其性质前不得钻进。锚杆的施工偏差应符合下列要求：钻孔孔位的允许偏差为 50mm；钻孔倾角的允许偏差为 3°；杆体长度不应小于设计长度；自由段的套管长度允许偏差为 ±50mm。预应力锚杆的张拉锁定应符合下列要求：当锚杆固结体的强度达到 15MPa 或设计强度的 75% 后，方可进行锚杆的张拉锁定；拉力型钢绞线锚杆宜采用钢绞线束整体张拉锁定的方法；锚杆锁定前，应按检测值进行锚杆预张拉；锚杆张拉应平缓加载，加载速率不宜大于 0.1Nk/min；在张拉值下的锚杆位移和压力表压力应能保持稳定，当锚头位移不稳定时，应判定此根锚杆不合格；锁定时的锚杆拉力应考虑锁定过程的预应力损失量；预应力损失量宜通过对锁定前、后锚杆拉力的测试确定；缺少测试数据时，锁定时的锚杆拉力可取锁定值的 1.1~1.15 倍；锚杆锁定应考虑相邻锚杆张拉锁定引起的预应力损失，当锚杆预应力损失严重时，应进行再次锁定；锚杆出现锚头松弛、脱落、锚具失效等情况时，应及时进行修复并对其进行再次锁定；当锚杆需要再次张拉锁定时，锚具外杆体长度和完好程度应满足张拉要求。锚杆抗拔承载力的检测应符合下列规定：检测数量不应少于锚杆总数的 5%，且同一土层中的锚杆检测数量不应少于 3 根；检测实验应在锚固段注浆固结体强度达到 15MPa 或达到设计强度的 75% 后进行；检测锚杆应采用随机抽样的方法选取；抗拔承载力检测值应按不小于 1.4 倍轴向拉力计算确定；检测实验应按《建筑基坑支护技术规程》(JGJ 120—2012)附录 A 的验收实验方法进行；当检测的锚杆不合格时，应扩大检测数量。基坑开挖与锚杆施工应符合下列顺序：各道锚杆施工时已考虑超挖 0.5m 的工况。锚杆达到设计强度后方可进行下一道步骤施工。

(3)腰梁

腰梁应符合下列规定：腰梁由 2 根工字钢双拼而成，材质为 Q235B；除剖面图或节点图中标明确定型号者外，其他均采用 2 工 20a，作法见《建筑基地支护结构构造》(11SG814)第 71 页 "双拼工字钢腰梁"，其中 $b=130mm$、净距 $s=120mm$；所有腰梁均应连成整体，接长时应采用等强连接；转角处应设置加劲板，加劲板作法见《建筑基坑支护结构构造》(11SG814)第 59 页：腰梁转角加劲板构造；腰梁或腰梁垫板(斜铁)底面与混凝土护壁桩及护壁面层间应接触紧密，桩中心点及两侧各 300mm 范围内必须在锚杆锁紧前填浆挤实，腰梁的其他段也宜在锚杆锁紧前填浆挤实。

（4）冠梁

冠梁应符合下列规定：冠梁施工时，应将桩顶浮浆、低强度混凝土及破碎部分清除。冠梁混凝土浇筑采用土模时，土面应修理整平。冠梁的宽度不宜小于桩径，高度不宜小于桩径的 0.6 倍。冠梁钢筋应符合国家标准《混凝土结构设计规范》（GB 50010—2010）对梁的构造配筋要求。冠梁用作支撑或锚杆的传力构件或按空间结构设计时，还应按受力构件进行截面设计。

9.5　地下水控制

（1）管井降水

工程采用坑内降水、坑外回灌方式控制地下水，降水工作应由具备相应资质的降水公司承担；施工前应按照设计降水的要求进行抽水实验，开始降水后，应随时监测水位动态变化，监测基坑周围土体沉降进行专项设计，降水工作应在基坑开挖至−7.0m 或结合实际地下水位高度，且帷幕固结体强度达设计值后方能开始，并考虑对建筑物或管线及铁路线路等的影响，降水与回灌必须同时进行；坑外回灌井处宜设置回灌水箱，其回灌量以保持原地下水位面基本不变、上下波动以不超过 1.0m 为宜。对于存在局部深坑，周边 10m 范围内的降水井深度应相应增加，降水井应避开基坑内桩柱等结构。

（2）基坑水位

降水后基坑内的水位应低于坑底 0.5m。当主体结构有加深的电梯井、集水井时，坑底应按电梯井、集水井底面考虑或对其另行采取局部地下水控制措施。工程未考虑施工期间雨季突发水位迅速回升等突发情况，施工单位应另行考虑应急预案。

（3）止水帷幕

工程止水帷幕采用三轴搅拌水泥土桩。搅拌桩截水帷幕相邻桩的搭接长度不应小于250mm，应采用 42.5 级硅酸盐水泥，水泥掺量不宜小于 30%（以每立方米加固体所拌和的水泥重量与土的重量之比计，土的重量按 1900kg/m 计），应根据现场土体及水文地质条件实测确定，宜适当加入膨润土等外加剂；止水帷幕应满足自防渗要求，应在前桩水泥土尚未固化时进行后序搭接桩施工，避免形成冷缝，施工开始和结束的头尾搭接处应采取加强措施；施工时桩位偏差不得大于 50mm，垂直度偏差不得大于 1/150；特别是垂直度偏差，必须每桩适时校验；水灰比宜为 0.5，施工时可根据建设场地的土质及地下水条件或经验掺加适当的外加剂。正式施工前，应先在同场地上进行成桩工艺、成桩参数及水泥掺入量或水泥浆的配合比检验，通过实验确定相关的施工参数。正式降水开始时搅拌桩体 28d 的立方体无侧限抗压强度标准值不小于 0.8MPa（见图 9.3 至图 9.17）。

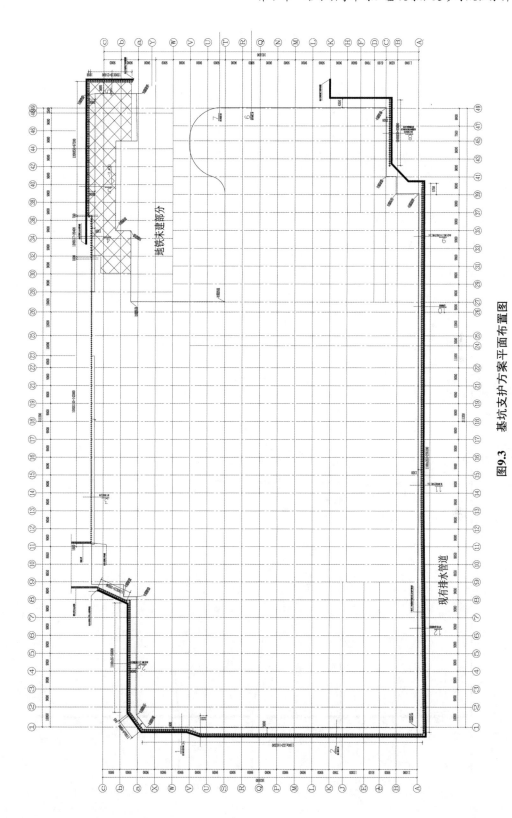

图9.3　基坑支护方案平面布置图

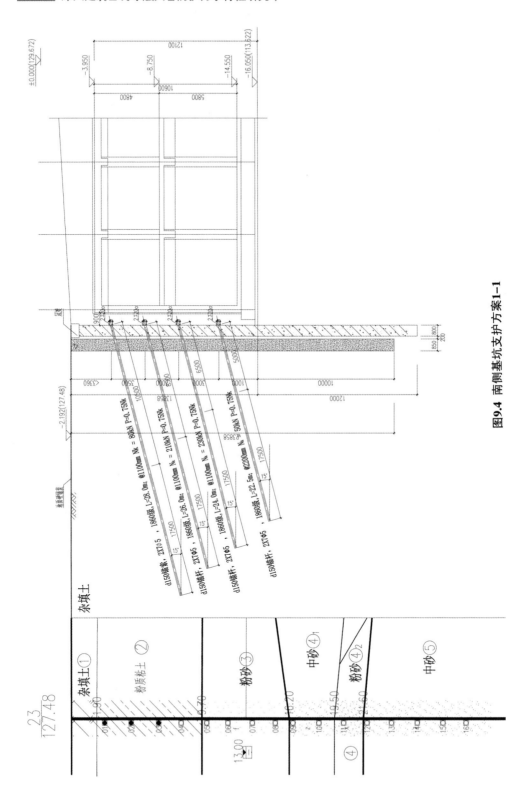

图9.4 南侧基坑支护方案1-1

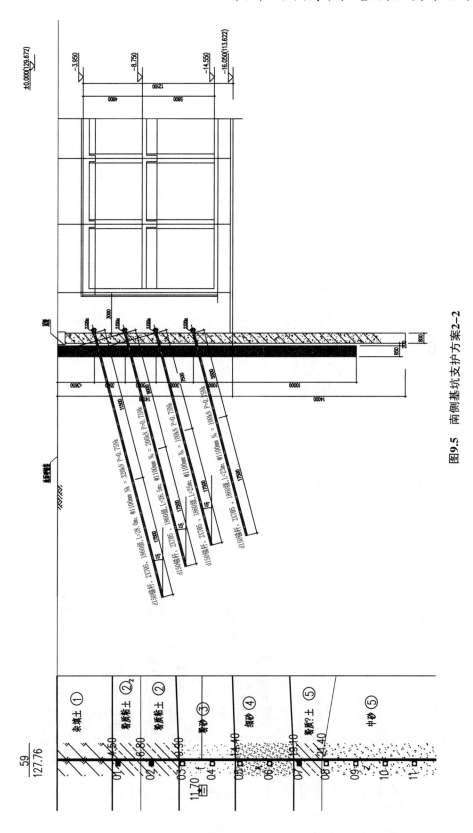

图9.5 南侧基坑支护方案2–2

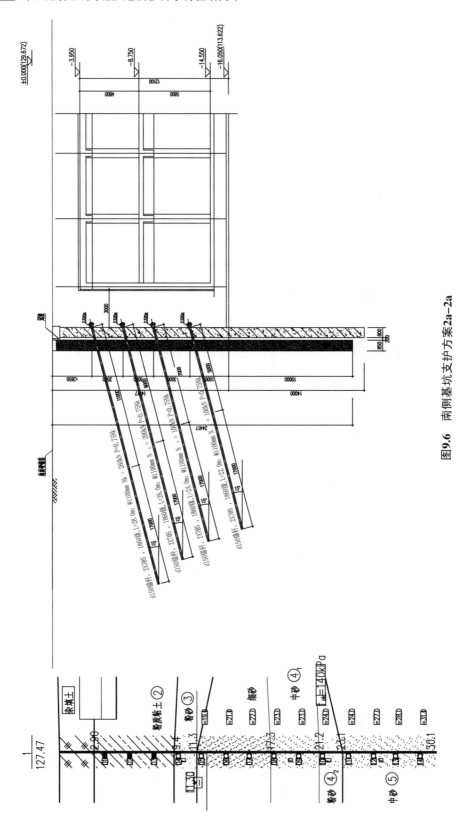

图9.6 南侧基坑支护方案2a-2a

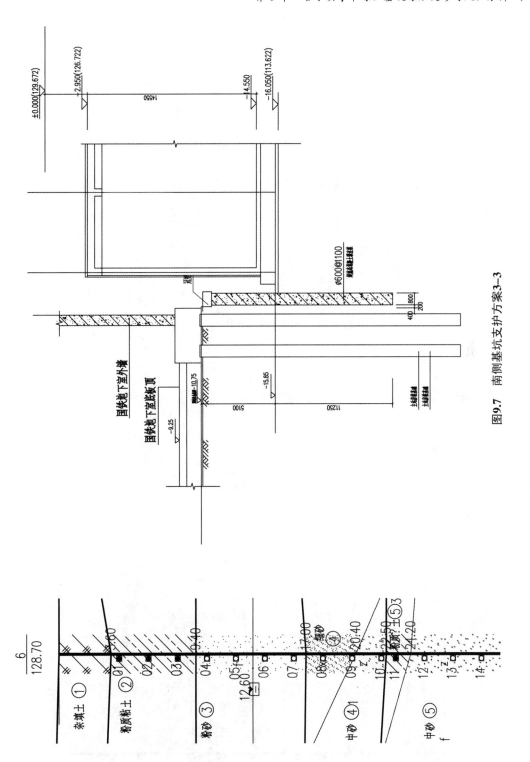

图9.7 南侧基坑支护方案3-3

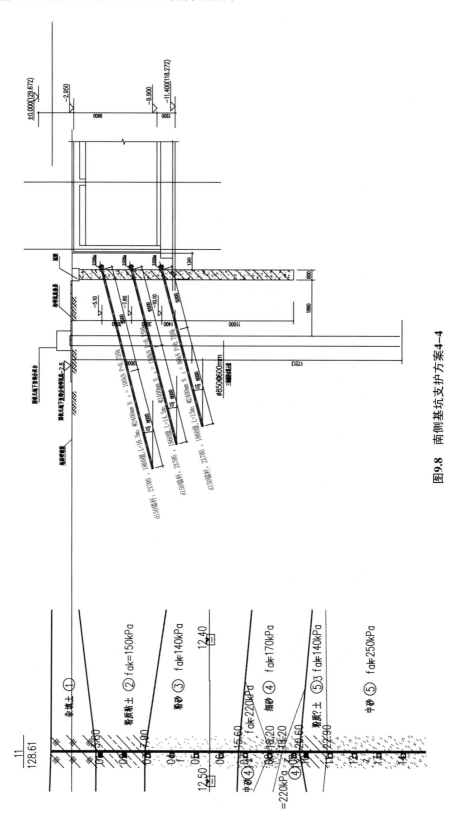

图9.8 南侧基坑支护方案4-4

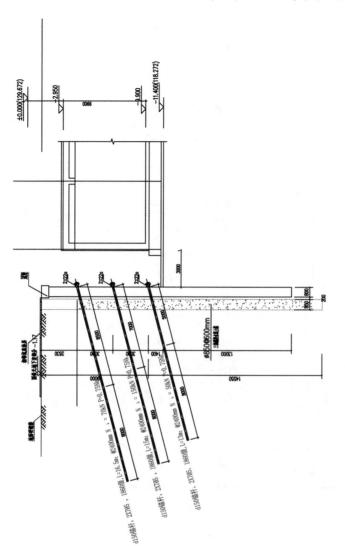

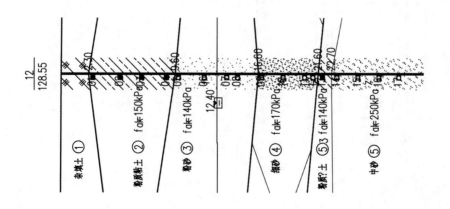

图9.9 南侧基坑支护方案5-5

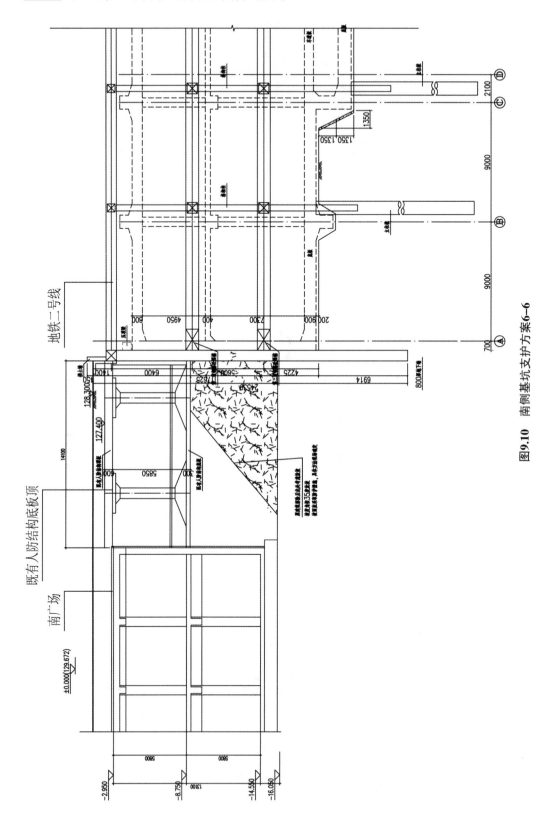

图9.10 南侧基坑支护方案6-6

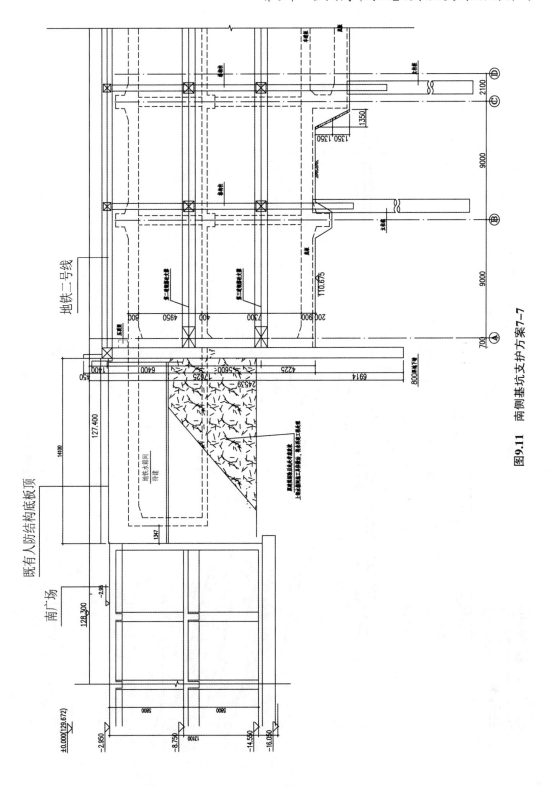

图9.11　南侧基坑支护方案7-7

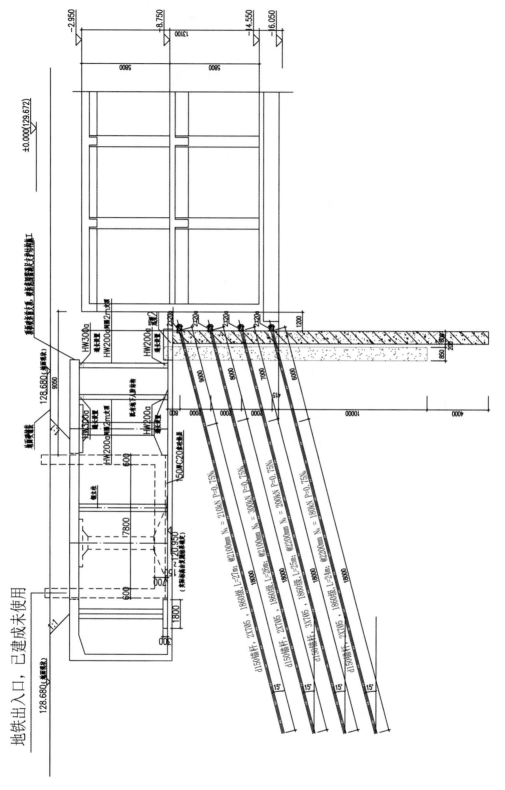

图9.12 南侧基坑支护方案8-8

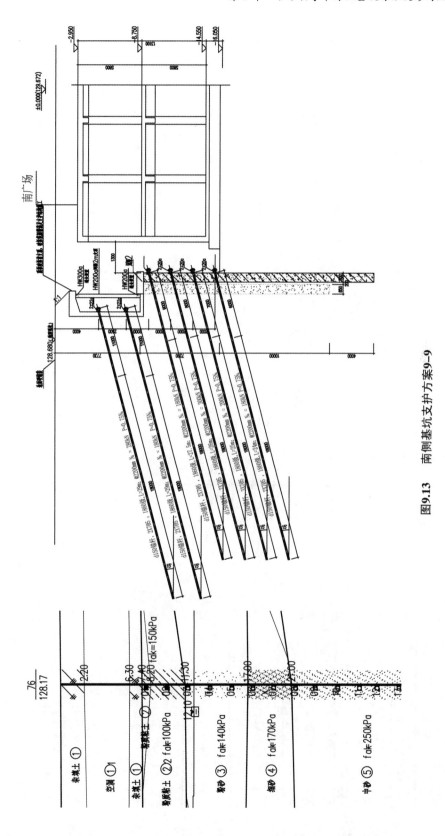

图9.13　南侧基坑支护方案9—9

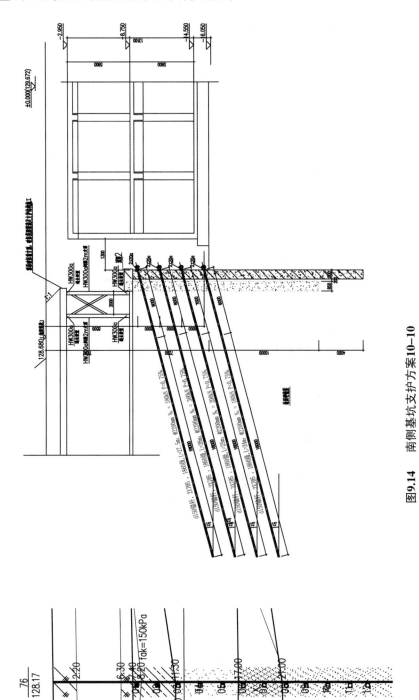

图9.14 南侧基坑支护方案10-10

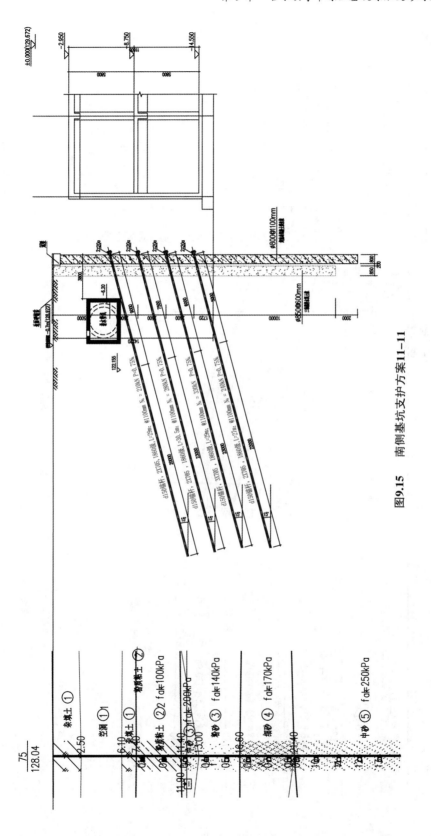

图9.15　南侧基坑支护方案11–11

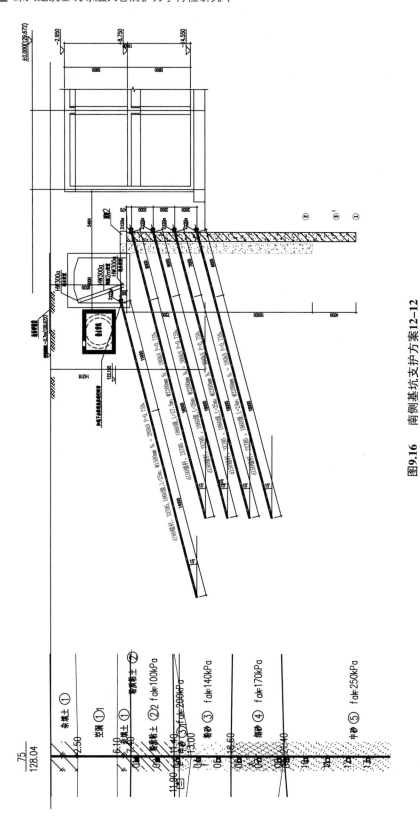

图9.16 南侧基坑支护方案12-12

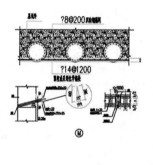

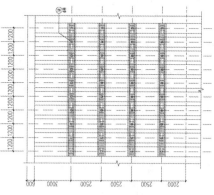

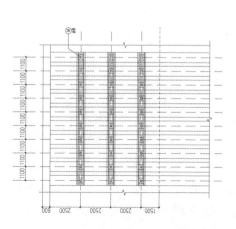

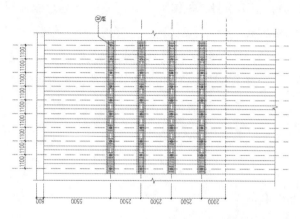

图9.17　腰梁位置示意

截水帷幕在平面布置上应沿基坑周边闭合。工程止水帷幕与东侧地铁的地连墙及北侧国铁基坑的排桩相连，形成闭合的止水帷幕。水泥土搅拌桩帷幕的施工应符合现行行业标准《建筑地基处理技术规范》JGJ 79 的有关规定。搅拌桩的施工偏差应符合下列要求：桩位的允许偏差应为 50mm；垂直度的允许偏差应为 1%。截水帷幕的质量检测应符合下列规定：对设置在支护结构外侧单独的截水帷幕，其质量可通过开挖后的截水效果判断；对施工质量有怀疑时，可在搅拌桩、高压喷射注浆液固结后，采用钻芯法检测帷幕固结体的单轴抗压强度、连续性及深度；检测点的数量不应少于 3 处。

工程基坑开挖深度较大，地质条件较差，周边环境复杂，施工周期长。从地质剖面看其埋深深度内的土层性质如下：表层为杂填土，其下部为可塑、软塑的黏性土、粉砂和细砂，场地基础施工深度范围有地下水出露，存在易引起基坑失稳的软弱结构面，易出现造成坑壁坍塌、滑坡、侧壁流砂、坑底管涌等不良现象。工程基坑为一级，破坏后果严重，稍有疏忽或出现问题，必然带来巨大的经济损失和不良社会影响。为了切实保证基坑及周围建筑物、道路和地下管线的安全，及时跟踪掌握在基坑开挖过程中可能出现的各种不利现象，为建设、设计和施工单位合理安排挖方和施工进度，确保基坑及周围建筑物、道路和地下管线的安全，发现问题及时预警，为及时采取应急措施提供技术依据。

（4）注意事项

围护结构施工前应先将主体建筑放线，并确定预留施工作业面及与相邻建筑关系无误后方进行施工。施工期间基坑底部及顶部的排水措施由施工单位结合场地情况现场采用，以保证降水顺利排除不增加挡土结构荷载为原则。围护结构施工前应认真核对周边建筑及管线，如与设计不符应及时调整位置或方案。开挖过程中，应由具备相应资质的第三方承担基坑的监测工作，监测方案宜评审通过后采用。

综上所述，从基坑的具体情况看，以下特点决定监测工作的必要性：地下水位高，降水工作不但形成降水漏斗，而且有可能引起地基土中细颗粒的流失，从而造成坑壁坍塌、滑坡、侧壁流砂、坑底管涌等不良现象。为基坑及周边环境的安全提供数据支持，最大限度地避免工程事故；检验施工质量，并作为方案调整的依据及处理纠纷的依据，也可一定程度上划分各工种的责任。土工计算理论与实际工作状态不符；岩土参数离散性大，测试精度难以保证；挖方工程的时空效应尚无较好的考虑方法。基坑开挖深度较大（远大于 5m）。土质条件差。雨期施工。有相邻建筑物及排水方渠；基坑范围内待拆除建筑振动大。

9.6　深基坑监测

9.6.1　支护结构监测

（1）冠梁（桩顶）水平位移监测

冠梁（桩顶）水平位移监测是深基坑工程施工监测的基本内容。通过进行冠梁水平位移监测，可以掌握围护桩在基坑施工过程中的平面变形情况，用于同设计比较，分析对周围环境的影响。同时，控制好桩顶平移也就在一定程度上避免了周边管线的过大变形。测点布置原则如下：沿冠梁布置，并注意在各边中部布置监测点。监测点间距绝大多数不大于 20m，长边监测点数目不少于 3 个。

（2）冠梁（桩顶）沉降监测

基坑开挖时伴随着土方的大量卸载，水土压力重新分布，原有的平衡体系被打破，围护桩作为维持新平衡体系的重要存在，承受水土压力而产生变形，在冠梁（桩顶）位置产生水平位移和沉降。为反映施工期间支护体系变形情况，围护桩顶沉降监测是必不可少的监测内容。

（3）锚索拉力监测

锚索是决定支护结构承载能力的关键构件之一，且其预张力是决定支护结构及近接建筑物变形大小的主要因素。锚杆轴力监测点应选择在受力较大且有代表性的位置，基坑每边跨中部位和地质条件复杂的区域宜布设监测点，每层锚杆监测数量不少于 3 根，且每层监测点在竖向上的位置应保持一致，拉力测试点应设置在锚头附近位置。

（4）腰梁平移监测

若部分支护桩及相应腰梁已经完成，无法在桩内布设测斜管，可以在腰梁上布设反射片，以腰梁平移反映基坑不同深度土体的水平变形。

（5）桩深层水平位移监测

设置桩深层水平位移监测对基坑开挖阶段围护桩体纵深方向的水平变位进行监控，其数据与桩顶水平位移数据、桩顶沉降数据联合分析，能够更为真实全面地反映施工期间支护体系的变形情况。在基坑开挖前，将测斜管植入支护桩内，采用 80mm PVC 测斜管，接头用自攻螺丝拧紧，上、下端用盖子封好，接头部位用胶带密封。根据工程场区内地层情况以及基坑开挖深度来确定测斜管安装深度，安装时管内注入清水，防止水泥浆浸入。管壁内有二组互为 90° 的导向槽，使其中一组导向槽与基坑开挖面垂直。

（6）基坑外围地表沉降监测

地表沉降是地下结构施工的基本监测项目，它最直接地反映基坑周边土体变化情况。地表沉降监测应垂直于基坑边布设若干测点，以形成监测剖面，剖面应设在坑边中部或其他有代表性的部位。

(7)水位监测

地下水位变化可能引发基坑边坡失稳以及地表的过大沉降,导致对周围建、构筑物以及地下管线等造成危害,因此对地下水位的监测非常重要,各等级基坑均需此项监测。地下水位监测孔主要布设在水位埋深较小、水位变化较大、地质条件相对复杂、结构沉降较大等部位。

9.6.2 近接建筑物监测地下结构

近接建筑物监测地下结构的施工会引起周围地表下沉,从而导致地面建筑物的沉降,这种沉降一般都是不均匀的,因此将造成地面建筑物的倾斜,甚至开裂破坏,对此应进行严格控制。除四角布设沉降测点外,每边的中部也兼顾规范要求布设少量沉降观测点。

邻近方渠沉降和侧向平移监测。此排水方渠承担了南岗区重要的排水防内涝任务,应视为工程监测的重中之重,由于其工程地位很重要,故其自身位移测点按照规范要求布置;其邻近基坑平移、沉降、锚杆拉力测点适当加密,水平间距为普通测点的75%,监测其竖向和侧向水平位移。

9.6.3 监测方法

(1)监测设备

沉降(地表沉降、桩顶沉降和建筑物沉降):天宝 DINI03,S05 级。

水平位移:徕卡全站仪,TS30,0.5s。

锚杆拉力:锚索拉力计+振弦读数仪。

桩身平移:测斜管+测斜仪。

地下水位:SWJ90 钢尺水位仪+水准仪。

(2)测点布置方法

地面沉降测点。施工时首先以洛阳铲挖 500mm×500mm×500mm 的坑,于其中打入直径 25mm、长度 1.5m 的钢筋;以直径 120mm 长 600mm 的钢管套住钢筋,管外回填素混凝土,管内回填粗砂+木屑;顶部以钢盖板封闭并喷涂明显标识(见图 9.18)。

(3)建筑物沉降测点

对于普通建筑物,以 Φ16 螺纹钢筋焊接 D32 钢球作为测点;以电锤成孔,孔深 15cm;以环氧砂浆将螺纹钢筋植入所成孔内。对于较为重要或装修较好的建筑物,将 D32 钢球焊接在厚 5mm、长 120mm、宽 120mm 的钢板中部;清理测点处结构表面的灰尘,并以丙酮清洗;以结构胶将带有钢球的钢板粘贴在结构表面(见图 9.19)。

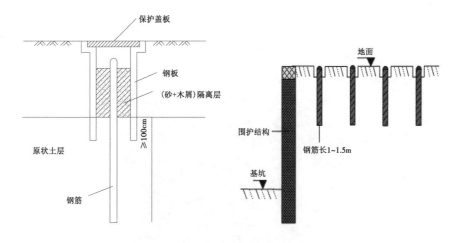

图 9.18　地表沉降剖面示意图

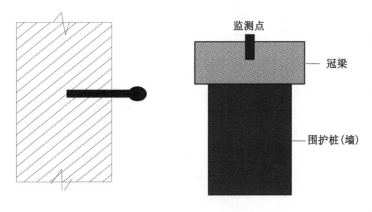

图 9.19　建筑物沉降测点　　　　**图 9.20　冠梁沉降测点**

（4）冠梁沉降测点

设于冠梁顶面中部，采用与图 9.19 类似的方法，但为了避免受扰动，需将钢球嵌入冠梁，嵌入深度为钢球的半径（见图 9.20）。

（5）桩顶（支护结构顶部）水平位移

将冠梁内侧面清洁后，粘贴反射片即可。

（6）腰梁水平位移

将腰梁内侧面清洁后，粘贴反射片即可。

（7）锚索拉力测点

监测锚索张拉前，先将传力板装在孔口垫板上，使拉力计或传力板与孔轴垂直。安装张拉机具和夹具，同时对测力计的位置进行校验，合格后，开始预紧和张拉（见图 9.21）。

（8）桩身平移

①选择内径不小于 100mm、长度为钢筋笼长度+500mm 的薄壁钢管，钢管下部做尖儿。

②于钢筋笼内壁绑扎并焊牢,下部伸出钢筋笼500mm,顶部与钢筋笼齐平。

③清理钢管内杂物。

④冠梁完成后,向钢管内注入添加缓凝剂及微膨胀剂的水泥浆。

⑤逐节接长测斜管,向测斜管内灌水,渐次插入测斜管。

图9.21　锚索拉力测点

(9)地下水位监测

观测井的作法同降水井,由降水单位完成。

(10)邻近方渠沉降和侧向平移监测

对于方渠沉降测点,施工流程如下:在方渠侧面以外500mm钻直径150mm至方渠底面高程;在孔底灌入200mm高细石混凝土;直径25mm钢筋除底端300mm外套保温管并插入孔底细石混凝土;钻孔回填;安装保护盒(见图9.22和图9.23)。

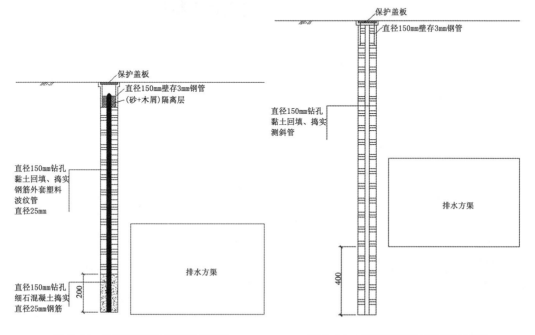

图9.22　方渠沉降测点剖面示意图　　　图9.23　方渠平移测点剖面示意图

对于方渠平移测点,施工流程如下:在方渠侧面以外500mm钻直径150mm至方渠底面以下4m;测斜管接长置入钻孔;钻孔回填;安装保护盒。

9.6.4 监测过程

(1)沉降

在基坑周围,3倍基坑深度范围以外,设3个以上基准点。首先进行基准点双测站往返测,形成高程控制网;根据基准点和观测点的位置,保证构成闭合或附合线路,进行双测站往返测形成初始高程,以后进行单程双测站测量,并定期检验高程控制网,根据测点高程的变化计算沉降量的大小。

(2)平移

首先,以基坑某一长边为 x 轴,建立坐标系,以全站仪测量控制点坐标,选取其中6个坐标差不大于1mm的测回求平均值形成控制点坐标。其次,采用张开的至少3个坐标控制点,通过本站与各控制点的距离和各控制点视线水平方位角计算本站坐标并确定坐标方向,紧接着测量平移观测点坐标,选取3个坐标差不大于1mm的测回求平均值形成测点初始坐标。以后,尽量在相同的测站位置先通过控制点确定本站坐标,再通过对测点的观测计算测点坐标。如此,通过坐标变化计算冠梁的平移(见图9.24)。

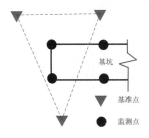

图9.24 控制点布置示意图

(3)锚索拉力

观测锚杆张拉前,将测力计安装在孔口垫板上。带专用传力板的测力计,先将传力板装在孔口垫板上,使测力计或传力板与孔轴垂直,偏斜应小于0.5°,偏心应不大于5mm。安装张拉机具和钳具,同时对测力计的位置进行校验,合格后,开始预紧和张拉。观测锚杆应在与其有影响的其他工作锚杆张拉之前进行张拉加荷。张拉程序应与工作锚杆的张拉程序相同。有特殊需要时,可另行设计张拉程序。测力计安装就位后,加荷张拉前,应准确测得初始仪和环境温度。反复测读,三次读数差小于1%(F・S),取其平均值作为观测基准值。基准值确定后,分级加荷张拉,逐级进行张拉观测。一般每级荷载测读一次,最后一级荷载进行稳定观测,每5min测一次,连续二次读数差小于1%(F・S)为稳定。张拉荷载稳定后,应及时测读锁定荷载;张拉结束之后,根据荷载变化速率确定观测时间间隔，进行锁定后的稳定观测。

（4）桩身平移

桩身混凝土终凝后，混凝土开挖前，测读测斜管各段的初始斜率，计算测斜管的初始状态。而后，测量测斜管的即时状态，即时状态减去初始状态即为桩身各点的平移量（见图9.25）。

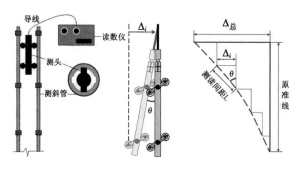

图9.25 深层水平位移监测原理

（5）地下水位

拧松水位计绕线盘后面的螺丝，绕线盘转动自由后按下打开电源开关，将测头放入指定的水管，手把钢尺电缆让测头缓慢下移，当测头接触到水面时，接收系统会发出短的蜂鸣声，此时记录钢尺在管口处的读数，即水位管至管口的距离。然后，以水准仪读出管口的高程，则可推算地下水位（见图9.26）。

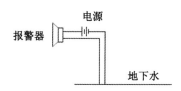

图9.26 电测水位仪示意图

9.6.5 监测报警

（1）地面沉降

无相邻建筑处：累计值30mm；速率：3mm/d。有相邻建筑处：累计值25mm；速率：3mm/d。

（2）建筑物沉降

累计值25mm；速率：2mm/d（尚需充分调研后最终确定）。建筑整体倾斜度累计值达到2/1000或倾斜速度连续3d大于0.0001H/d时，也进行报警。

（3）桩顶沉降

无相邻建筑处：累计值 20mm；速率：3mm/d。有相邻建筑处：累计值 15mm；速率：2mm/d。

（4）桩顶水平位移

无相邻建筑处：累计值 40mm；速率：3mm/d。有相邻建筑处：累计值 30mm；速率：2mm/d。

（5）锚索拉力

锚索拉力为 70% 承载力设计值。

（6）桩身平移

无相邻建筑处：累计值 45mm；速率：3mm/d。有相邻建筑处：累计值 35mm；速率：2mm/d。

（7）方渠位移

深部沉降：累计值 15mm；速率：2mm/d。深层平移：累计值 20mm；速率：2mm/d。

（8）地下水位

累计值 1000mm；速率：500mm/d。对于上述监测报警值的①-⑦项，当监测项目的变化速率达到规定值或连续 3d 超过规定值的 70%，也进行报警。

9.6.6　监测精度

（1）内力、应变

量程选设计值的 1.2 倍，分辨率不低于 0.2%（F·S），精度不宜低于 0.5%（F·S）。

（2）光学测量水平位移

监测点坐标中误差 ≤1.0mm。

（3）沉降

监测点测站高差中误差 ≤0.3mm。

（4）桩身平移

系统精度：0.25mm/m；分辨率：0.02mm/500mm。

9.6.7　监测数据曲线

自 2017 年 9 月 19 日至 2019 年 6 月 9 日。监测得到的数据内容及结果如如图 9.27 至图 9.75 所示。

（1）基坑护壁平移

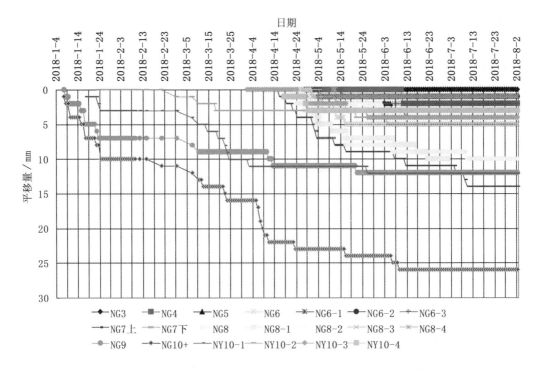

图 9.27　基坑护壁 N(南)边平移曲线(一)

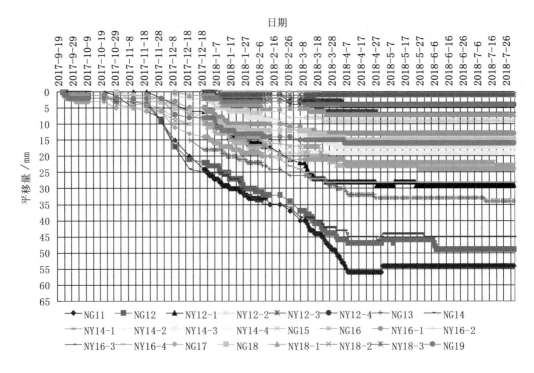

图 9.28　基坑护壁 N(南)边平移曲线(二)

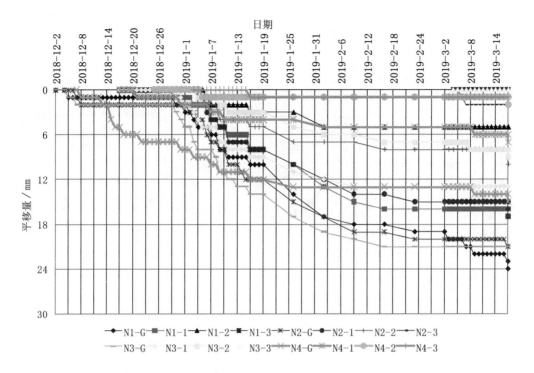

图 9.29　二期基坑护壁 N(南)边平移曲线(一)

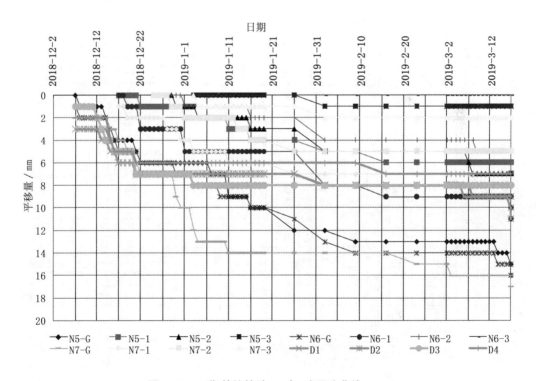

图 9.30　二期基坑护壁 N(南)边平移曲线(二)

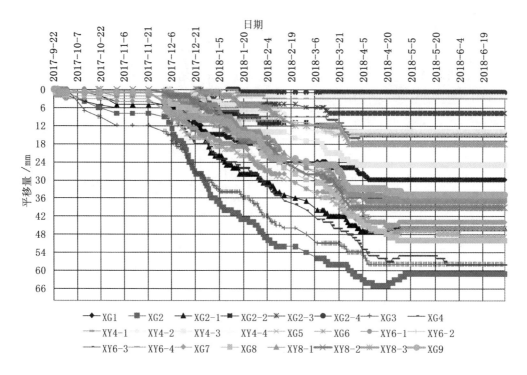

图9.31 基坑护壁 X(西)边平移曲线

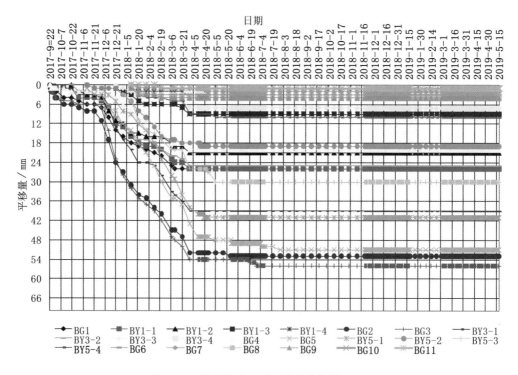

图9.32 基坑护壁 B(北)边平移曲线(一)

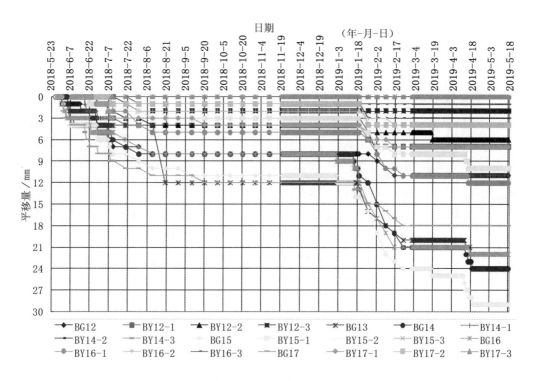

图9.33 基坑护壁B(北)边平移曲线(二)

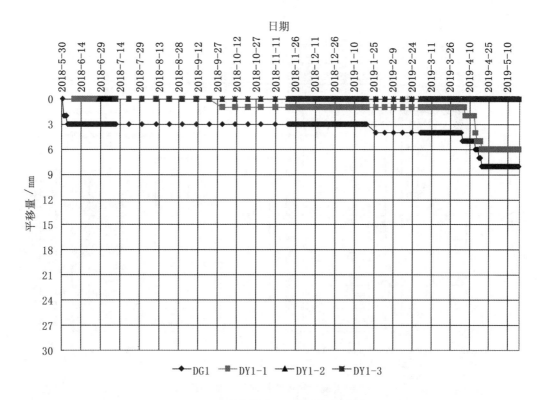

图9.34 基坑护壁D(东)边平移曲线

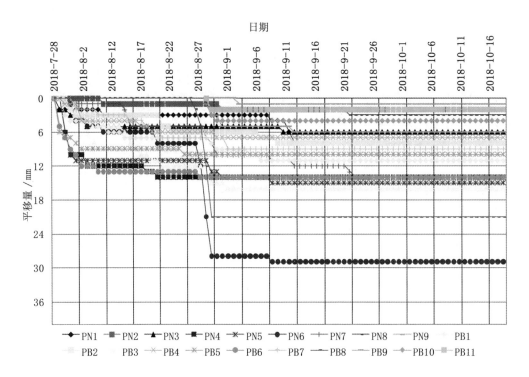

图 9.35 坡道 1 护壁平移曲线图

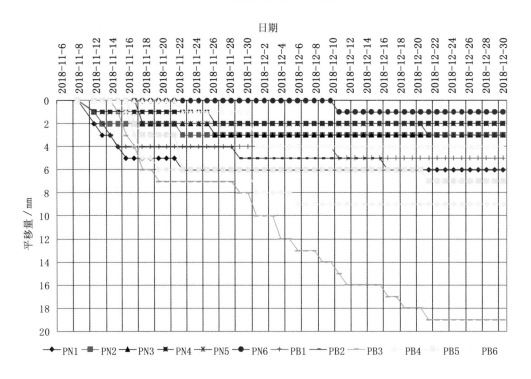

图 9.36 坡道 2 护壁平移曲线图

（2）地下水位

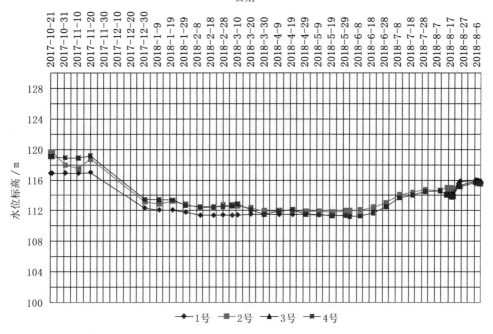

图 9.37 地下水位标高监测曲线图（一期）

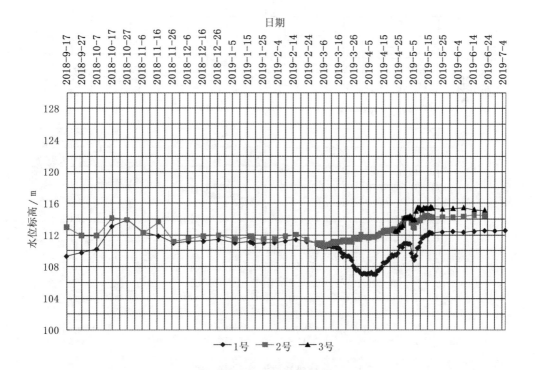

图 9.38 地下水位标高监测曲线图（二期）

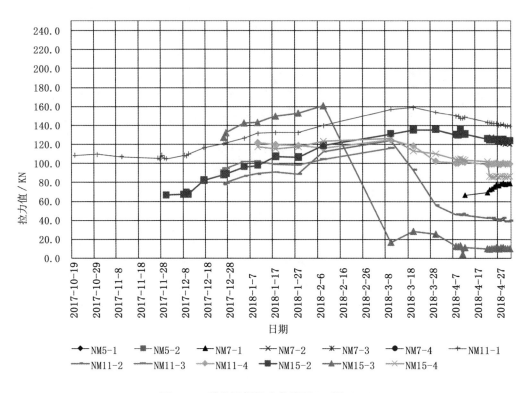

图 9.39　基坑锚杆拉力曲线图(一期)(一)

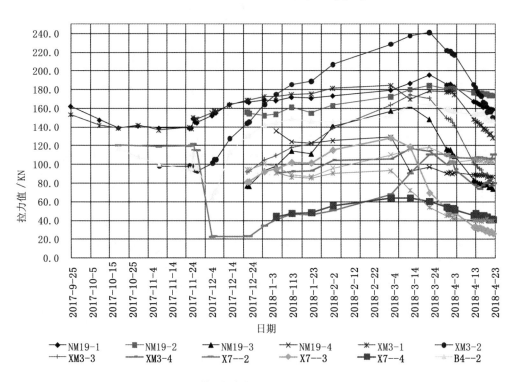

图 9.40　基坑锚杆拉力曲线图(一期)(二)

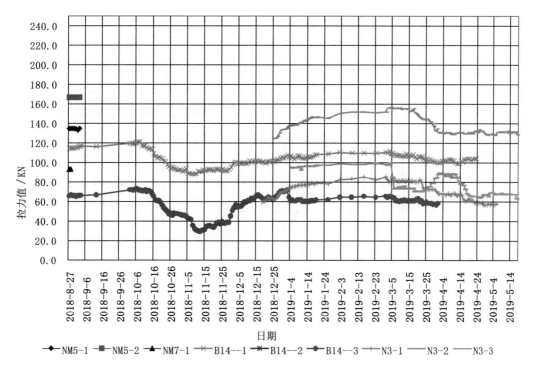

图 9.41 基坑锚杆拉力曲线图(二期)

(3)周边建筑物沉降

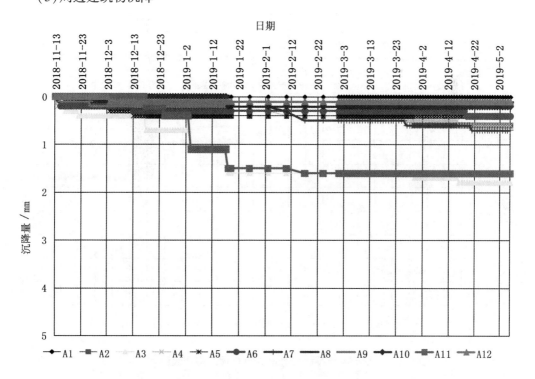

图 9.42 基坑周边建筑物 A 楼沉降曲线图

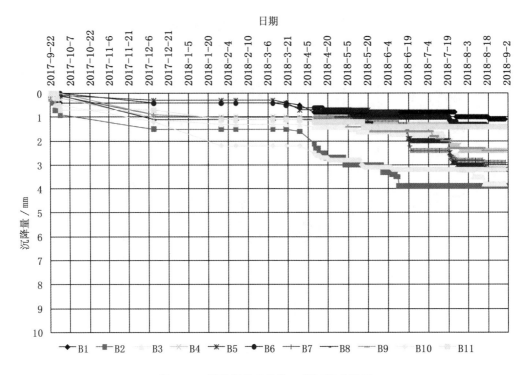

图 9.43　基坑周边建筑物 B 楼沉降曲线图

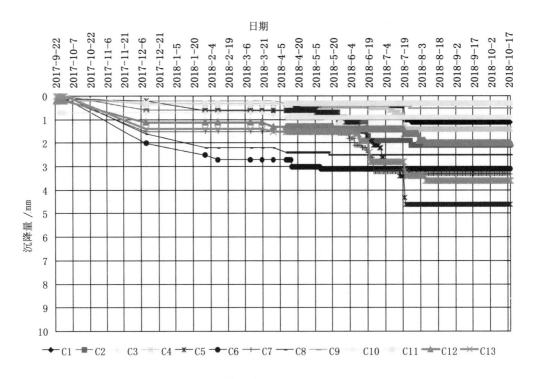

图 9.44　基坑周边建筑物 C 楼沉降曲线图

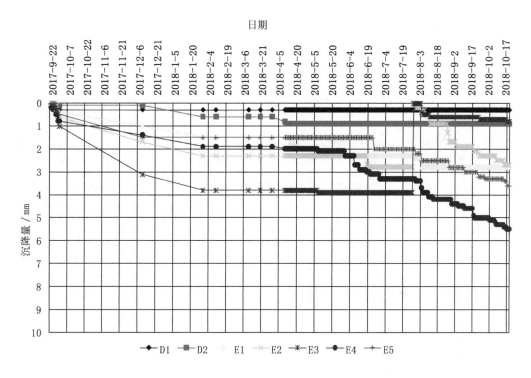

图 9.45 基坑周边建筑物 D 楼和 E 楼沉降曲线图

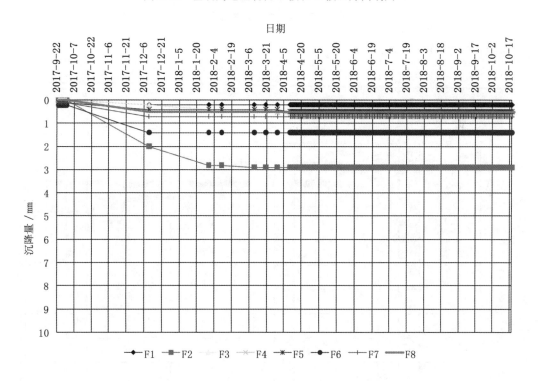

图 9.46 基坑周边建筑物 F 楼沉降曲线图

（4）排水方渠沉降

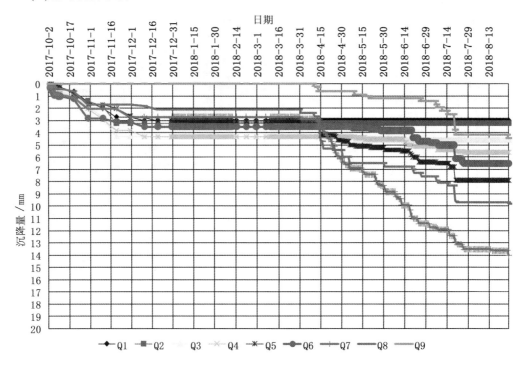

图 9.47　排水方渠沉降曲线图

（5）支护桩及地表沉降

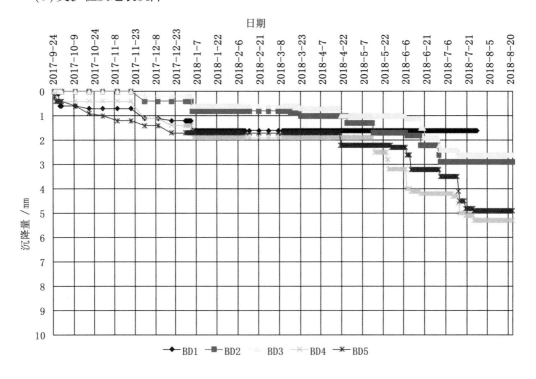

图 9.48　基坑 B 边支护桩顶沉降曲线图

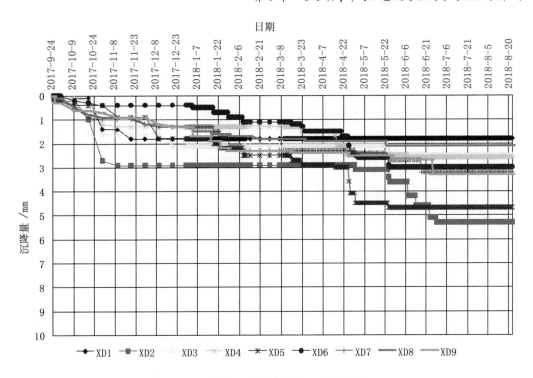

图 9.49　基坑 X 边支护桩顶沉降曲线图

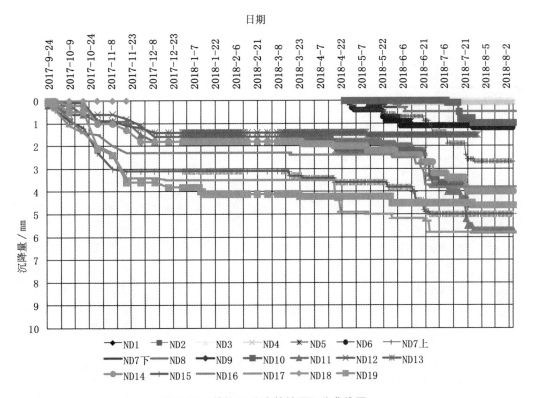

图 9.50　基坑 N 边支护桩顶沉降曲线图

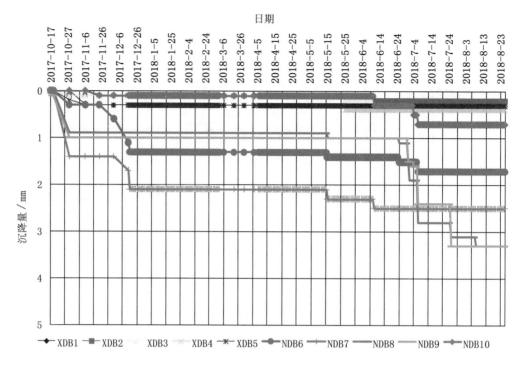

图 9.51　基坑周边地表沉降曲线图

（6）桩深层水平位移

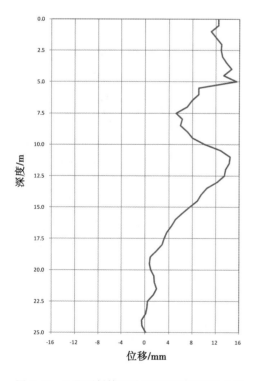

图 9.52　1 号测斜管累计位移随深度变化曲线

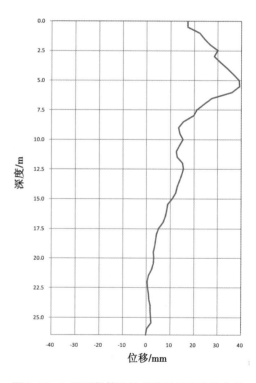

图 9.53　2 号测斜管累计位移随深度变化曲线

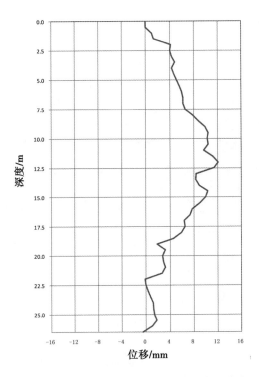

图 9.54 3 号测斜管累计位移随深度变化曲线

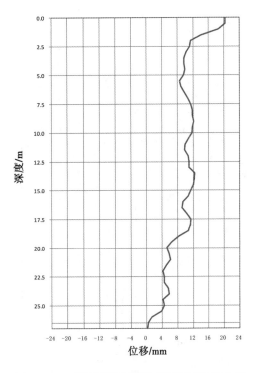

图 9.55 4 号测斜管累计位移随深度变化曲线

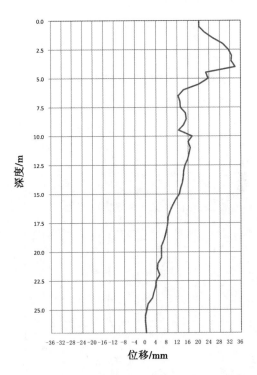

图 9.56 5 号测斜管累计位移随深度变化曲线

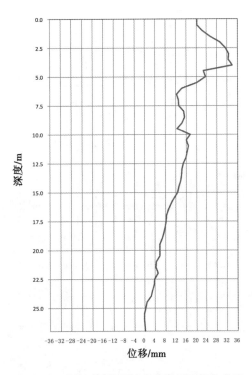

图 9.57 6 号测斜管累计位移随深度变化曲线

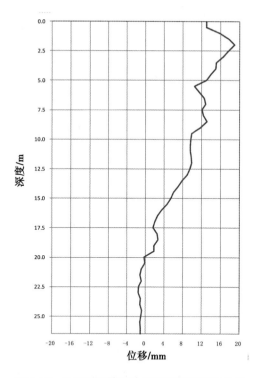

图 9.58　7 号测斜管累计位移随深度变化曲线

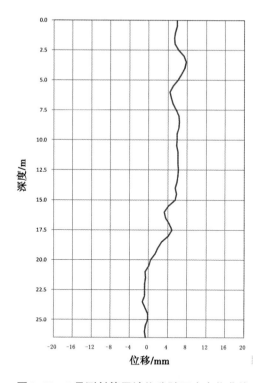

图 9.59　8 号测斜管累计位移随深度变化曲线

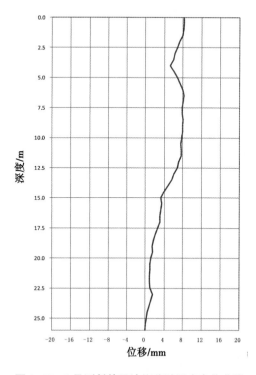

图 9.60　9 号测斜管累计位移随深度变化曲线

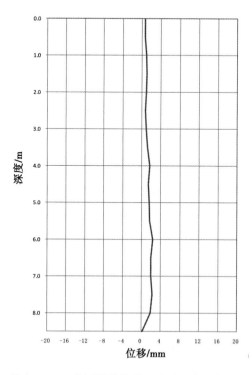

图 9.61　10 号测斜管累计位移随深度变化曲线

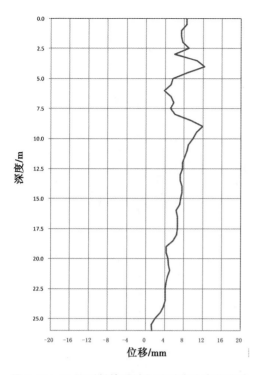

图 9.62　11 号测斜管累计位移随深度变化曲线

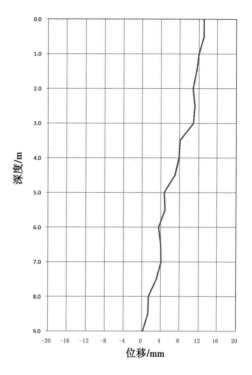

图 9.63　12 号测斜管累计位移随深度变化曲线

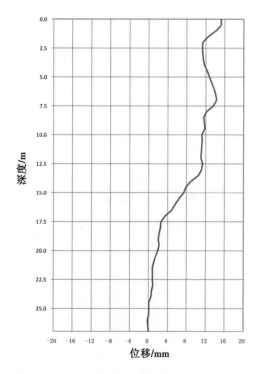

图 9.64　13 号测斜管累计位移随深度变化曲线

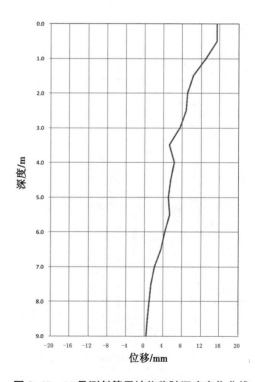

图 9.65　14 号测斜管累计位移随深度变化曲线

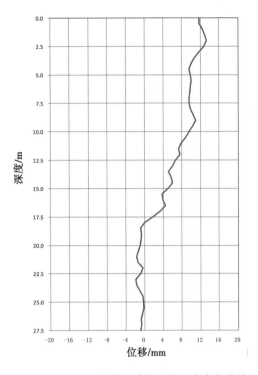

图 9.66　15 号测斜管累计位移随深度变化曲线

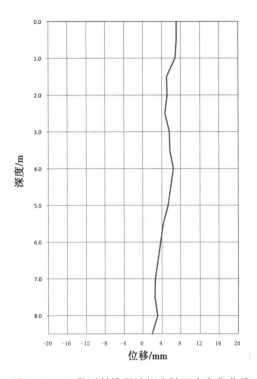

图 9.67　16 号测斜管累计位移随深度变化曲线

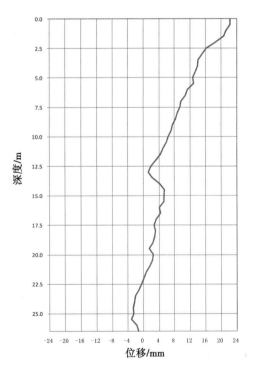

图 9.68　17 号测斜管累计位移随深度变化曲线

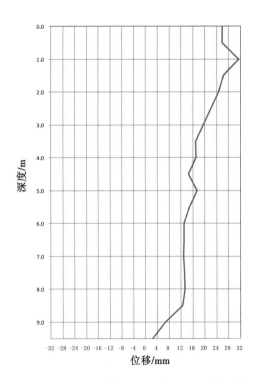

图 9.69　18 号测斜管累计位移随深度变化曲线

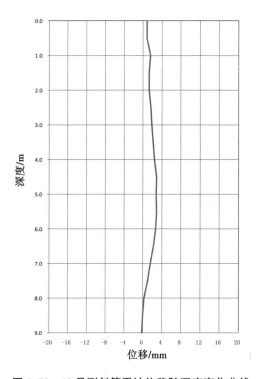

图 9.70 19 号测斜管累计位移随深度变化曲线

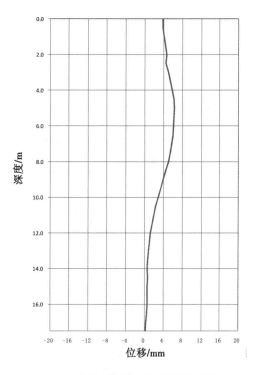

图 9.71 20 号测斜管累计位移随深度变化曲线

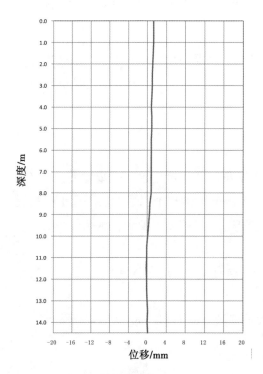

图 9.72 21 号测斜管累计位移随深度变化曲线

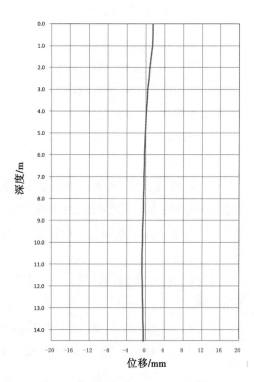

图 9.73 22 号测斜管累计位移随深度变化曲线

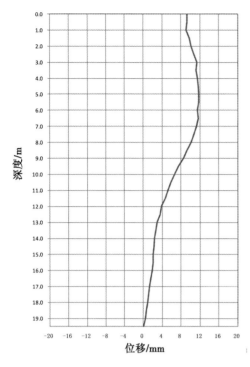
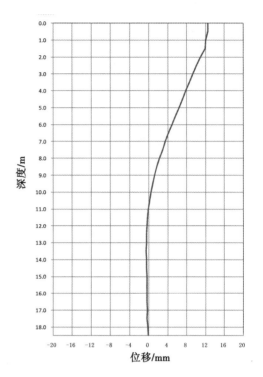

图 9.74 23 号测斜管累计位移随深度变化曲线　**图 9.75 24 号测斜管累计位移随深度变化曲线**

综上监测数据得到以下结论：

相邻建筑物：各建筑物沉降均呈现随着基坑开挖深度增加而逐步增大，最终累计沉降量趋于平缓的规律；所有沉降测点中，最大累计沉降量尚不足 6.0mm，可见沉降量很小，相邻建筑得到了很好的保护。

桩顶和地表沉降：桩顶最大累计沉降量仅为 5.8mm，地表最大累计沉降量 3.3mm，均小于报警值。

桩顶和腰梁平移：各测点平移量也呈现随着基坑开挖深度增加而逐步增大，最终趋于平缓的规律；由于越冬时受地表冻融力影响，少部分冠梁和个别最上层腰梁平移超过报警值。相关单位对此及时采取措施，加强了支护结构，控制了变形，确保了基坑的安全。

锚杆拉力：拉力值均较低，冬季受冻融影响而略有增大，其后趋于平稳，且全程均小于报警值。

排水方渠：最大沉降量小于 14.0mm，最大平移量小于 17.12mm，均小于报警值。

逐步水位：较为平稳，符合设计和施工要求。

9.7 基坑开挖支护施工数值模拟分析

9.7.1 数值模拟剖面有限元模型

数值模拟剖面有限元模型见图 9.76。

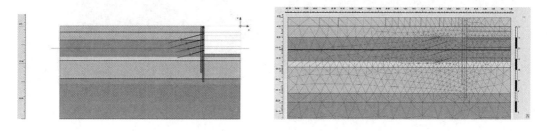

(a)2-2 剖面有限元模型

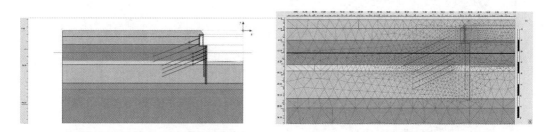

(b)9-9 剖面有限元模型

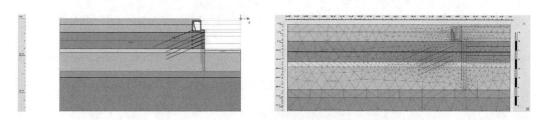

(c)12-12 剖面有限元模型

图 9.76 数值模拟剖面有限元模型

9.7.2 2-2 剖面数值模拟分析

图 9.77(a)地下水水头和压力场云图与图 9.77(b)地下水渗流云图和矢量分布云图可以看出,基坑边壁底部有渗流。从图 9.77(c)剪应变和相对体积应变分布云图可以看出,基坑底部变化剧烈。从图 9.75(d)相对剪应力云图和弹塑性点分布图可知,随温度逐渐降低,桩身位移最大位置由桩体中部过渡为桩顶位置,与模型实验结果相吻合。但由于锚杆受地铁隧道保护区间限制,长度较短,刚度较低,因此,建议越冬期间,基坑边

壁侧应保留一定安全距离和高度的反压土条，如工期允许不建议越冬前开挖或应采取增加支撑等水平支点的措施，提高支护结构水平刚度，弥补锚杆受空间限制损失的约束作用。同时，对基坑顶部应采取适当的保温防护措施。受温度变化影响，塑性破坏点呈圆弧形集中分布于拟滑面以内，呈现剪应力破坏模式，靠近桩顶位置受渗流、温度变化影响呈现局部拉应力破坏，基坑底部和边壁支护结构位置呈现局部剪应力破坏区，施工过程中应密切关注基坑结构由于剪应力过大而出现的裂纹。

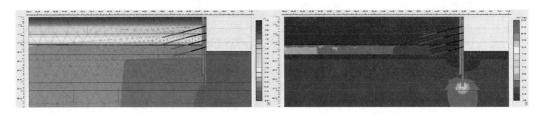

(a)地下水水头和压力场云图

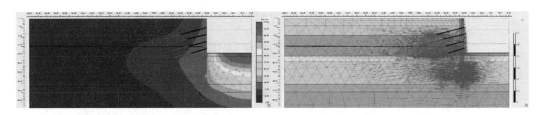

(b)地下水渗流云图和矢量分布云图

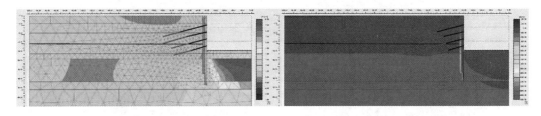

(c)剪应变和相对体积应变分布云图

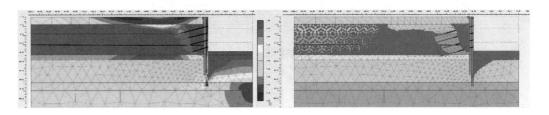

(d)相对剪应力云图和弹塑性点分布图

图 9.77 2-2 剖面数值模拟分析

9.7.3 9-9 剖面数值模拟分析

从图 9.78(a)地下水水头和压力场云图与图 9.78(b)地下水渗流云图和矢量分布云图可以看出,基坑边壁底部有渗流。图 9.78(c)剪应变和相对体积应变分布云图可以看出,基坑底部变化剧烈。图 9.78(d)相对剪应力云图和弹塑性点分布图可知,随温度逐渐降低,桩身位移最大位置由桩体中部过渡为桩顶位置,与模型实验结果相吻合。但由于锚杆受地铁隧道保护区间限制,长度较短,刚度较低。因此,建议越冬期间,基坑边壁侧应保留一定安全距离和高度的反压土条,如工期允许不建议越冬前开挖或应采取增加支撑等水平支点的措施,提高支护结构水平刚度,弥补锚杆受空间限制损失的约束作用。同时,对基坑顶部应采取适当的保温防护措施。受温度变化影响,塑性破坏点呈圆弧形集中分布于拟滑面以内,呈现剪应力破坏模式,靠近桩顶位置受渗流、温度变化影响呈现局部拉应力破坏,基坑底部和边壁支护结构位置呈现局部剪应力破坏区,施工过程中应密切关注基坑结构由于剪应力过大而出现的裂纹。

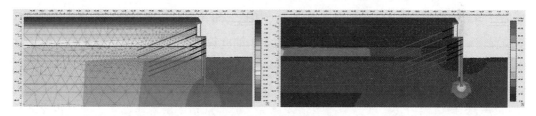

(a)地下水水头和压力场云图

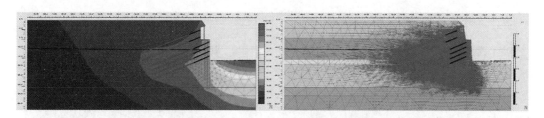

(b)地下水渗流云图和矢量分布云图

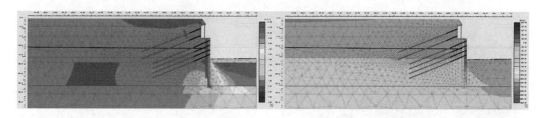

(c)剪应变和相对体积应变分布云图

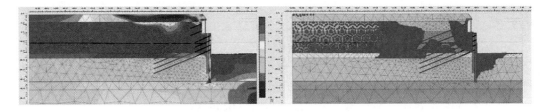

(d)相对剪应力云图和弹塑性点分布图

图 9.78　9-9 剖面数值模拟分析

9.7.4　12-12 剖面数值模拟分析

从图 9.79(a)地下水水头和压力场云图与图 9.79(b)地下水渗流云图和矢量分布云图可以看出，基坑边壁底部有渗流。图 9.79(c)剪应变和相对体积应变分布云图可以看出，基坑底部变化剧烈。图 9.79(d)相对剪应力云图和弹塑性点分布图可知，随温度逐渐降低，桩身位移最大位置由桩体中部过渡为桩顶位置，与模型实验结果相吻合。但由于锚杆受地铁隧道保护区间限制，长度较短，刚度较低。因此，建议越冬期间，基坑边壁侧应保留一定安全距离和高度的反压土条，如工期允许不建议越冬前开挖或应采取增加支撑等水平支点的措施，提高支护结构水平刚度，弥补锚杆受空间限制损失的约束作用。同时，对基坑顶部应采取适当的保温防护措施。受温度变化影响，塑性破坏点呈圆弧形集中分布于拟滑面以内，呈现剪应力破坏模式，靠近桩顶位置受渗流、温度变化影响呈现局部拉应力破坏，基坑底部和边壁支护结构位置呈现局部剪应力破坏区，施工过程中应密切关注基坑结构由于剪应力过大而出现的裂纹。

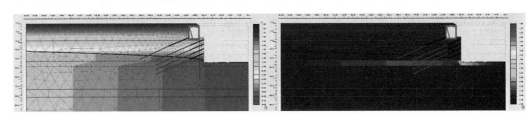

(a)地下水水头和压力场云图

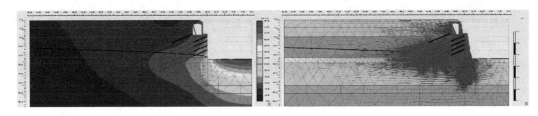

(b)地下水渗流云图和矢量分布云图

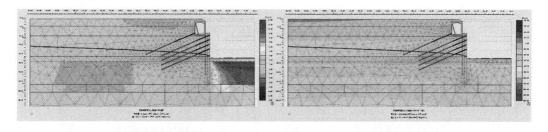

（c）剪应变和相对体积应变分布云图

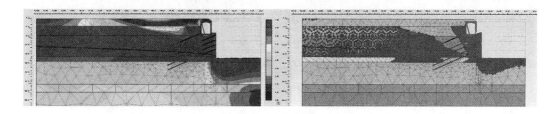

（d）相对剪应力云图和弹塑性点分布图

图9.79　12-12剖面数值模拟分析

9.8　季节冻土基坑冻融变形时效性分析

9.8.1　2-2剖面基坑冻融变形时效性分析

（1）初冬（-10℃，45d）

如图9.80所示，由温度分布等值线云图和热流量矢量分布图可知，冻融温度变化明显。由主应力方向分布云图和相对剪应力分布云图可知，主应力方向变化明显集中在基坑桩锚板附近，相对剪应力变化明显集中在隧道左上部分；由总主应变角变化云图和总偏应变分布云图可知，总主应变角变化明显集中在基坑桩锚板和隧道附近，总偏应变分布集中在基坑桩锚板附近。

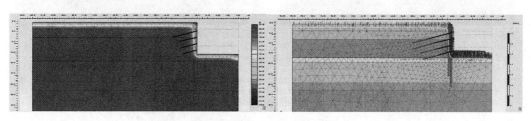

（a）温度分布等值线云图　　　　　　　（b）热流量矢量分布图

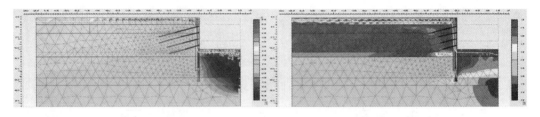

(c)主应力方向分布云图 　　　　　　　(d)相对剪应力分布云图

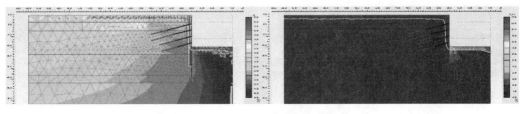

(e)总主应变角变化云图 　　　　　　　(f)总偏应变分布云图

图 9.80　2-2 剖面基坑冻融分析(初冬)

(2)深冬(-22℃,90d)

如图 9.81 所示,由温度分布等值线云图和热流量矢量分布图可知,冻融温度变化增加明显;由主应力方向分布云图和相对剪应力分布云图可知,主应力方向变化明显集中在基坑桩锚板附近,相对剪应力变化明显集中在隧道上部,范围明显增加;由总主应变角变化云图和总偏应变分布云图可知,总主应变角变化明显集中在基坑桩锚板和隧道附近,范围明显增加,总偏应变分布集中在基坑桩锚板附近。

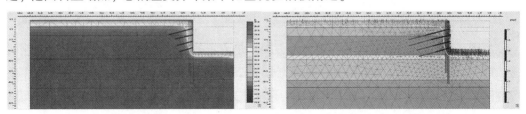

(a)温度分布等值线云图 　　　　　　　(b)热流量矢量分布图

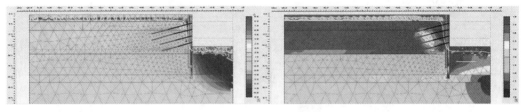

(c)主应力方向分布云图 　　　　　　　(d)相对剪应力分布云图

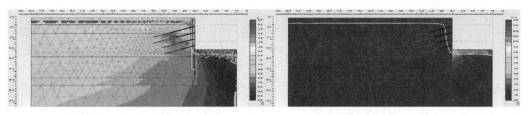

(e)总主应变角变化云图   (f)总偏应变分布云图

图 9.81　2-2 剖面基坑冻融分析(深冬)

(3)冬末(-10℃, 135d)

如图 9.82 所示,由温度分布等值线云图和热流量矢量分布图可知,冻融温度变化明显,增长明显缓慢,冻融深度有所增加;由主应力方向分布云图和相对剪应力分布云图可知,主应力方向变化明显集中在基坑桩锚板附近,相对剪应力变化明显集中在隧道上部;由总主应变角变化云图和总偏应变分布云图可知,总主应变角变化明显集中在基坑桩锚板和隧道附近,总偏应变分布集中在基坑桩锚板附近。

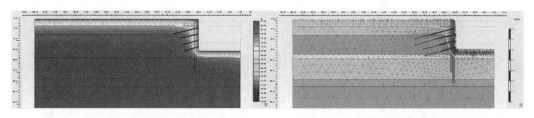

(a)温度分布等值线云图   (b)热流量矢量分布图

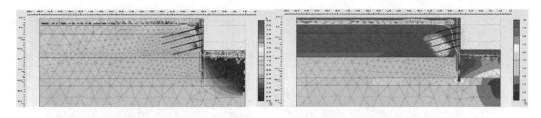

(c)主应力方向分布云图   (d)相对剪应力分布云图

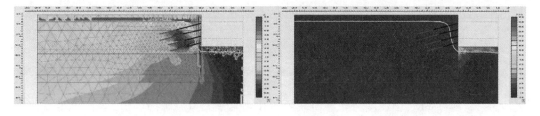

(e)总主应变角变化云图   (f)总偏应变分布云图

图 9.82　2-2 剖面基坑冻融分析(冬末)

9.8.2　9-9剖面基坑冻融变形时效性分析

（1）初冬（-10℃，45d）

如图9.83所示，由温度分布等值线云图和热流量矢量分布图可知，冻融温度变化明显；由主应力方向分布云图和相对剪应力分布云图可知，主应力方向变化明显集中在基坑桩锚板附近，相对剪应力变化明显集中在隧道左上部分；由总主应变角变化云图和总偏应变分布云图可知，总主应变角变化明显集中在基坑桩锚板和隧道附近，总偏应变分布集中在基坑桩锚板附近。

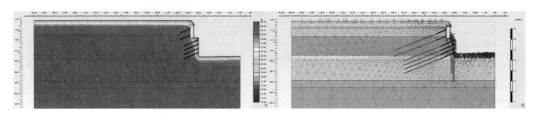

（a）温度分布等值线云图　　　　　　　　　　　（b）热流量矢量分布图

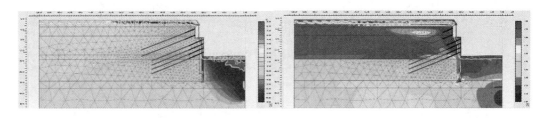

（c）主应力方向分布云图　　　　　　　　　　　（d）相对剪应力分布云图

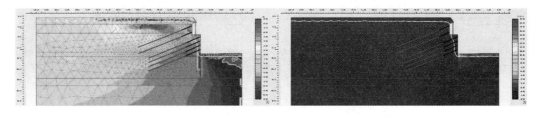

（e）总主应变角变化云图　　　　　　　　　　　（f）总偏应变分布云图

图9.83　9-9剖面基坑冻融分析（初冬）

（2）深冬（-22℃，90d）

如图9.84所示，由温度分布等值线云图和热流量矢量分布图可知，冻融温度变化增加明显；由主应力方向分布云图和相对剪应力分布云图可知，主应力方向变化明显集中在基坑桩锚板附近，相对剪应力变化明显集中在隧道上部，范围明显增加；由总主应变角变化云图和总偏应变分布云图可知，总主应变角变化明显集中在基坑桩锚板和隧道附近，范围明显增加，总偏应变分布集中在基坑桩锚板附近。

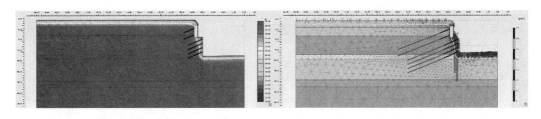

| （a）温度分布等值线云图 | （b）热流量矢量分布图 |

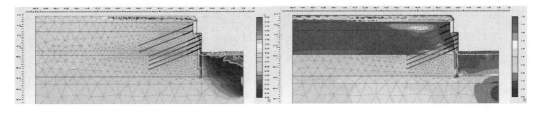

| （c）主应力方向分布云图 | （d）相对剪应力分布云图 |

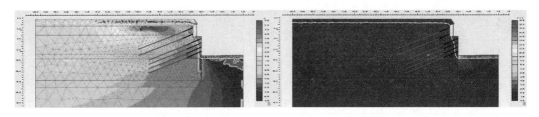

| （e）总主应变角度变化云图 | （f）总偏应变分布云图 |

图 9.84　9-9 剖面基坑冻融分析（深冬）

（3）冬末（-10℃，135d）

如图 9.85 所示，由温度分布等值线云图和热流量矢量分布图可知，冻融温度变化明显，增长明显缓慢，冻融深度有所增加；由主应力方向分布云图和相对剪应力分布云图可知，主应力方向变化明显集中在基坑桩锚板附近，相对剪应力变化明显集中在隧道上部；由总主应变角变化云图和总偏应变分布云图可知，总主应变角变化明显集中在基坑桩锚板和隧道附近，总偏应变分布集中在基坑桩锚板附近。

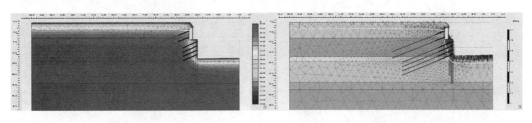

| （a）温度分布等值线云图 | （b）热流量矢量分布图 |

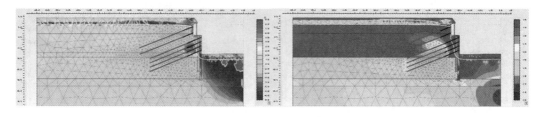

(c)主应力方向分布云图　　　　　　　　(d)相对剪应力分布云图

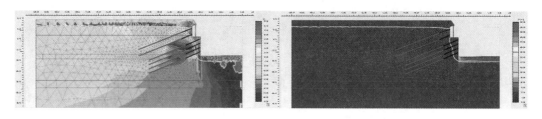

(e)总主应变角变化云图　　　　　　　　(f)总偏应变分布云图

图9.85　9-9剖面基坑冻融分析(冬末)

9.8.3　12-12剖面基坑冻融变形时效性分析

(1)初冬(-10℃,45d)

如图9.86所示,由温度分布等值线云图和热流量矢量分布图可知,冻融温度变化明显;由主应力方向分布云图和相对剪应力分布云图可知,主应力方向变化明显集中在基坑桩锚板附近,相对剪应力变化明显集中在隧道左上部分;由总主应变角变化云图和总偏应变分布云图可知,总主应变角变化明显集中在基坑桩锚板和隧道附近,总偏应变分布集中在基坑桩锚板附近。

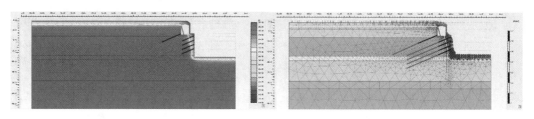

(a)温度分布等值线云图　　　　　　　　(b)热流量矢量分布图

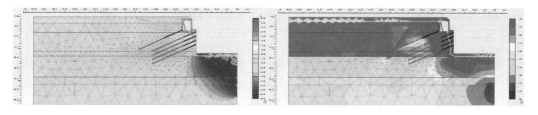

(c)主应力方向分布云图　　　　　　　　(d)相对剪应力分布云图

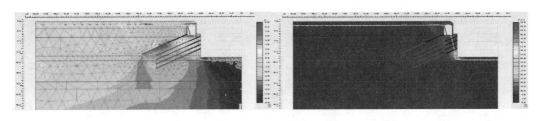

（e）总主应变角变化云图　　　　　　　　　（f）总偏应变分布云图

图 9.86　12–12 剖面基坑冻融分析（初冬）

（2）深冬（–22℃，90d）

如图 9.87 所示，由温度分布等值线云图和热流量矢量分布图可知，冻融温度变化增加明显；由主应力方向分布云图和相对剪应力分布云图可知，主应力方向变化明显集中在基坑桩锚板附近，相对剪应力变化明显集中在隧道上部，范围明显增加；由总主应变角变化云图和总偏应变分布云图可知，总主应变角变化明显集中在基坑桩锚板和隧道附近，范围明显增加，总偏应变分布集中在基坑桩锚板附近。

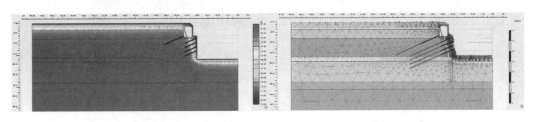

（a）温度分布等值线云图　　　　　　　　　（b）热流量矢量分布图

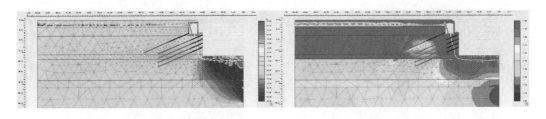

（c）主应力方向分布云图　　　　　　　　　（d）相对剪应力分布云图

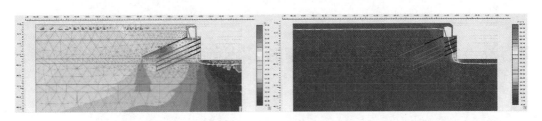

（e）总主应变角变化云图　　　　　　　　　（f）总偏应变分布云图

图 9.87　12–12 剖面基坑冻融分析（深冬）

（3）冬末（-10℃，135d）

如图9.88所示，由温度分布等值线云图和热流量矢量分布图可知，冻融温度变化明显，增长明显缓慢，冻融深度有所增加；由主应力方向分布云图和相对剪应力分布云图可知，主应力方向变化明显集中在基坑桩锚板附近，相对剪应力变化明显集中在隧道上部；由总主应变角变化云图和总偏应变分布云图可知，总主应变角变化明显集中在基坑桩锚板和隧道附近，总偏应变分布集中在基坑桩锚板附近。

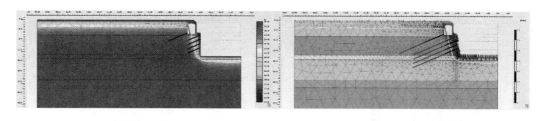

<table>
<tr><td>（a）温度分布等值线云图</td><td>（b）热流量矢量分布图</td></tr>
</table>

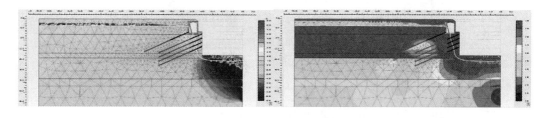

<table>
<tr><td>（c）主应力方向分布云图</td><td>（d）相对剪应力分布云图</td></tr>
</table>

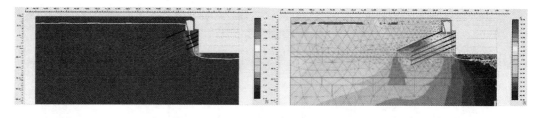

<table>
<tr><td>（e）总主应变角变化云图</td><td>（f）总偏应变分布云图</td></tr>
</table>

图9.88　12-12剖面基坑冻融分析（冬末）

9.9　季节冻土基坑冻融变形演化过程力学特性分析

9.9.1　2-2剖面基坑冻融变形演化过程力学特性分析

（1）温度分布等值线云图

由图9.89可知，冻融温度变化明显。

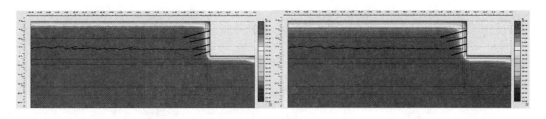

（a）初冬（-8℃）　　　　　　　　　　　（b）深冬（-32℃）

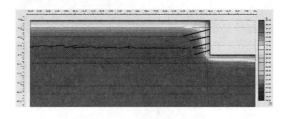

（c）冬末（-8℃）

图 9.89　2-2 剖面温度分布等值线云图

（2）热流量矢量分布图

图 9.90 所示为 2-2 剖面热流量矢量分布图。

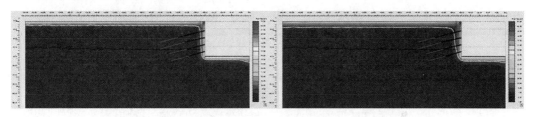

（a）初冬（-8℃）　　　　　　　　　　　（b）深冬（-32℃）

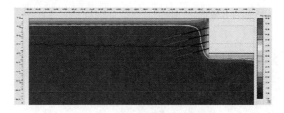

（c）冬末（-8℃）

图 9.90　2-2 剖面热流量矢量分布图

（3）拉塑性点分布图

由图 9.91 可知，拉塑性点主要分布在锚索头部。

（4）地下水压分布图

由图 9.92 可知，地下水压分布比较均匀。

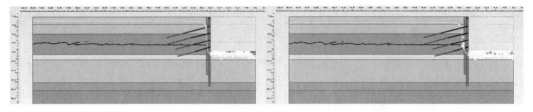

(a)初冬(-8℃)　　　　　　　　　　　(b)深冬(-32℃)

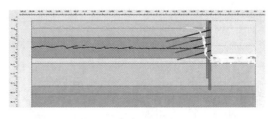

(c)冬末(-8℃)

图9.91　2-2剖面拉塑性点分布图

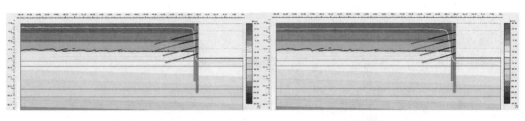

(a)初冬(-8℃)　　　　　　　　　　　(b)深冬(-32℃)

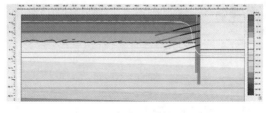

(c)冬末(-8℃)

图9.92　2-2剖面地下水压分布

(5)饱和度分布图

由图9.93可知,饱和度分布比较均匀。

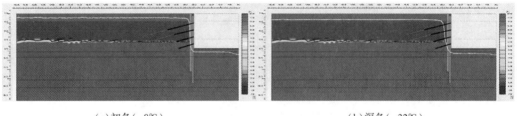

(a)初冬(-8℃)　　　　　　　　　　　(b)深冬(-32℃)

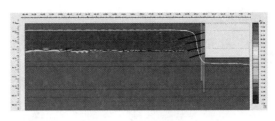

(c)冬末(-8℃)

图 9.93 2-2 剖面饱和度分布图

（6）地下水渗流分布图

由图 9.94 可知，地下水渗流主要分布在基坑边壁底部。

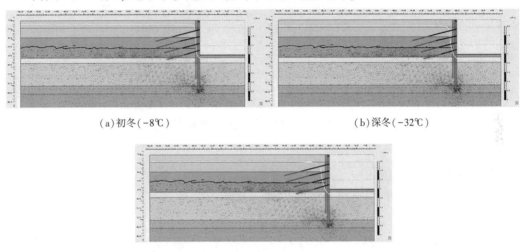

(a)初冬(-8℃)　　　　　　　　　　　　　　　　(b)深冬(-32℃)

(c)冬末(-8℃)

图 9.94 2-2 剖面地下水渗流分布图

（7）相对剪应力分布图

由图 9.95 可知，相对剪应力主要分布在锚索处。

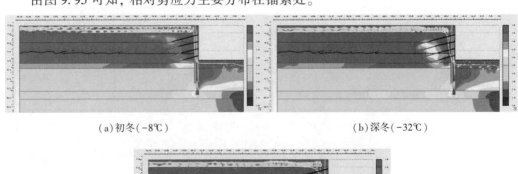

(a)初冬(-8℃)　　　　　　　　　　　　　　　　(b)深冬(-32℃)

(c)冬末(-8℃)

图 9.95 2-2 剖面相对剪应力分布图

（8）地表位移矢量分布图

由图 9.96 可知，地表位移矢量主要分布在基坑边壁处。

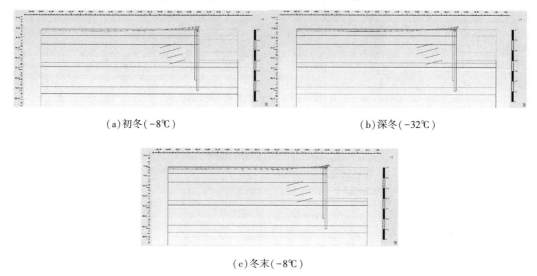

（a）初冬（-8℃）　　　　　　　　　　　（b）深冬（-32℃）

（c）冬末（-8℃）

图 9.96　2-2 剖面地表位移矢量分布图

（9）基坑边壁位移分布图

由图 9.97 可知，基坑边壁位移主要分布在锚索头部。

（10）锚索拉力

N_1 =340kN，N_2 =389kN，N_3 =401kN，N_4 =396kN；深冬：N_1 =562kN，N_2 =621kN，N_3 =610kN，N_4 =573kN；冬末：N_1 =693kN，N_2 =841kN，N_3 =869kN，N_4 =841kN。

9.9.2　9-9 剖面基坑冻融变形演化过程力学特性分析

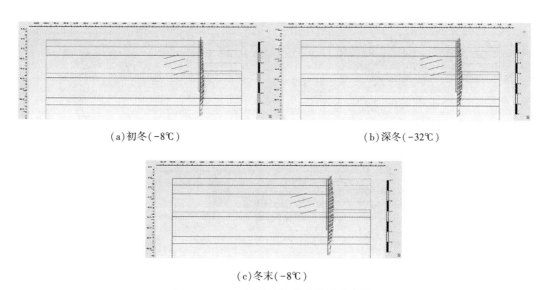

（a）初冬（-8℃）　　　　　　　　　　　（b）深冬（-32℃）

（c）冬末（-8℃）

图 9.97　2-2 剖面基坑边壁位移分布图

（1）温度分布等值线云图

由图 9.98 可知，冻融温度变化明显。

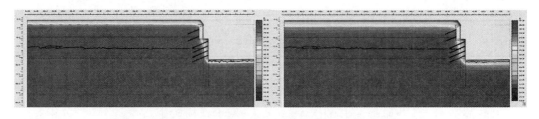

（a）初冬（-8℃）　　　　　　　　　　　　　　（b）深冬（-32℃）

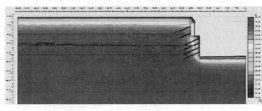

（c）冬末（-8℃）

图 9.98　9-9 剖面温度分布等值线云图

（2）热流量矢量分布图

图 9.99 所示为热流量矢量分布图。

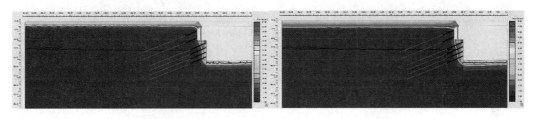

（a）初冬（-8℃）　　　　　　　　　　　　　　（b）深冬（-32℃）

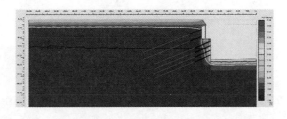

（c）冬末（-8℃）

图 9.99　9-9 剖面热流量矢量分布图

（3）拉塑性点分布图

由图 9.100 可知，拉塑性点主要分布在锚索头部。

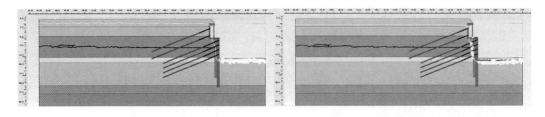

(a)初冬(-8℃)　　　　　　　　　　　　(b)深冬(-32℃)

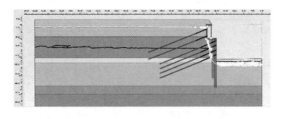

(c)冬末(-8℃)

图9.100　9-9剖面拉塑性点分布图

(4)地下水压分布图

由图9.101可知,地下水压分布比较均匀。

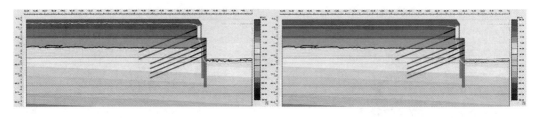

(a)初冬(-8℃)　　　　　　　　　　　　(b)深冬(-32℃)

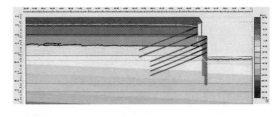

(c)冬末(-8℃)

图9.101　9-9剖面地压水压分布图

(5)饱和度分布图

由图9.102可知,饱和度分布比较均匀。

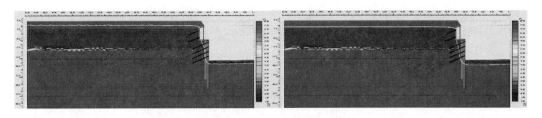

(a)初冬(-8℃)　　　　　　　　　　　　(b)深冬(-32℃)

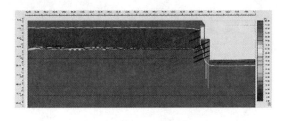

(c)冬末(-8℃)

图9.102　9-9剖面饱和度分布图

(6)地下水渗流分布图

由图9.103可知,地下水渗流主要分布在基坑边壁底部。

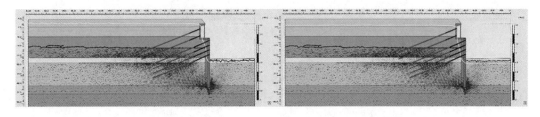

(a)初冬(-8℃)　　　　　　　　　　　　(b)深冬(-32℃)

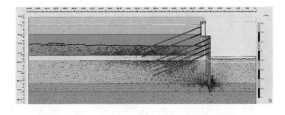

(c)冬末(-8℃)

图9.103　9-9剖面地下水渗流分布图

(7)相对剪应力分布图

由图9.104可知,相对剪应力主要分布在锚索处。

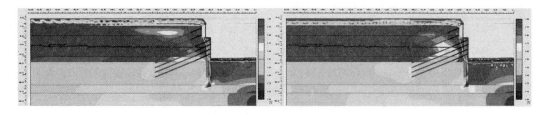

（a）初冬（-8℃）　　　　　　　　　　　（b）深冬（-32℃）

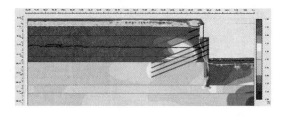

（c）冬末（-8℃）

图 9.104　9-9 剖面相对剪应力分布图

（8）地表位移矢量分布图

由图 9.105 可知，地表位移矢量主要分布在基坑边壁处。

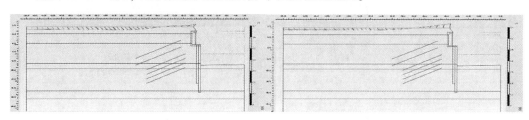

（a）初冬（-8℃）　　　　　　　　　　　（b）深冬（-32℃）

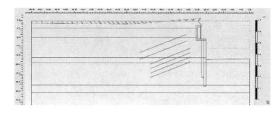

（c）冬末（-8℃）

图 9.105　9-9 剖面地表位移矢量分布图

（9）基坑边壁位移分布图

由图 9.106 可知，基坑边壁位移主要分布在锚索头部。

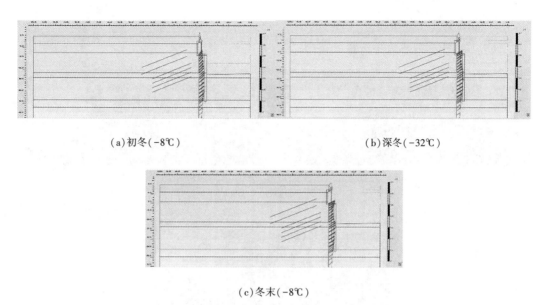

(a)初冬(−8℃)　　　　　　　　　(b)深冬(−32℃)

(c)冬末(−8℃)

图 9.106　9-9 剖面基坑边壁位移分布图

(10)锚索拉力

初冬：$N_1 = 177\text{kN}$，$N_2 = 363\text{kN}$，$N_3 = 543\text{kN}$，$N_4 = 512\text{kN}$，$N_5 = 499\text{kN}$，$N_6 = 624\text{kN}$；深冬：$N_1 = 339\text{kN}$，$N_2 = 603\text{kN}$，$N_3 = 949\text{kN}$，$N_4 = 868\text{kN}$，$N_5 = 824\text{kN}$，$N_6 = 914\text{kN}$；冬末：$N_1 = 339\text{kN}$，$N_2 = 603\text{kN}$，$N_3 = 949\text{kN}$，$N_4 = 868\text{kN}$，$N_5 = 824\text{kN}$，$N_6 = 914\text{kN}$。

9.9.3　12-12 剖面基坑冻融变形演化过程力学特性分析

(1)温度分布等值线云图

由图 9.107 可知,冻融温度变化明显。

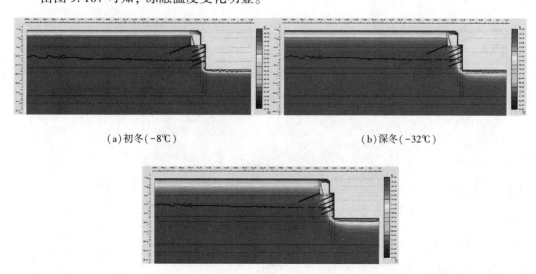

(a)初冬(−8℃)　　　　　　　　　(b)深冬(−32℃)

(c)冬末(−8℃)

图 9.107　12-12 剖面温度分布等值线云图

（2）热流量矢量分布图

图 9.108 所示为热流量矢量分布图。

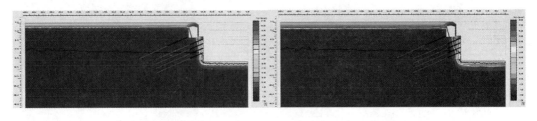

（a）初冬（-8℃）　　　　　　　　　　　　　　（b）深冬（-32℃）

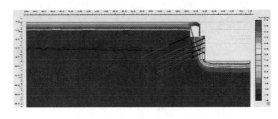

（c）冬末（-8℃）

图 9.108　12-12 剖面热流量矢量分布图

（3）拉塑性点分布图

由图 9.111 可知，拉塑性点主要分布在锚索头部。

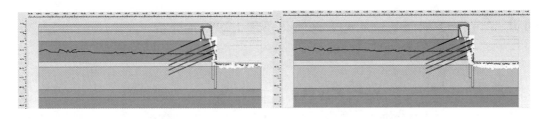

（a）初冬（-8℃）　　　　　　　　　　　　　　（b）深冬（-32℃）

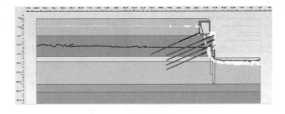

（c）冬末（-8℃）

图 9.109　12-12 剖面拉塑性点分布图

（4）地下水压分布图

由图 9.110 可知，地下水压分布比较均匀。

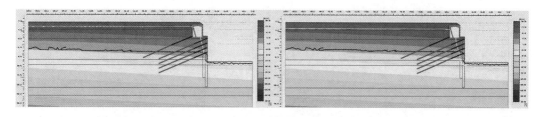

(a)初冬(-8℃)   (b)深冬(-32℃)

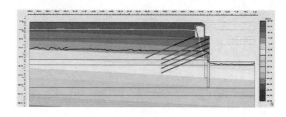

(c)冬末(-8℃)

图 9.110　12-12 剖面地下水压分布图

(5)饱和度分布图

由图 9.111 可知,饱和度分布比较均匀。

(6)地下水渗流分布图

由图 9.112 可知,地下水渗流主要分布在基坑边壁底部。

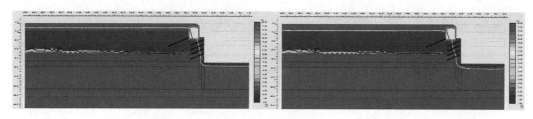

(a)初冬(-8℃)   (b)深冬(-32℃)

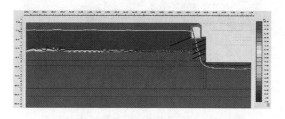

(c)冬末(-8℃)

图 9.111　12-12 剖面饱和度分布图

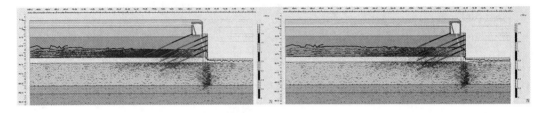

(a)初冬(-8℃)　　　　　　　　　　(b)深冬(-32℃)

(c)冬末(-8℃)

图9.112　12-12剖面地下水渗流分布图

(7)相对剪应力分布图

由图9.113可知,相对剪应力主要分布在锚索处。

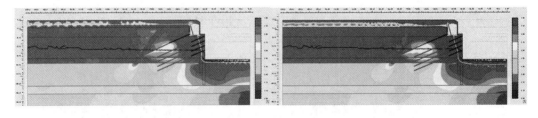

(a)初冬(-8℃)　　　　　　　　　　(b)深冬(-32℃)

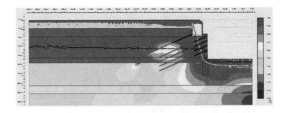

(c)冬末(-8℃)

图9.113　12-12剖面相对剪应力分布图

(8)地表位移矢量分布图

由图9.114可知,地表位移矢量主要分布在基坑边壁处。

(9)基坑边壁位移分布图

由图9.115可知,基坑边壁位移主要分布在锚索头部。

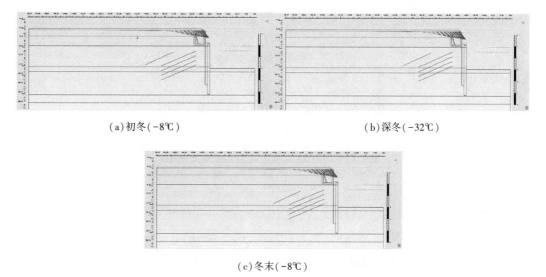

(a)初冬(-8℃)　　　　　　　　　　　(b)深冬(-32℃)

(c)冬末(-8℃)

图 9.114　12-12 剖面地表位移矢量分布图

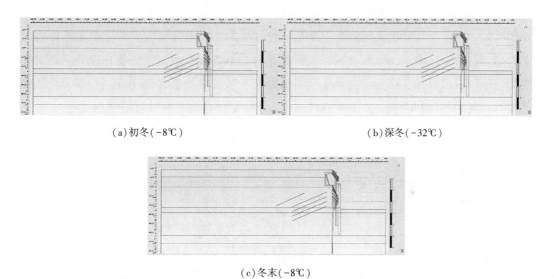

(a)初冬(-8℃)　　　　　　　　　　　(b)深冬(-32℃)

(c)冬末(-8℃)

图 9.115　12-12 剖面基坑边壁位移分布图

(10)基坑边壁形变分布图

由图 9.116 可知,基坑边壁形变主要分布在锚索头部。

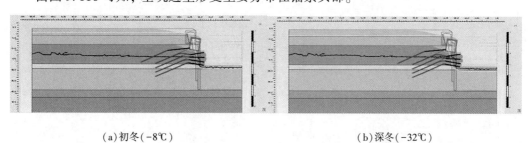

(a)初冬(-8℃)　　　　　　　　　　　(b)深冬(-32℃)

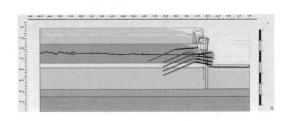

（c）冬末（-8℃）

图 9.116　12-12 剖面基坑边壁形变分布图

（11）锚索拉力

初冬：$N_1 = 1591kN$，$N_2 = 151kN$，$N_3 = 262kN$，$N_4 = 407kN$，$N_5 = 416kN$；深冬：$N_1 = 1591kN$，$N_2 = 161kN$，$N_3 = 267kN$，$N_4 = 427kN$，$N_5 = 483kN$；冬末：$N_1 = 1591kN$，$N_2 = 161kN$，$N_3 = 267kN$，$N_4 = 427kN$，$N_5 = 576kN$。

综上所述，由深冬和冬末温度分布等值线云图和热流量矢量分布图可知，冻融温度变化增加明显，是冻融发生灾害的主要时期；由主应力方向分布云图和相对剪应力分布云图可知，主应力方向变化明显集中在基坑桩锚板附近，相对剪应力变化明显集中在隧道上部，范围明显增加，容易出现基坑桩锚板开裂和断裂；由总主应变角变化云图和总偏应变分布云图可知，总主应变角变化明显集中在基坑桩锚板和隧道附近，容易出现隧道锚衬砌板的开裂和断裂，范围明显增加，总偏应变分布集中在基坑桩锚板附近。

第10章 鞍山紧邻建筑基坑冻胀时效性破坏分析

鞍山紧邻建筑基坑工程场地主要为第四系地层黏性土层和碎石层，基岩为混合岩，岩性主要为花岗混合岩及石英岩脉。场地地貌主要由丘陵和周围堆积的坡积裙组成，地形起伏较大，大体呈北高南低趋势。场地经过整平，现地表绝对标高为34.95～42.87m。

场地地势较高，经查阅沙河水文资料，该场地不会受洪水灾害。降雨时，会产生暂时性地表流水，流向为从东向西和从北向南。鞍山属温带大陆性季风气候。图10.1和图10.2所示为近年气温和降水量变化，图10.3所示为基坑桩锚结构典型剖面图。

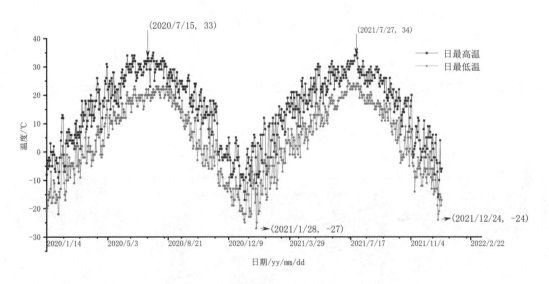

图 10.1 气温变化

303

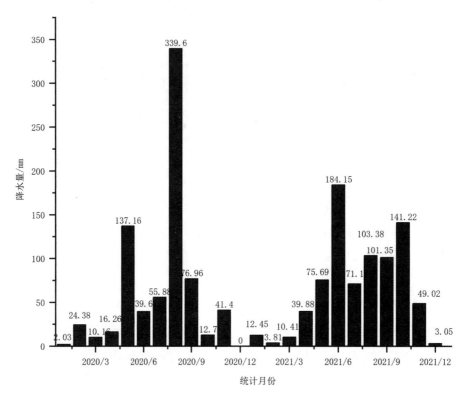

图 10.2　降水量变化

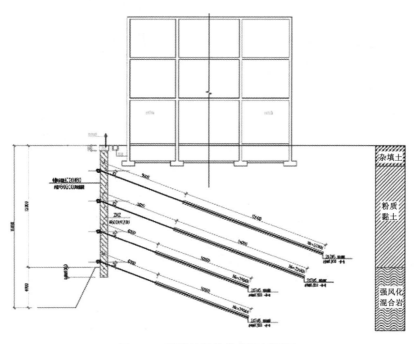

图 10.3　基坑桩锚结构典型剖面图

10.1　工程水文地质条件

10.1.1　工程地质条件

根据勘察结果，在勘察深度内，场地地层自上而下依次为：①人工填土；②黏土；③粉质黏土；③1 碎石；④强风化混合岩；⑤中风化混合岩。上述各岩土层的分布和岩性特征描述如下：

人工填土(地层编号①，Q_{4ml})：普遍分布。主要由碎石、混凝土碎块、砖块、黏性土等组成。呈松散~稍密、稍湿状态。层厚 0.5~6.5m，层底标高 30.91~41.02m。

黏土(地层编号②，Q_{4al+pl})：黄褐色，可塑、饱和状态，局部硬塑，含有氧化铁结核及灰色土斑块。切面光滑，中等干强度，中等韧性，无摇振反应。层厚一般为 0.7~4.7m，层底标高 28.95~39.07m。标贯击数 10~13 击，平均 12 击。孔隙较大，土层均匀性较差，离散性较大。

粉质黏土(地层编号③，Q_{4pl+dl})：普遍分布。主要颜色为红褐色、黄褐色和棕红色，呈可塑、很湿~饱和状态，局部硬塑，含有氧化铁结核，局部含碎石。切面稍有光泽，中等干强度，中等韧性，无摇振反应。层厚 0.5~9.4m，层底标高 20.25~39.72m。标贯击数 10~15 击，平均 12 击。具低压缩性。

碎石(地层编号③1，Q_{4pl+dl})：黄褐色，呈稍密~中密状态。碎石主要成分为花岗混合岩，磨圆较差，棱角状，一般粒径 20~30mm，最大粒径 50mm，碎石含量 50%~70%，砂及黏性土充填。层厚 0.5~1.5m，层底标高 19.65~37.45m。存在于下伏基岩顶部或以透镜体夹层形式存在于粉质黏土(地层编号③)中。动触(63.5kg)击数 9~25 击，平均 10击。

强风化混合岩(地层编号④)：主要颜色为灰黄色、黄白色、黄褐色，强风化，风化呈砂状、碎块状。结构大部分破坏，主要矿物成分为石英、长石，矿物成分显著变化，风化裂隙很发育，岩体破碎。层厚 2.0~3.0m，层底标高 17.93~34.76m。标贯击数 64~67 击，平均 65 击。动触(63.5kg)击数 13~29 击，平均 20 击。

中风化混合岩(地层编号⑤)：主要颜色为灰白色、黄白色、灰褐色，中风化，风化呈碎块状、块状。中粗粒结构，块状构造，主要矿物成分为石英、长石，风化裂隙较发育，岩体较破碎，岩体基本质量等级为Ⅳ类。本次勘探未钻透此层。该场地中风化岩石单轴饱和抗压强度 18~40MPa，平均 25MPa。

10.1.2　水文地质条件

场地见地下水，地下水类型属潜水，主要赋存在人工填土层中，水量不大，其稳定水位埋深在 2.2~3.0m，相当于绝对标高在 32.5~35.0m。地下水主要补给来源是大气降水，地下水位受季节降水量所控制，年变化幅度在 1.0~1.5m。根据水质分析结果判定，场地地下水对混凝土结构、对混凝土结构中钢筋均无腐蚀性，对钢结构有弱腐蚀性。

10.2　场地工程评价

（1）场地稳定性和适宜性评价

① 场地地震效应：根据《建筑抗震设计规范》规定，设计地震分组为一组，本场地土类型属于中软场地土及中硬场地土，场地类别属 Ⅱ 类，场地所处位置属于抗震一般地段。场地的抗震设防烈度为 7 度，设计基本地震加速度值为 0.1g，特征周期值为 0.35s。场地内无地震液化敏感地层。

② 场地内地质构造简单，无全新活动断裂带和发震断裂带通过。场地无滑坡、岩溶、土洞等不良地质作用。场地覆盖层厚度为 4~15m，下伏基岩为混合岩，岩性主要为花岗混合岩及石英岩脉。场地基岩面起伏较大，总体呈北高南低趋势。基岩强风化层厚度为 2.0~3.0m，中风化混合岩属较软岩，岩体较破碎，岩体基本质量等级为 Ⅳ 类。

③ 场地除人工填土（地层编号①）属于欠固结土外，其他各土层均处于正常及超固结状态，不会产生自重固结沉降，采用桩基不会产生负摩阻力。综上所述，场地建筑条件较好，适宜本工程建设。

（2）地基与基础型式建议

由于各栋住宅楼所处地质条件不同，宜采用不同的地基与基础型式。

（3）基坑开挖、地下水及地表水的评价

由于基坑开挖深度不大，可采用放坡开挖，第四系土层坑壁坡度允许值可采用 1∶0.80。地下水稳定水位深度为 2.2~3.0m，相当于绝对标高为 32.5~35.0m，主要赋存在人工填土层中，其下为弱透水层，水量不大，开挖基坑时可进行坑内集水明排，采用人工挖孔灌注桩可直接进行井内降水。地下室抗浮设计水位的标高可按 37.0m 考虑。

场地地势较高，经查阅沙河水文资料，该场地不会受洪水灾害。降雨时，会产生暂时性地表流水，流向为从东向西和从北向南。由于场地处于丘陵斜坡地带，应防止降雨时暂时性地表洪流对基础外墙处地基土的冲刷。

10.3　基坑岩土工程评价

①场地内无不良地质作用，无地震液化敏感地层，场地稳定，适宜建筑。

②场地地震效应分析场地类别为Ⅱ类。本场地土类型属中软场地土及中硬场地土。属于建筑抗震一般地段。场地设计地震分组为一组，抗震设防烈度为 7 度，设计基本加速度为 0.10g，特征周期为 0.35s。

③地基基础型式及各层岩土地基设计参数。适宜采用人工挖孔灌注桩，强风化混合岩(地层编号④)及中风化混合岩(地层编号⑤)均为良好的桩端持力层。也可采用天然地基(筏基)，以黏土(地层编号②)或粉质黏土(地层编号③)为持力层；采用人工挖孔灌注桩或钻孔灌注桩，以强风化混合岩(地层编号④)或中风化混合岩(地层编号⑤)为桩端持力层；也可采用水泥粉煤灰碎石桩(CFG)地基处理方案。

④各层岩土天然地基承载力及压缩(变形)模量、强度参数。计算沉降时，压缩模量应采用相应压力区间数值，强风化混合岩和中风化混合岩层可不考虑竖向压缩变形(见表 10.1)。

表 10.1　强风化混合岩和中风化混合岩层物理力学指标

岩土名称	参数			
	承载力特征值 f_{ak}/kPa	压缩模量(变形模量) $Es_{1-2}(E_0)$/MPa	内摩擦角 Φ_k/(°)	黏聚力 C_k/kPa
黏土(地层编号②)	150	7.0	10.0	33
粉质黏土(地层编号③)	190	10.0	13.0	70
碎石(地层编号③1)	300	20.0	25.0	—
强风化混合岩(地层编号④)	1500	—	—	—
中风化混合岩(地层编号⑤)	5000	—	—	—

⑤各层岩土人工挖孔桩设计参数。中风化混合岩(地层编号⑤)岩石饱和单轴抗压强度 f_{rk} 取 25.0MPa(见表 10.2)。

表 10.2　中风化混合岩物理力学指标

岩土名称	参数			
	桩极限侧阻力标准值 q_{sik}/kPa	桩极限端阻力标准值 q_{pk}/kPa	桩侧阻力特征值 q_{sia}/kPa	桩端阻力特征值 q_{pa}/kPa
黏土(地层编号②)	40	—	25	—
粉质黏土(地层编号③)	70	—	40	—
碎石(地层编号③1)	100	—	60	—
强风化混合岩(地层编号④)	120	3600	65	1800
中风化混合岩(地层编号⑤)	600	10000	300	5000

⑥基坑岩土与结构材料物理力学指标见表 10.3。

表 10.3 基坑实验物理力学参数和热物理参数

土样编号	比热容 /(kJ/t/K)	导热系数 /(kW/m/K)	密度 /(t/m³)	x 向热膨胀系数 (1/K)	y 向热膨胀系数 (1/K)	z 向热膨胀系数 (1/K)	容重 /(kN/m³)	弹性模量 /MPa	泊松比	黏聚力 /kPa	内摩擦角 /(°)	实测渗透系数/(m/s) 垂直	水平
①粉质黏土	1420	0.001640	1.88	9×10^{-5}	9×10^{-5}	9×10^{-5}	14.9	40.0	0.312	22.4	14.8	3.14×10^{-7}	7.45×10^{-7}
②细砂	850	0.002000	2.12	5×10^{-5}	5×10^{-5}	5×10^{-5}	19.7	98.0	0.250	0.05	28.0	9.01×10^{-7}	8.75×10^{-7}
②1 粉质黏土	1450	0.001695	1.87	8×10^{-5}	8×10^{-5}	8×10^{-5}	15.7	78.0	0.270	17.0	26.0	3.01×10^{-7}	2.75×10^{-7}
③黏质粉土	1500	0.001680	1.97	8×10^{-5}	8×10^{-5}	8×10^{-5}	15.7	78.0	0.270	17.0	26.0	3.01×10^{-7}	2.75×10^{-7}
③1黏土	1350	0.001540	1.81	7×10^{-5}	7×10^{-5}	7×10^{-5}	15.5	72.0	0.285	19.0	16.0	3.00×10^{-7}	2.00×10^{-7}
③2 粉质黏土	1420	0.001640	1.87	8×10^{-5}	8×10^{-5}	8×10^{-5}	15.8	35.0	0.330	11.3	18.3	3.00×10^{-7}	7.00×10^{-7}
④中砂	950	0.002500	2.25	5×10^{-5}	5×10^{-5}	5×10^{-5}	20.1	120.0	0.245	0.01	30.5	1.50×10^{-5}	1.43×10^{5}
⑤粉质黏土	1420	0.001640	1.87	8×10^{-5}	8×10^{-5}	8×10^{-5}	15.8	65.0	0.290	11.3	15.3	3.00×10^{-7}	7.00×10^{-7}
混凝土	1046	0.001850	2.50	1×10^{-5}	1×10^{-5}	1×10^{-5}	25.0	22000	0.160				
草帘	2016	0.000050	0.35	1×10^{-5}	1×10^{-5}	1×10^{-5}	0.05	0.02	0.400				
EPS保温板	1400	0.000030	0.04	1×10^{-5}	1×10^{-5}	1×10^{-5}	0.0045	0.02	0.400				
XPS保温板	1250	0.000028	0.03	1×10^{-5}	1×10^{-5}	1×10^{-5}	0.0035	0.02	0.400				

⑦各层岩土钻孔灌注桩设计参数。由于地质条件限制，场地不宜采用预应力管桩，除 2 和 3 号楼可采用人工挖孔灌注桩和钻孔灌注桩两种桩型外，其他住宅楼采用人工挖孔灌注桩从技术、经济和工期方面都优于钻孔灌注桩(见表 10.4)。

表 10.4　人工挖孔灌注桩和钻孔灌注桩指标

岩土名称	参数			
	桩极限侧阻力标准值 q_{sik}/kPa	桩极限端阻力标准值 q_{pk}/kPa	桩侧阻力特征值 q_{sia}/kPa	桩端阻力特征值 q_{pa}/kPa
黏土(地层编号②)	40	—	25	—
粉质黏土(地层编号③)	65	—	35	—
碎石(地层编号③1)	90	—	45	—
强风化混合岩(地层编号④)	100	2400	50	1200
中风化混合岩(地层编号⑤)	600	10000	300	5000

⑧ 场地地下水类型属潜水，主要赋存在人工填土层中，水量不大，其稳定水位深度为 2.2~3.0m，相当于绝对标高为 32.5~35.0m。地下水主要补给来源是大气降水，地下水位受季节降水量所控制，年变化幅度在 1~1.5m。根据水质分析结果判定，场地地下水对混凝土结构、对混凝土结构中钢筋均无腐蚀性，对钢结构有弱腐蚀性。地下室抗浮设计水位的标高可按 37.0m 考虑。由于拟建场地处于丘陵斜坡地带，应防止降雨时暂时性地表洪流对基础外墙处地基土的冲刷。

⑨ 场地标准冻结深度为 1.10m。

10.4　紧邻建筑基坑桩锚支护结构冻融破坏

紧邻建筑基坑桩锚支护结构冻融破坏现象见图 10.4 至图 10.6。

图 10.4　紧邻酒店建筑物基坑桩锚结构与高地下水位延冰

图 10.4 所示为紧邻酒店建筑物基坑桩锚结构与高地下水位延冰。上部建筑为洗浴中心，由于紧邻建筑基坑采用桩锚支护，紧邻建筑与基坑稳定性很好。由于基坑施工需要越冬，原本紧邻建筑基坑的稳定性变差，基坑桩锚支护侧壁上初冬已经出现冰柱挂坡，基坑底部出现洗浴中心泉水涌出，表明基坑上部建筑洗浴中心有漏水发生，使得基坑桩锚支护侧壁岩土层饱水/过饱和，随着冬季低温的发生冻融深度加大，冻胀力加大，诱发基坑桩锚支护变形开裂，锚杆支护被拉断（现场施工人员听到断裂声音出现），出现紧邻建筑基坑冻胀时效性破坏。

图 10.5 紧邻酒店建筑物基坑桩锚结构冻融破坏垮塌

图 10.5 所示为紧邻酒店建筑物基坑桩锚结构冻融破坏垮塌，发生突发性灾害，导致洗浴中心停业。

图 10.6 紧邻建筑物基坑桩锚结构冻融基岩风化碎石土破坏垮塌

图 10.6 所示为紧邻建筑物基坑桩锚结构冻融基岩风化碎石土破坏垮塌，发生突发

性灾害问题。

图 10.7 所示为紧邻临建筑物基坑冻融基岩顺倾节理面碎石破坏垮塌，发生突发性灾害问题。

图 10.4 至图 10.7 紧邻临建筑物基坑桩锚结构冻融破坏垮塌，发生突发性灾害表明，北方冻土基坑越冬会出现稳定问题。有必要开展紧邻临建筑物基坑冻融突发性灾害研究。

图 10.7　紧邻建筑物基坑冻融基岩顺倾节理面碎石破坏垮塌

10.5　紧邻建筑基坑支护流固耦合数值模拟

紧邻建筑基坑支护模型见图 10.8。

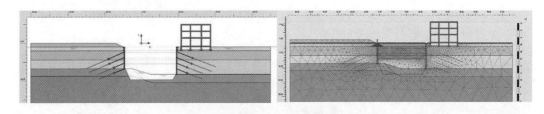

图 10.8　基坑支护模型图

针对紧邻建筑基坑支护结构流固耦合如图 10.9 所示。由图 10.9(a)地下水水头分布云图和图 10.9(b)地下水渗流云图可以看出，基坑开挖支护边壁地下水渗流明显；由图 10.9(c)总位移及水平位移分布云图和图 10.9(d)总沉降位移云图及总位移矢量分布图可以看出，基坑开挖支护边壁位移明显，紧邻建筑基坑最为明显；由图 10.9(e)相对剪应变云图及体积应变云图和图 10.9(g)剪应力云图及弹塑性点分布图可以看出，紧邻建筑基坑上部拉破坏明显。

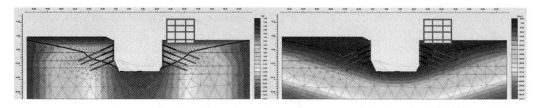

(a)地下水水头分布云图

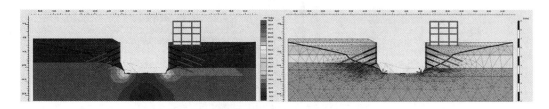

(b)地下水渗流分布云图

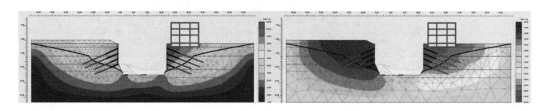

(c)总位移及水平位移分布云图

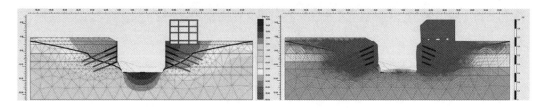

(d)总沉降位移云图及总位移矢量分布图

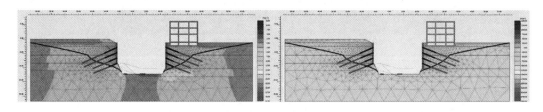

(e)相对剪应变云图及体积应变云图

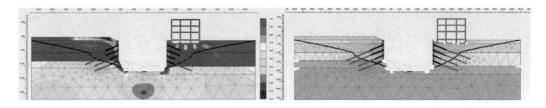

(f)剪应力云图及弹塑性点分布图

图 10.9　基坑支护结构流图耦合分析

针对紧邻建筑基坑支护结构降雨分析见图 10.10。由图 10.10(a)地下水水头分布云图可以看出,基坑开挖支护边壁地下水渗流明显;图 10.10(b)总位移分布云图与剪应力云图,基坑开挖支护边壁位移明显,紧邻地铁隧道最为明显;由图 10.10(c)总位移网格图与弹塑性点分布图可以看出,紧邻建筑基坑上部拉破坏明显。

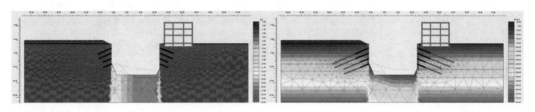

(a)地下水水头分布云图

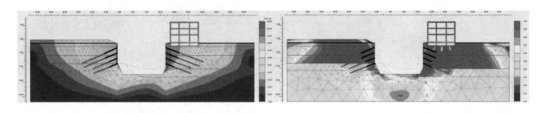

(b)总位移分布云图与剪应力云图

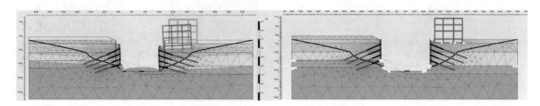

(c)总位移网格图和弹塑性点分布图

图 10.10　基坑支护降雨分析

10.6 紧邻建筑基坑支护流固耦合冻融数值模拟

（1）初冬（−12℃，45d）

如图 10.11 所示，由温度分布等值线云图和热流量矢量分布图可知，冻融温度变化明显；由主应力方向分布云图和相对剪应力分布云图可知，主应力方向变化明显集中在基坑桩锚板附近，相对剪应力变化明显集中在地铁变电站结构部分；由总主应变角变化云图和总偏应变分布云图可知，总主应变角变化明显集中在基坑桩锚板和地铁变电站结构附近，总偏应变分布集中在基坑桩锚板附近。

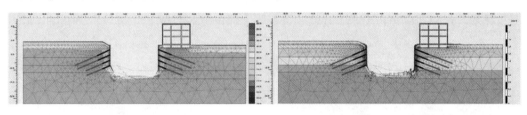

（a）温度分布等值线云图 　　　　　　　　（b）热流量矢量分布图

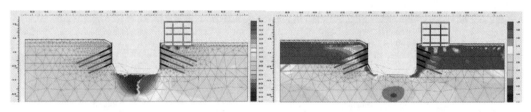

（c）主应力方向分布云图 　　　　　　　　（d）相对剪应力分布云图

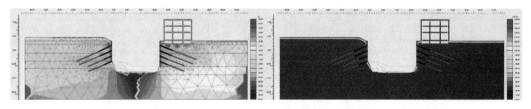

（e）总主应变角变化云图 　　　　　　　　（f）总偏应变分布云图

图 10.11　初冬（−12℃，45d）冻融变化

（2）深冬（−28℃，90d）

如图 10.12 所示，由温度分布等值线云图和热流量矢量分布图可知，冻融温度变化增加明显；由主应力方向分布云图和相对剪应力分布云图可知，主应力方向变化明显集中在基坑桩锚板附近，相对剪应力变化明显集中在地铁变电站结构部分，范围明显增加；由总主应变角变化云图和总偏应变分布云图可知，总主应变角变化明显集中在基坑桩锚板和地铁变电站结构部分附近,范围明显增加,总偏应变分布集中在基坑桩锚板附近。

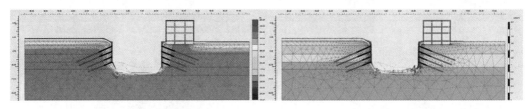

（a）温度分布等值线云图　　　　　　　　　　（b）热流量矢量分布图

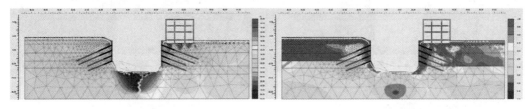

（c）主应力方向分布云图　　　　　　　　　　（d）相对剪应力分布云图

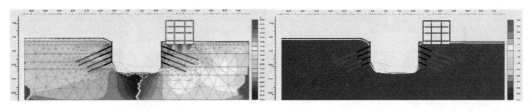

（e）总主应变角变化云图　　　　　　　　　　（f）总偏应变分布云图

图 10.12　深冬（-28℃，90d）冻融变化

（3）冬末（-12℃，135d）

如图 10.13 所示,由温度分布等值线云图和热流量矢量分布图可知,冻融温度变化明显,增长明显缓慢;由主应力方向分布云图和相对剪应力分布云图可知,主应力方向变化明显集中在基坑桩锚板附近,相对剪应力变化明显集中在地铁变电站结构部分;由总主应变角变化云图和总偏应变分布云图可知,总主应变角度变化明显集中在基坑桩锚板和地铁变电站结构部分附近,总偏应变分布集中在基坑桩锚板附近。

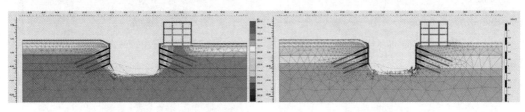

（a）温度分布等值线云图　　　　　　　　　　（b）热流量矢量分布图

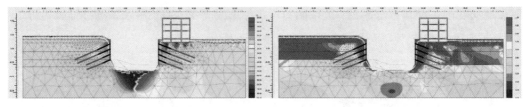

(c)主应力方向分布云图　　　　　　　　　(d)相对剪应力分布云图

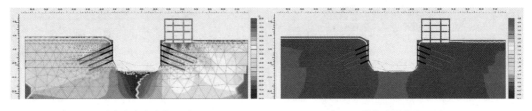

(e)总主应变角变化云图　　　　　　　　　(f)总偏应变分布云图

图 10.13　初冬(−12℃, 135d)冻融变化

◢◤ 10.7　紧邻建筑基坑支护流固耦合冻融演化分析

(1)总位移网格形变

由图 10.14 可知初冬冻深 128mm, 深冬冻深 1580mm, 冬末冻深 1605mm。冻融温度变化明显, 增长明显加快, 出现冻胀破坏, 紧邻建筑物基坑桩锚结构冻融破坏垮塌, 发生突发性灾害表明, 北方冻土基坑越冬会出现稳定问题。

(2)温度场分布

由图 10.15 可知基坑初冬、深冬和冬末温度场变化剧烈。

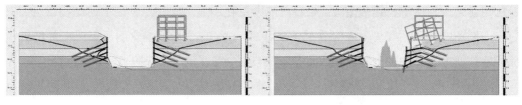

(a)初冬　　　　　　　　　　　　　　　(b)深冬

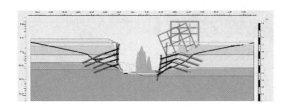

(c)冬末

图 10.14　总位移网格形变分布图

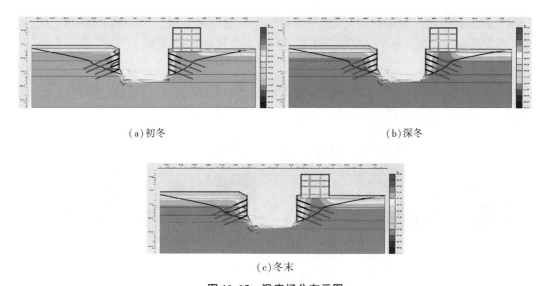

（a）初冬   （b）深冬

（c）冬末

图 10.15 温度场分布云图

（3）拉破坏点分布

由图 10.16 可知，基坑左侧初冬、深冬和冬末边壁出现拉破坏，基坑右侧初冬、深冬和冬末边壁出现连续性拉破坏，建筑基础出现垮塌、锚索拉断，发生突发性灾害。

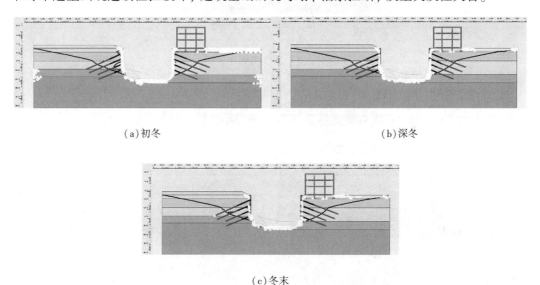

（a）初冬   （b）深冬

（c）冬末

图 10.16 拉破坏点分布图

（4）锚索拉力

初冬：基坑左侧边壁锚索拉力 $NT_1 = 698.2973kN$、$NT_2 = 533.871kN$、$NT_3 = 456.727kN$、$NT_4 = 323.603kN$，基坑右侧边壁锚索拉力 $N_1 = 631.928kN$、$N_2 = 541.817kN$、$N_3 = 646.343$、$N_4 = 594.229kN$；深冬：基坑左侧边壁锚索拉力 $NT_1 = 1443.513kN$、$NT_2 = 933.018kN$、$NT_3 = 888.390kN$、$NT_4 = 467.282kN$，基坑右侧边壁锚索拉力 $N_1 = 1043.670kN$、$N_2 = 1407.306kN$、$N_3 = 1167.983kN$、$N_4 = 1092.952kN$。初冬基坑右侧边壁

锚索拉力比左侧最大处大 1.836 倍,深冬基坑右侧边壁锚索拉力比左侧最大处大 2.338 倍,如果有地下水漏失补给,可能发生严重的冻融突发性垮塌灾害。

(5)总位移分布

由图 10.17 可知,基坑右侧初冬建筑基础有变形影响,深冬建筑基础出现垮塌、锚索拉断,发生突发性灾害。

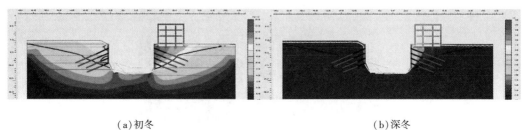

(a)初冬　　　　　　　　　　　　　　　(b)深冬

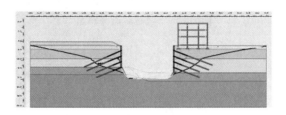

(c)冬末

图 10.17　总位移分布云图

(6)总主应变方向分布

由图 10.18 可知,基坑右侧初冬基本未出现垮塌迹象,深冬出现了垮塌。

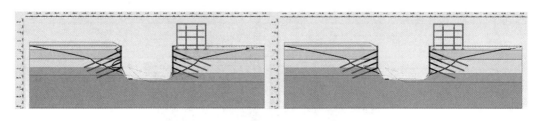

(a)初冬　　　　　　　　　　　　　　　(b)深冬

(c)冬末

图 10.18　总主应变方向分布图

（7）基坑基础沉降情况

基坑建筑入冬前基坑支护等施工完成，沉降 23mm，旋转 0.077°，倾斜 0.134%＝1：745.6。基坑建筑初冬沉降 315mm，旋转 1.030°，倾斜 1.802%＝1：55.50；深冬沉降 590mm，旋转 1.926°，倾斜 3.373%＝1：29.64；冬末沉降 738mm，旋转 2.432°，倾斜 4.263%＝1：23.46。可见，建筑初冬出现垮塌迹象，深冬出现了垮塌。

依据建筑物基坑开挖引起的破损程度判别，基坑建筑入冬前沉降梯度 β＝−1/800～1/500；建筑物破坏情况：小破坏−表层破坏；建筑物破坏描述：石膏材料上出现裂缝。依据建筑物基坑开挖引起的破损程度判别，基坑建筑入冬后沉降梯度 β＝1/150～0；建筑物破坏情况：大破坏；建筑物破坏描述：承重墙和支撑梁出现明显的开口裂缝。

10.8　紧邻高层建筑基坑破坏数值模拟

冻土层中水分在冬季负温条件下结成冰晶，使土体膨胀，产生冻胀，引起基坑侧壁冻胀破坏。基于实测气温走势，将地温近似线性变化的过程作为基坑控温过程曲线，研究在温度应力作用下桩锚基坑支护结构的冻胀动态响应规律（见图 10.19）。

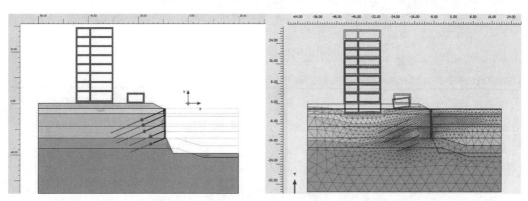

图 10.19　基坑支护模型图

由图 10.20（a）网格变形和矢量分布图可以看出，主要是紧邻高层建筑影响，使得基坑支护边壁出现明显变形；由图 10.20（b）位移和矢量分布云图可以看出，主要是紧邻高层建筑影响，使得基坑支护边壁出现明显变形；由图 10.20（c）相对剪应力云图和弹塑性点分布图可以看出，是紧邻高层建筑影响，使得基坑支护边壁出现明显变形；由图 10.20（d）地下水水头分布图和图 10.20（e）地下水渗流分布图可以看出，不均衡分布使得高层建筑发生不均匀沉降，使得基坑支护边壁出现明显变形。

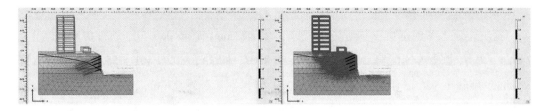

(a)网格变形和矢量分布图

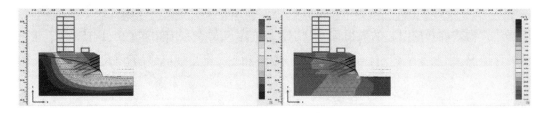

(b)位移和矢量分布云图

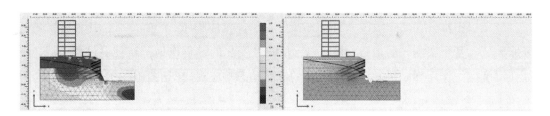

(c)相对剪应力云图和弹塑性点分布图

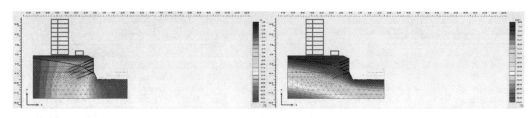

(d)地下水水头分布图

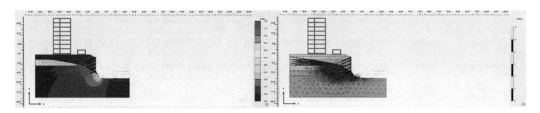

(e)地下水渗流分布图

图 10.20　基坑支护+小锚索结构工程力学分析图

第 11 章 结论与展望

采用大型物理模型实验的方法,对季节性冻土区桩锚基坑的冻融响应进行了实验研究。建立了考虑冻融的基坑桩土协调相互响应方程,提出了设计中考虑冻融力的量化设计方法。利用萤火虫寻优算法和遗传算法对冻融后的桩后土体物理力学参数进行寻优预测,并将寻优参数应用于冻融后桩身位移和弯矩的预测。通过有限元数值模拟揭示冻土区深基坑工程冻融变形规律,并结合分析结果应用于实际工程。通过基坑桩土协调相互响应方程的建立、冻融后土体参数寻优预测、现场基坑防冻融保温控制实验与分析以及基坑桩锚结构冻融动态响应数值模拟研究,揭示了基坑桩锚支护冻融变形规律。

11.1 结 论

基于北方季节性寒冷地区深基坑桩锚支护结构在冻融条件下易出现的基坑变形破坏、失稳坍塌、崩塌滑坡等问题,开展深基坑桩锚支护结构冻融动态响应及其安全性控制研究,可为大型建(构)筑工程安全越冬,保护工程施工质量奠定基础,深入解决基坑侧壁冻融导致支护体系安全性失效问题。

研究主要取得了如下结论:

① 基于模型实验观测到的冻融后桩土非线性相互作用规律,提出了考虑冻融的基坑桩土协调相互响应方程。算例中桩顶位移量增加至 37.12mm,弯矩增加了约 37%,验证了未考虑冻融作用的桩锚基坑冻融后发生破坏的原因。通过现场监测数据,采用寻优算法对冻融后桩后土物理力学参数进行寻优,结果显示,萤火虫算法和遗传算法寻优预测最高精度分别为 100% 和 99.84%,均适用于冻融后桩后土力学参数的寻优预测。但萤火虫算法不但在最优参数搜索中可以得到完全符合最优目标函数解的参数结果,而且预测精度更高,运行次数更少,所以在由目标函数求解最优参数值时萤火虫算法的效率更高。

② 通过基坑桩锚支护工程物理模型实验发现,土体的冻深随时间和温度近似呈线性增长。对同一标高各测点测试数据平均值建立了模型实验冻土压力、位移量关系式,得到了冻土压力随位移量的增大呈指数衰减的规律。同时,实验中监测到了土体冻缩现象,冻缩位移约 1.237mm,经实验对比,土体的冻缩与粉质黏土的黏粒含量有关,黏粒含量越大冻缩现象越明显,冻缩反应越大。通过季节性冻土区岩棉和阻燃草帘两种侧壁

保温防冻措施现场监测数据的对比分析，采用提出的冻融参数寻优算法进行预测，结果表明岩棉保温措施的效果最优。

③ 温度的降低基坑冻深呈现明显的增加趋势，当温度降至−11℃时，冻深约1m。当温度降至−22℃，冻深约2m，与长春的标准冻深基本一致。

• 通过有限元数值模拟——THM（温度-渗流-应力耦合）的仿真方法，在基坑开挖支护过程中渗流-应力耦合分析的基础上，开展THM分析，揭示并验证了基坑降温冻融过程的演化规律并应用于实际工程，综合评价了冻融基坑的稳定性。

• 无地铁隧道段当降温至−22℃时，桩顶位移约为90mm，远远超过冻前支护变形值和基坑位移允许限值。因此，建议越冬期间控制基坑开挖深度，并采取适当的保温防护措施。近地铁隧道段由于锚杆受地铁隧道保护区间限制，长度较短，刚度较低。桩顶位移超过300mm，对在运行地铁区间将会造成极大风险。建议越冬期间，地铁隧道侧应保留一定安全距离和高度的反压土台，或采取增加支撑等水平支点的措施——越冬紧邻地铁隧道的深基坑采取双排桩侧壁支护、坑底预留土台+斜撑、地下室结构+素混凝土填充支撑层构建主动安全防护体系。优化深大基坑越冬防护要求，进一步优化施工主要步序。

④ 进行室内大型模型实验相似比设计、模型箱设计，实现季节性冻土区基坑桩锚结构的冻融过程的物理模拟。采用模型实验研究冻融力变化规律，将其引入到基坑桩锚结构共同作用方程，建立了考虑冻融作用的桩土协调相互响应方程，提出适用于基坑冻融条件的理论计算模型，解决了季节性冻土区越冬基坑支护设计冻融力施加问题。

⑤ 挖掘现场监测数据，采用智能寻优的萤火虫和遗传算法，对基坑冻融后土体参数进行寻优，找到能够匹配现场监测数据的土体冻融参数；采用桩土协调相互响应方程，预测支护结构冻融后的位移和弯矩的变化情况。

11.2 展 望

基于桩锚基坑冻融响应分析的室内物理模型实验，针对北方寒冷地区桩锚基坑工程建立考虑冻融作用的桩土协调相互响应方程。采用萤火虫遗传寻优算法挖掘现场监测数据，分析了季节性冻土区桩锚基坑位移变化特点，为考虑冻融作用的基坑提供理论计算方法。通过有限元数值模拟揭示并验证了基坑降温冻融过程的演化规律。但在实际问题中，由于土的物理力学性质复杂多变，还有很多不足之处需要进一步完善，具体如下：

① 考虑冻融作用桩土协调相互响应方程，需要通过前期室内实验，确定桩后土体冻融-位移关系。因此，要得出普遍地质条件的冻融基坑适用性规律还应通过大量反复的实验过程进一步研究和探讨。

② 基于桩锚基坑不同的侧壁保温措施进行了现场试验研究，提出了不同保温措施基

坑冻融变形规律，但基坑防冻融措施的方法还有很多，诸如桩后减压孔、桩后土体改良、被动区加固等措施，将在后续工作中进一步研究和讨论。

另外，对于土体冻融对基坑防护的有利条件，诸如人工冻结法支护等在下一步的工作中进行针对性研究并加以完善。

参考文献

[1] A BROUCHKOV.Experimental study of influence of mechanical properties of soil on frost heaving forces[J].Journal of Glaciology and Geocryology, 2004, 26(1): 26-34.

[2] ABZHALIMOV R S, GOLOVKO N N.Laboratory investigations of the pressure dependence of the frost heaving of soil[J].Soil Mechanics and Foundation Engineering, 2009, 46(1): 31-38.

[3] KONRAD J, LEMIEUX N.Influence of fines on frost heave characteristics of a well-graded base-course material[J].Canadian Geotechnical Journal, 2005, 42(2): 515-527.

[4] LAI Y, ZHANG S, ZHANG L X, et al.Adjusting temperature distribution under the south and north slopes of embankment in permafrost regions by the ripped-rock revetment [J].Cold Regions Science and Technology, 2004, 39(1): 67-79.

[5] YUAN B Y, LIU X G, ZHU X F.Pile horizontal displacement monitor information calibration and prediction for ground freezing and pile-support foundation pit[C]//Proceedings of the 2nd International Conference for Disaster Mitigation and Rehabilitation.Beijing: Science Press, 2008: 968-974.

[6] 冻土地区建筑地基基础设计规范: JGJ 118—2011[S].北京: 中国建筑工业出版社, 2012.

[7] 唐业清, 李启民, 崔江余.基坑工程事故分析与处理[M].北京: 中国建筑工业出版社, 1999: 12-120.

[8] 陈肖柏.中国土冻融研究进展[J].冰川冻土, 1988(3): 319-326.

[9] H. A. 崔托维奇.冻土力学[M].张美庆, 朱元林, 译.北京: 北京科学技术出版社, 1985: 112-114.

[10] BESKOW G.Soil freezing and frost heaving with special application to roads and rail-roads[J].Swedish Geol. Survey Yearbook, 1935, 26(3): 375-380.

[11] TABER S.The growth of crystals under external pressure[J]. American Journal of Science, 1916, 246(37): 532-556.

[12] TABER S. Frostheaving[J]. The Journal of Geology, 1929, 37(5): 428-461.

[13] TABER S. The mechanics of frost heaving[J]. Journal of Geology, 1930, 38(4): 303-

317.

[14] EVERETT D H.The thermodynamics of frost damage to porous solids[J].Trans Faraday Soc., 1961(57): 1541-1551.

[15] MILLER R.D.Soil freezing in relation to pore water pressure and temperature[C].Second International Conference of Permafrost, Washington, D.C., 1973.

[16] MILLER R D.Lens initiation in secondary frost heaving[C].PPInt Symp. on frost Action in Soils, Sweden, 1977.

[17] MILLER R D.Freezing and heaving of saturated and unsaturated soils[J].Highway Research Record, 1972, 393: 1-11.

[18] MILLER R D.Frost heaving in non-colloidal soils[C].Third International Conference in Permafrost, Washington, D.C., 1978.

[19] MILLER R D, LOCH J P G, BRESLER E.Transport of water and heat in a frozen permeameter[J].Soil Science Society of American Proceedings, 1975, 39(6): 1029-1036.

[20] HARLAN R L.Analysis of coupled heat-fluid transport in partially frozen soil[J].Water Resource Research, 1973, 9(5): 1314-1323.

[21] O'NEILL K, MILLER R D.Numerical solutions for a rigid-ice model of secondary frost heave[R].CRREL Report, 1982: 82-83.

[22] O'NEILL K, MILLER R D.Exploration of a rigid ice model of frost heave[J].Water Resources Research, 1985, 21(3): 281-296.

[23] KONRAD J M, DUQUENNOI C.A model for water transport and ice lensing in freezing soils[J].Water Resources Research, 1993(29): 3109-3123.

[24] KONRAD J M, MORGENSTERN N R.The segregation potential of a freezing soil[J]. Canadian Geotechnical Journal, 1981(18): 482-491.

[25] KOINRAD J M, MORGENSTERN N R.Effects of applied pressure on freezing soils[J]. Canadian Geotechnical Journal, 1982(19): 494-505.

[26] KONRAD J M, MORGENSTERN N R.A mechanistic theory of ice lens formation in fine-grained soils[J].Canadian Geotechnical Journal, 1980(17): 473-486.

[27] KONRAD J M.Influence of over consolidation on the freezing characteristics of a clayey silts[J].Canadian Geotechnical Journal, 1989(26): 9-21.

[28] SHEN M, LADANYI B.Modelling of coupled heat moisture and stress field in freezing soil[J].Canadian Geotechnical Journal, 1978, 15(4): 548-555.

[29] HE P, BING H, ZHANG Z.Process of frost heave and characteristics of frozen fringe [J].Journal of Glaciology and Geocryology, 2004(26): 21-25.

[30] 程国栋.冻土力学与工程的国际研究新进展[J].地球科学进展, 2001, 16(3): 293-

299.

[31] 马巍, 王大雁.中国冻土力学研究 50 年回顾与展望[J].岩土工程, 2012, 34(4):
625-639.

[32] 郑郧, 马巍, 邴慧.冻融循环对土结构性影响的试验研究及影响机制分析[J].岩土
力学 2015, 36(5): 1282-1294.

[33] 吴礼舟, 许强, 黄润秋.非饱和黏土的冻融融沉过程分析[J].岩土力学, 2011, 32
(4): 1025-1028.

[34] 彭丽云, 刘建坤, 田亚护.粉质黏土的冻胀特性研究[J].水文地质工程地质, 2009
(6): 62-67.

[35] 徐学祖, 张立新, 王家澄.土体冻融发育的几种类型[J].冰川冻土, 1994, 16(4):
301-307.

[36] 徐学祖, 邓友生.冻土中水分迁移的实验研究[M].北京: 科学出版社, 1991: 21-
29.

[37] 李萍, 徐学祖, 蒲毅彬, 等.利用图像数字化技术分析冻结缘特征[J].冰川冻土,
1999, 21(2): 175-180.

[38] 李萍, 徐学祖, 陈峰峰.冻结缘和冻胀模型的研究现状与进展[J].冰川冻土,
2000, 22(1): 90-95.

[39] 陈肇元, 崔京浩.土钉支护在基坑工程中的应用[M].2 版.北京: 中国建筑工业出
版社, 2000: 22-25.

[40] 胡坤.不同约束条件下土体冻融规律[J].煤炭学报, 2011, 36(10): 1653-1658.

[41] 曹宏章, 刘石.饱和颗粒正冻土一维刚性冰模型的数值模拟[J].冰川冻土, 2007,
29(1): 32-38.

[42] 裴捷, 梁志荣, 王卫东.润扬长江公路大桥南汊悬索桥南锚碇基础基坑围护设计
[J].岩土工程, 2006(28): 1541-1545.

[43] KINGSBURY D W, SANDFORD T G, HUMPHREY D N.Soil nail forces caused by
frost[J].Soil Mechanics(Transportation Research Record)2002, 1808(1): 38-46.

[44] GUILLOUX A, NOTTE G, GONIN H.Experiences on a retaining structure by nailing in
moraine soils[C].Proceeding's 8th European Conference on Soil Mechanics and Foun-
dation Engineering, Helsinki, 1983: 499-502.

[45] 张智浩, 马凛, 韩晓猛, 等.季节性冻土区深基坑桩锚支护结构冻融变形控制研究
[J].岩土工程学报, 2012, 11(34): 65-71.

[46] STOCKER M F, RIEDINGER G.The bearing behavior of nailed retaining structures
[C].Design and Performance of Earth Retaining Structures: Proceedings of a Confer-
ence Sponsored by the Geot echnical Engineering Division of the American Society of
Civil Engineers, New York, 1990: 612-628.

[47] NIXON J F. Discrete ice lens theory for frost heave in soils[J]. Canadian Geotechnical Journal, 1991(28): 843-859.

[48] TAKAGI S.The adsorption force theory of frost heaving[J].Cold Regions Science and Technology, 1980(3): 57-81.

[49] SELVADURAI A P S, HU J, KONUK I.Computational modeling of frost heave induced soil-pipeline interaction modeling of frost heave[J].Cold Regions Science and Technology, 1999(29): 215-228.

[50] 胡坤.冻土水热耦合分离冰冻融模型的发展[D].徐州：中国矿业大学, 2011.

[51] 王家澄, 徐学祖, 张立新, 等.土类对正冻土成冰及冷生组构影响的实验研究[J].冰川冻土, 1995, 17(1): 16-22.

[52] 张琦.人工冻土分凝冰演化规律试验研究[D].徐州：中国矿业大学, 2005.

[53] 李晓俊.不同约束条件下细粒土一维冻融力试验研究[D].徐州：中国矿业大学, 2010.

[54] Tpynak.冻结凿井法[M].北京矿业学院井巷工程教研组, 译.北京：北京矿业学院出版社, 1958: 553-980.

[55] 崔广心, 杨维好.冻结管受力的模拟试验研究[J].中国矿业大学学报, 1990, 17(2): 37-47.

[56] 崔广心.深土冻土力学：冻土力学发展的新领域[J].冰川冻土, 1998, 20(2): 97-100.

[57] 程国栋.冻土力学与工程的国际研究新进展：2000年国际地层冻结和土冻结作用会议综述[J].地球科学进展, 2001(3): 293-299.

[58] 程国栋, 周幼吾.中国冻土学的现状和展望[J].冰川冻土, 1988, 10(3): 221-227.

[59] 李韧, 赵林, 丁永建, 等.青藏高原季节冻土的气候学特征[J].冰川冻土, 2009, 31(6): 1050-1056.

[60] 张伟, 王根绪, 周剑, 等.基于CoupModel的青藏高原多年冻土区土壤水热过程模拟[J].冰川冻土, 2012, 34(5): 1099-1109.

[61] 赵林, 李韧, 丁永建.唐古拉地区活动层土壤水热特征的模拟研究[J].冰川冻土, 2008, 30(6): 930-937.

[62] 丁靖康, 娄安全.水平冻胀力的现场测定方法[J].冰川冻土, 1980(51): 33-36.

[63] 姚直书.特深基坑排桩冻土墙围护结构的冻融力模型试验研究[J].岩石力学与工程学报, 2007, 26(2): 415-420.

[64] 齐吉琳, 马巍.冻土的力学性质及研究现状[J].岩土力学, 2010, 31(1): 133-143.

[65] 齐吉琳, 党博翔, 徐国方, 等.冻土强度研究的现状分析[J].北京建筑大学学报, 2016, 32(3): 89-95.

[66] 孙超, 邵艳红.负温对基坑悬臂桩水平冻胀力影响的模拟研究[J].冰川冻土,

2016, 38(4)：1136-1141.

[67] 张立新, 徐学祖.冻土未冻水含量与压力关系的实验研究[J].冰川冻土, 1998, 20 (2)：124-127.

[68] 朱彦鹏.深基坑支护桩与土相互作用的研究[J].岩土力学, 2010, 31(9)：2840-2844.

[69] 朱彦鹏, 张安疆, 王秀丽.M 法求解桩身内力与变形的幂级数解[J].工程力学, 1997, 23(3)：77-82.

[70] 朱彦鹏, 王秀丽, 于劲, 等.悬臂式支护桩内力的试验研究[J].岩土工程学报, 1999, 21(2)：236-239.

[71] 建筑基坑支护技术规范：JGJ 120—2012[S].北京：中国建筑工业出版社, 2012.

[72] 建筑桩基技术规范：JGJ94—2008[S].北京：中国建筑工业出版社, 2008.

[73] ZHU Y P, WANG X.L.Anti-slide design of foundations for buildings on loess slope [C].Advances in Mechanics of Structures and Materials, 2002：50-55.

[74] 邓子胜, 邹银生, 王贻荪.考虑位移非线性影响的深基坑土压力计算模型研究[J]. 工程力学, 2004, 21(1)：107-111.

[75] LIANG B, WANG J D, YAN S.Experiment and analysis of the(frost heaving forces)on L-type retaining wall in permafrost regions[J]Journal of Glaciology and Geocryology, 2002, 24(5)：628-633.

[76] SCHMITT P.Estimating the coefficient of subgrade reaction for diaphragm wall and she-etpile wall design[J].Revue Fransaise de Geotechnique, 1995(71)：3-10.

[77] 森重龙马, 高桥光昭, 志村直.各基础形式共同作用法基本的设计法[C].土木学会第 25 回年次讲演集, 1970：11.

[78] MONACO P, MARCHETTI.Evaluation of the coefficient of subgrade reaction for design of multi-propped diaphragm walls from DMT moduli[M].Rotterdam：Mill Press, 2004：993-1002.

[79] 龚晓南.深基坑工程设计施工手册[M].北京：中国建设工业出版社, 1998.

[80] 秦四清.基坑支护设计的弹性抗力法[J].工程地质学报, 2000(4)：481-487.

[81] 秦四清, 万林海.深基坑工程优化设计[M].北京：地震出版社, 1998.

[82] 魏升华.排桩预应力锚杆与主体相互作用的研究[D].兰州：兰州理工大学, 2009.

[83] 朱彦鹏, 李元勋.混合法在深基坑排桩锚杆支护计算中的应用研究[J].岩土力学, 2013, 34(5)：1416-1420.

[84] 杨斌, 胡立强.挡土结构侧土压力与水平位移关系的试验研究[J].建筑科学, 2000, 16(2)：14-20.

[85] 梅国雄, 宰金珉.考虑变形的朗肯土压力模型[J].岩石力学与工程学报, 2001, 20 (6)：851-854.

［86］ VIKLANDER P.Permeability and volume changes in till due to cyclic freeze/thaw［J］. Canadian Geotechnical Journal, 1998, 35(3): 471-477.

［87］ ALKIRE B D, MORRISON J M.Change in soil structure due to freeze-thaw and repeated loading［J］.Transportation Research Record, 1983, 9(18): 15-21.

［88］ GRAHAM J.Effects of freeze-thaw and softening on a natural clay at low stresses［J］. Canadian Geotechnical Journal, 1985, 22(1): 69-78.

［89］ BROMSB B, YAO L Y C.Shear strength of a soil after freezing and thawing［J］.ASCE Journal of the Soil Mechanics and Foundations Division, 1964, 90(4): 1-26.

［90］ SUN W, ZHANG Y M, YAN H D.Damage and damage resistance of high strength concrete under the action of load and freeze-thaw cycles［J］.Cement and Concrete Research, 1999(29): 1519-1523.

［91］ JACOBSEN S, GRANL H C, SELLEVOLD E J.High strength concrete-freeze/thaw testing and cracking［J］.Cement and Concrete Research, 1995(8): 1775-1780.

［92］ TARNAWSKI V R, WAGNER B.On the prediction of hydraulic conductivity of frozen soils［J］.Canadian Geotechnical Journal, 1996(31): 176-180.

［93］ FUKUDA M, NAKAGAWA S.Numerical analysis of frost heaving based upon the coupled heat and water flow model［J］.Low Temperature Science, Series A(Physical Sciences), 1986(45): 83-97.

［94］ 杨光霞.深基坑土参数试验方法分析［J］华北水利水电学院学报, 1999, 20(4): 42-43.

［95］ ZHANG Y, SONG X F, GONG D W.A return-cost-based binary firefly algorithm for feature selection［J］.Information Sciences, 2017, 418: 561-574.

［96］ ZHANG Y, GONG D W, SUN X Y.Adaptive bare-bones particle swarm optimization algorithm and its convergence analysis［J］.Soft Computing, 2014(18): 1337-1352.

［97］ ZHANG Y, CHENG S, SHI Y H, et al.Cost-sensitive feature selection using two-archive multi-objective artificial bee colony algorithm［J］.Expert Systems with Applications, 2019(37): 46-58.

［98］ GEM Z W, YANG X S, TSENG C L.Harmony search and nature-inspired algorithms for engineering optimization［J］.Journal of Applied Mathematics, 2013,181: 2.

［99］ RASHED E., NEZAM A H, SARADA S.GSA: a gravitational search algorithm［J］.Information Sciences, 2010(213): 267-289.

［100］ GAO K, CAO Z, ZHANG L, et al.A review on swarm intelligence and evolutionary algorithms for solving flexible job shop scheduling problems［J］.IEEE/CAA Journal of Automatic Sinical, 2019, 6(4): 904-916.

［101］ YUAN H, BI J, ZHOU M.Spatiotemporal Task Scheduling for Heterogeneous Delay-

Tolerant Applications in Distributed Green Data Centers[J].IEEE Transactions on Automation Science and Engineering, 2019, 16(4): 1686-1697.

[102] DENG W, XU J, SONG Y, et al.An effective improved co-evolution ant colony optimization algorithm multi strategies and its application[J].International Journal of Bio-Inspired Computation, 2020, 16(3): 1-10.

[103] 王衍森, 杨维好, 任彦龙.冻结法凿井冻结温度场的数值反演与模拟[J].中国矿业大学学报, 2005, 34(5): 626-629.

[104] 塔拉, 姜谙男, 王军祥, 等.基于差异进化算法的岩土力学参数智能反分析[J].大连海事大学学报, 2014, 40(3): 131-135.

[105] 田明俊, 周晶.岩土工程参数反演的一种新方法[J].岩石力学与工程学报, 2005, 24(9): 1492-1496.

[106] 贾善坡.基于遗传算法的岩土力学参数反演及其 ABAQUS 中的实现[J].水文地质工程地质, 2012, 39(1): 31-35.

[107] 赵迪, 张宗亮, 陈建生.粒子群算法和 ADINA 在土石坝参数反演中的联合应用[J].水利水电科技进展, 2012, 32(3): 43-47.

[108] SONG S Y, WANG Q, CHEN J P.Fuzzy C-means clustering analysis based on quantum particle swarm optimization algorithm for the grouping of rock discontinuity sets[J].Journal of Civil Engineering, 2017, 21(4): 1115-1122.

[109] YUAN H, BI J, ZHOU M.Multi queue scheduling of heterogeneous tasks with bounded response time in hybrid green IaaS clouds[J].IEEE Transactions on Industrial Informatics, 2019, 15(10): 5404-5412.

[110] FAROOQ M.Genetic algorithm technique in hybrid intelligent systems for pattern recognition[J].International Journal of Innovative Research in Science, 2015(4): 1891-1898.

[111] GOLDBERG D.Genetic algorithms in search, optimization and machine learning[M]. New York: Addison-Wesley Pub.Co., 1989.

[112] LIU P C, YE M C.Novel bioinspired swarm intelligence optimization algorithm: firefly [J].algorithm, Application Research of Computers, 2011(28): 3295-3297.

[113] JAGATHEESAN K, ANAND B, SAMANTA S, et al.Design of a proportional-integral-derivative controller for an automatic generation control of multi-area power thermal systems using firefly algorithm[J].IEEE/CAA Journal of Automatica Sinica, 2019, 6 (2): 503-515.

[114] YANG X S.A new metaheuristic bat-inspired algorithm[M]//GONZALEZ J R.Nature inspired cooperative strategies for Optimization.Berlin: Springer, 2010: 65-74.

[115] YANG X S.Chaos-enhanced firefly algorithm with automatic parameter[J].Internation-

al Journal.Swarm Intelligence Research, 2011, 2(4): 1-11.

[116] YANG X S.Swam-based metaheuristic algorithms and no-free-lunch theorems[J].Theory and New Applications of Swarm Intelligence, 2012(3): 1-16.

[117] YANG X S.Firefly algorithms for multimodal optimization[C].Proc.5th Symposium on Stochastic Algorithms, Foundations and Applications, 2009, 5792: 169-178.

[118] YOUSIF A, ABDULLAH A H.Scheduling jobs on grid computing using firefly algorithm[J].J.Theoretical and Applied Information Technology, 2011, 33(2): 155-164.

[119] YANG X S.Firefly algorithm stochastic test functions and design optimization[J].International Journal of Bio-Inspired Computation, 2010(2): 78-84.

[120] HORNG M H.Vector quantization using the firefly algorithm for image compression [J].Expert Systems with Applications, 2012(39): 1078-1091.

[121] YANG X S, He X.Firefly algorithms: recent advances and applications, International Journal of Swarm Intelligence, 2013(1): 36-50.

[122] 崔广心.冻结法凿井的模拟试验原理[J].中国矿业大学学报, 1989, 18(1): 59-68.

[123] BROUCHKOV A.Experimental study of influence of mechanical properties of soil on frost heaving forces[J].Journal of Glaciology and Geocryology, 2004, 26(1): 26-34.

[124] OKADA K.Actual states and analysis of frost penetration depth in lining and Earth of cold region tunnel[J].Quarterly Report of Railway Technical Research Institute(Japan), 1992, 33(2): 129-133.

[125] CHEN S L, KE M T, SUN P S, et al.Analysis of cool storage for air conditioning[J]. International Journal of Energy Research, 1992, 16(6): 553-563.

[126] TAYLOR G S, LUTHIN J N.A model for coupled heat and moisture transfer during soil freezing[J].Canadian Geotech. J., 1978, 15(4): 548-555.

[127] FUKUDA M.Heat flow measurements in freeing soils with various freezing front advancing rates[C].Proceedings of the 14th Canadian Permafrost Conference, 1982.

[128] FUKUDA M, NAKAGAWA S.Numerical analysis of frost heaving based upon the coupled heat and water flow model[J].Low Temperature Science, Series A(Physical Sciences), 1986(45): 83-97.

[129] 温智, 马巍.青藏高原北麓河地区原状多年冻土导热系数的试验研究[J].冰川冻土, 2005, 27(2): 182-186.

[130] SAKURAIS, ABE S.A design approach to dimensioning underground openings[C]. Proc.3rd Int Conf.Numerical Methods in Geomechanics Aachen, 1979: 649-661.

[131] 曾宪明, 林润德.土钉支护软土边坡机理相似模型试验研究[J].岩石力学与工程学报, 2000, 19(4): 534-538.

[132] 范秋燕, 陈波, 沈冰.考虑施工过程的基坑锚杆支护模型试验研究[J].岩土力学, 2005, 26(12): 1874-1878.

[133] 朱维中, 任伟中.船闸边坡节理岩土锚固效应的模型试验研究[J].岩石力学与工程学报, 2001, 20(5): 720-725.

[134] GUO L, LI T, NIU Z.Finite element simulation of the coupled heat-fluid transfer problem with phase change in frozen soil[C].Earth and Space 2012: Engineering, Science, Construction and Operations in Challenging Environments, ASCE, 2012: 867-877.

[135] NEAUPANE K M, YAMABE T, YOSHINAKA R.Simulation of a fully coupled thermo-hydro-mechanical system in freezing and thawing rock[J].International Journal of Rock Mechanics and Mining Sciences, 1999, 36(5): 563-580.

[136] WU M, HUANG J, WU J, et al.Experimental study on evaporationFrom seasonally frozen soils under various water, solute and groundwater conditions in Inner Mongolia, China[J].Journal of Hydrology, 2016, 535: 46-53.

[137] 杨俊杰.相似理论与结构模型试验[M].武汉: 武汉理工大学出版社, 2005: 172-173.

[138] 崔广心.相似理论与模型试验[M].徐州: 中国矿业大学出版社, 1990: 146-150.

[139] 朱林楠, 李东庆.无外荷载作用下冻土模型试验的相似分析[J].冰川冻土, 1993, 15(1): 166-169.

[140] 辛立民, 沈志平.冻土墙围护深软基坑的模型试验研究[J].建井技术, 2001, 22(5): 29-31.

[141] 吴紫汪, 马巍, 张长庆, 等.人工冻结壁变形的模型试验研究[J].冰川冻土, 1993, 15(1): 121-124.

[142] 金永军, 杨维好.直线形冻土墙动态温度场的试验研究[J].辽宁工程技术大学学报(自然科学版), 2002, 21(6): 730-733.

[143] 陈湘生.地层冻结工法理论研究与实践[M].北京: 煤炭工业出版社, 2007: 103-120.

[144] 木下诚一.冻土物理学[M].王志权, 译.长春: 吉林科学技术出版社, 1995: 10-20.

[145] ZHAO J, WANG H, LI X, et al.Experimental investigation and theoretical model of heat transfer of saturated soil around coaxial ground coupled heat exchanger[J].Applied Thermal Engineering, 2008, 28(2/3): 116-125.

[146] 张辰熙.季节冻土环境中人工冻土墙试验研究[D].哈尔滨: 哈尔滨工业大学, 2018: 38-43.

[147] 王文顺, 王建平, 井绪文, 等.人工冻结过程中温度场的试验研究[J].中国矿业大学学报, 2004, 33(4): 388-391.

［148］　TABER S.Frost heaving［J］.The Journal of Geology, 1929, 37(5): 428-461.

［149］　吉植强, 徐学燕.季节冻土地区人工冻土墙的冻结特性研究［J］.岩土力学, 2019, 30(4): 971-975.

［150］　徐学燕, 吉植强, 张晨熙.模拟季节冻土层影响的冻土墙模型试验［J］.岩土力学, 2020, 31(6): 1705-1708.

［151］　R.Michalowski, M.Zhu.Frost Heave Modelling Using Porosity Rate Function［J］.International Journal for Numerical and Analytical Methods in Geomechanics, 2016, 30 (8): 703-722.

［152］　Michalowski R, Zhu M.Modelling of Freezing in Frost-susceptible Soils［J］.Computer Assisted Mechanics and Engineering Sciences, 2016, 13(4): 613-625.